# LA MODERNIDAD MESTIZA

I0099931

Edición exclusiva impresa bajo demanda por CreateSpace, Charleston SC.

© Roberto Briceño-León, 2018
© Editorial Alfa, 2018
© Alfa Digital, 2018

**Editorial Alfa / Alfa Digital**
España: C. Centre, 5, Gavà 08850.
Venezuela: Apartado postal 50304. Caracas 1050.
e-mail: contacto@editorial-alfa.com
www.editorial-alfa.com
www.alfadigital.es

ISBN: 978-84-17014-53-7

**Diseño de colección**
Ulises Milla Lacurcia

**Coordinación editorial**
Virginia Riquelme

**Maquetación**
Rocío Jaimes

**Corrección**
Henry Arrayago

**Imagen de portada**
Pueblo minero San Paúl, estado Bolívar, Venezuela
© Fabiola Ferrero

*Printed by CreateSpace, An Amazon.com Company*

# La modernidad mestiza

## Estudios de sociología venezolana

ROBERTO BRICEÑO-LEÓN

EDITORIAL
**ALFA**

*A quienes nos abrieron las puertas de sus casas y sus sentimientos para hacer esta investigación posible.*

# Índice

## Presentación

AL PIE DEL CERRO, MUY CERCA del primer rellano de las empinadas escaleras, se había estacionado el camión y los cargadores bajaban con cautela las lavadoras, cocinas y neveras que integraban el «combo de línea blanca» que el gobierno estaba ofreciendo a precios diminutos durante la campaña electoral del año 2012.

Sin embargo, Juan no se afanaba por vigilar esos productos, su mirada estaba fija en la delgada y larga caja marrón que demoraban en descargar. Su cara de ansiedad se mudó pronto, y un gesto de fruición se dibujó en su rostro al aparecer la marca japonesa de la televisión y, en letras grandes y azules, las especificaciones de «Plasma, 42 pulgadas». De reojo, detallaba cómo sus vecinos veían el empaque con venerable admiración.

Junto con su hijo cargaron la caja por las tortuosas escaleras. La caja no era tan pesada como difícil de maniobrar en las curvas de las veredas, los mismos senderos que habían dejado como caminos los urbanistas improvisados, cuando, años atrás, invadieron esas tierras y construyeron trochas para poder erguir sus casas con vista a la ciudad. Ellos conocían bien el camino, pues muchas veces lo habían recorrido para ir al trabajo o a la escuela, o para subir los tobos de agua que llenaban en un camión cisterna que mandaba la Alcaldía cuando, como había sucedido durante las últimas tres semanas, no llegaba el agua por la tubería de la casa.

A pesar de su familiaridad con el recorrido, iban lento, cuidando el aparato y mostrando con orgullo ante los pasantes su nueva posesión, la gran pantalla en la cual ahora podrían ver no solo los partidos de béisbol y los concursos de *Miss Venezuela* que transmitía la televisión local, sino los de todo el mundo, pues sobre el techo de zinc de su vivienda tenían desde hace tiempo una pequeña antena parabólica con la marca de una de las grandes distribuidoras de televisión por satélite del mundo. Ahora, su casa sería moderna.

Era el orgullo moderno de una televisión plasma de 42 pulgadas en una casa que no disponía de agua corriente. Es la modernidad mestiza de Venezuela.

\* \* \*

Este libro se gestó durante muchos años. Es el resultado de múltiples estudios sociológicos realizados a lo largo de varias décadas. Es el producto de entrevistas a profundidad que he llevado a cabo con empresarios y delincuentes; de grupos focales con madres solteras y sindicalistas; de sucesivas encuestas nacionales de población con muestras aleatorias; pero sobre todo del diálogo amistoso, entre los aromas de un café guarapo, con los campesinos de Cojedes, Carabobo o Trujillo, y con los trabajadores urbanos de los barrios de Caracas, Ciudad Guayana o Tinaquillo.

Los capítulos que aquí se presentan derivan de entrevistas realizadas en contextos distintos y con propósitos diferentes. Fueron posible por el apoyo de instituciones como el Consejo de Desarrollo Científico y Humanístico (CDCH) de la Universidad Central de Venezuela, el Consejo Nacional de Ciencia y Tecnología (Conicit), la Organización Mundial de la Salud (OMS), el Centro Internacional de Investigaciones para el Desarrollo (CIID) del Canadá, y el Lincoln Institute of Land Policy, y su análisis y escritura por el tiempo que me ofrecieron el Saint Antony's College de la Universidad de Oxford, el Centre Nationale de Recherche Scientifique y la Université de La Sorbonne, Paris III, y el Woodrow Wilson International Center for Schollars.

Algunos textos son inéditos y otros fueron reescritos y actualizados en conceptos y datos estadísticos o cualitativos, pues ya habían sido parcialmente publicados en formato de reportes de investigación o artículos. Todos los textos fueron reinterpretados para poder dar cuenta de la modernidad venezolana, de su dinamismo, su oropel y su fragilidad.

El libro consta de dos partes. En la primera se revisa la modernidad petrolera y su impacto en la política, se muestra cómo el ingreso petrolero, que ayudó a construir la democracia, ha permitido también la instalación del estatismo autoritario, impedido el desarrollo capitalista del sentido de propiedad, y fomentado la corrupción, propiciando el igualitarismo tradicional y la acción social orientada por el estado de necesidad, y no por el esfuerzo y el trabajo.

La segunda parte revisa la estructura social y cómo la modernidad impulsada por esa actividad económica y la cultura de la empresa petrolera la ha modificado. En esta parte se hace una revisión histórica de las interpretaciones que ha dado la sociología venezolana a la división social. Se presentan los resultados de mis investigaciones sobre la representación de los venezolanos de cómo es y cómo debe ser la división social, sobre el impulso que significaron para la modernización las inmigraciones europeas y sobre el papel que cumplen la raza y el racismo vergonzante en el cerramiento y la exclusión social.

Los dos capítulos adicionales, al inicio y al final, muestran al comienzo la propuesta de la modernidad mestiza en una discusión con la teoría social y la realidad latinoamericana, y al cerrar, la relevancia del mestizaje para la práctica sociológica.

Un libro de sociología nunca es el mismo. Así como la filosofía clásica nos enseñó que una persona no se baña dos veces en el mismo río, el análisis de la sociedad que resulta de la sociología siempre es diferente. La sociología es una cuando se realizan las investigaciones, otra cuando tiempo después se interpretan y escriben los resultados, y otra distinta cuando se lee el libro, pues la sociedad ha cambiado, y los ojos y la mente del lector también se han modificado.

Nuestro deseo es que este libro, en lugar de incitar a la pureza, contribuya a mostrar que el mestizaje, como realidad social y práctica sociológica, no es un pecado, sino un orgullo y una esperanza.

## Una modernidad mestiza

LA SOCIEDAD VENEZOLANA ES UNA CONTINUA transformación, es una mutación perenne que deja atrás y sin piedad lo que fuimos, por un ansia insaciable de lo que seremos. Venezuela es uno de los países donde la aceleración de la historia puede percibirse con mayor vigor y transparencia.

A comienzos del siglo XX, cuando Caracas era apenas un pueblo grande, otras ciudades de América Latina ya podían ostentar, con razonable orgullo, el título de metrópolis. En 1913, mientras en Caracas los transportistas estaban vendiendo los caballos que habían tirado los tranvías, pues comenzaba a funcionar el primer vagón eléctrico, ya en Buenos Aires se estaba inaugurando su transporte subterráneo, apenas una década después del inicio de operaciones del Métropolitain de París.

Pero los cambios fueron grandes y rápidos. A fines de los años treinta, el gobierno de la ciudad contrató al arquitecto francés Maurice Rotival para que elaborara el primer plan urbano de Caracas; el equipo técnico que lo acompañaba pensó que la ciudad podía crecer mucho en los años siguientes y estableció unas proyecciones de población alarmantes: ¡podía alcanzar hasta los ochocientos mil habitantes hacia fines del siglo! Cuentan los actores del proceso que, muchas personas, sorprendidas, les reclamaron el desatino de llegar a pensar que aquel pequeño pueblo de casas solariegas y techos rojos pudiera llegar a tener casi un millón de habitantes al acercarse el año 2000... La realidad fue que la población de la capital creció cuatro veces más de lo previsto como exagerado.

En los años sesenta y setenta del siglo pasado, las autopistas de varios niveles y los edificios rascacielos, la masificación de la educación y la caída de la dictadura con la construcción de una institucionalidad democrática, impulsó la imagen de una sociedad moderna. Quizá, para ese entonces, la más avanzada y moderna de América Latina. Pero, ¿era realmente así? Para algunos estudiosos, Venezuela ha sido apenas una modernidad de fachada; para otros, los cambios del país han ocasionado una real transformación de la sociedad que no hemos sabido interpretar bien. ¿Es moderna la sociedad venezolana? ¿Cómo es nuestra modernidad?

La única manera de poder evaluar nuestra modernidad es combinando la teoría social clásica con los estudios específicos de nuestra sociedad. Procurando identificar los rasgos que desde hace dos siglos las corrientes teóricas del pensamiento social le asignan a la modernidad y confrontarlas con los procesos sociales reales, con las transformaciones vividas en el país, con los cambios que en el siglo XX nos llevaron festinadamente *De una a otra Venezuela*, según diría Uslar Pietri (1980), o *De unos a otros hombres*, según Briceño Iragorry (1957). Quizá, por esa ruta, podamos saber cuánto hay de universal y cuánto de singular de nuestro camino hacia la modernidad.

Entender la singularidad de nuestra modernidad tiene importancia y actualidad pues, aunque en los países llamados desarrollados o ricos la intelectualidad sufre de ataques epilépticos de posmodernidad, en los países pobres, subdesarrollados o tradicionales, la modernidad sigue siendo una aspiración, una ambición y una meta importante, pues está asociada con el bienestar que promete sus frutos (Lee, 1994).

Para comprender esa modernidad, heterogénea y confusa, que vivimos, debemos entender el proceso social y económico que la precedió o la acompañó, es decir, debemos conocer y describir cómo han sido las condiciones materiales y culturales, las raíces de los árboles que arrojaron frutos tan diversos y mestizos.

## Modernidad y modernización

La modernidad como realidad y la modernización como proceso, se han mezclado y confundido en el pensamiento social y en el lenguaje cotidiano en las últimas décadas. La modernidad ha representado un sueño, una esperanza que ha agrupado muchos modos de decir lo contemporáneo, lo inmediato o lo reciente. También lo bueno y lo valioso, en comparación con lo atrasado, con lo viejo, antiguo o pasado de moda. Ser moderno es una manera de definir los objetos, la sociedad y los comportamientos, y hasta hace pocos años era también sinónimo indiscutible de unas bondades que podían ser evidentes o subyacentes, pero siempre bien valoradas. Un objeto moderno: un vestido, un equipo de sonido o un vehículo moderno, fue siempre una manera de connotar su novedad y su innovación; su primicia que dejaba atrás los otros objetos que en su momento fueron igualmente calificados de modernos, pero que la nueva temporada de moda o el nuevo diseño, por esa aceleración del tiempo, los convierte en antigüedades recientes.

La modernización ha sido una manera de describir una multiplicidad de procesos que han permitido a las sociedades llegar a la actualidad, a la contemporaneidad de un presente siempre efímero. Las personas hablan de la «modernización de la industria o de los servicios públicos» como una manera de nombrar la puesta al día de los procedimientos o la tecnología, y la modernización de la sociedad sería la suma de esos procesos como un todo.

La modernidad se interpreta entonces bajo algunas dicotomías. La primera es la que contrapone a lo antiguo con lo nuevo, siendo lo moderno lo nuevo. Pero como vivimos en una época donde siempre hay algo nuevo, entonces lo moderno empieza a ser lo actual como contraposición a lo pasado o anterior. No importa cuán reciente sea un objeto, una tecnología o una práctica, la aparición de algo más reciente lo convierte en no moderno, pasando el recién llegado a ocupar esa posición privilegiada de «lo moderno». Y como lo señala Latour (1994), la designación de lo moderno es asimétrico pues se refiere a un quiebre en el pasaje regular del tiempo y a un combate en el cual hay vencedores y vencidos; lo bueno y bello es lo moderno y lo viejo y feo es lo anterior, que ha quedado derrotado por la fuerza de la innovación que emana la modernidad.

Sin embargo, los tiempos modernos, *Les Temps Modernes* o *The Modern Times* tienen ya varios siglos de existencia. La modernidad posee un significado en el uso cotidiano de las personas y otro en la academia. Para la sociología la modernidad se refiere a dos dimensiones distintas: por un lado a una época delimitada, que se corresponde con varios siglos de la historia de Europa; y, por el otro, a un tipo de organización social, económica y política, cuyos rasgos aparecieron y se consolidaron en ese período de la historia europea.

## La modernidad como época

La modernidad, vista en una perspectiva temporal ha sido un largo período histórico que transcurre después del siglo XV. Al final de su vida, Hegel (2004) modifica la periodización en cuatro etapas que había desarrollado en su *Lecciones de filosofía de la historia universal* y divide en tres grandes épocas la historia, las cuales han dado lugar a lo que conocemos como las etapas antigua, la medieval y la moderna. Esa nueva fase de la historia, la moderna, sostiene Habermas (1996) que tuvo su origen a partir de tres grandes eventos que desplazaron el énfasis de la vida social desde Dios y la tradición hacia el ser humano y la razón. Esos acontecimientos fueron el descubrimiento de América, el Renacimiento y la Reforma. El descubrimiento del Nuevo Mundo ofrecía una dimensión diferente de la Tierra a las personas y permitió a las economías expandir el comercio mundial con la incorporación de nuevos productos y nuevas rutas; la Reforma protestante rompió el monopolio religioso del clero católico y hacía libre al hombre de comunicarse con Dios, e introdujo la idea de la salvación del alma por el trabajo y el enriquecimiento; y el Renacimiento brindó una concepción de vida y la naturaleza centrada en la razón y la ciencia, y del disfrute de la belleza.

Para Giddens (1990) los inicios de la modernidad se pueden ubicar en los modos de vida y organización que emergen en Europa alrededor del siglo XVII. Ashton (1948), de una manera más restringida, considera que se pudieran situar en Inglaterra y con la Revolución Industrial a partir de 1760, con el surgimiento de las máquinas hilanderas. Para Hobsbawm (2005) el período se iniciaría a partir de 1780, pues toma como referencia los cambios que introduce el motor de vapor. También pudiera establecerse, pensando con criterios políticos, como el período que surgió en Francia a partir de agosto de 1789, cuando se produce la abolición de los privilegios feudales y la declaración de los derechos del hombre.

Este es un período que conlleva el establecimiento del capitalismo en Europa, con su base industrial y de libertades individuales, consagradas como derechos a la libertad, a la igualdad de acceso a cargos y posiciones y a la justicia, pero también de la igualdad en la contribución tributaria y en el mantenimiento del Estado y de las instituciones públicas y comunes, y que Parsons llama la «primera cristalización del sistema moderno» (1974).

Según esta perspectiva somos modernos desde hace trescientos años. Aunque autores como Latour, provocadoramente, afirman que en verdad «nunca fuimos modernos». Lo cierto es que la impronta de la civilización que se desarrolla a partir de esos eventos en Europa logra constituir un tipo de sociedad novedosa que ha marcado, en mayor o menor grado, la vida social del planeta y que es esencialmente «occidental».

Ahora bien, ¿es que esos rasgos y atributos que sin lugar a dudas tienen un origen circunscrito a un lugar y un tiempo, son exclusivamente la modernidad? ¿O es posible generalizarlos hacia otros lugares y otros tiempos? Si la modernidad es solo un período de la historia europea, se le debe dar entonces un tipo de tratamiento en el análisis sociológico distinto a si se le considera como una forma de organización social más abstracta y universal; y también será diferente si se le considera no como un hecho del pasado, sino como un modelo de sociedad cuyo ejemplo se debe imitar y seguir en el futuro.

## La modernidad como organización social

La llamada sociedad moderna ha tenido algunos rasgos particulares que le han permitido caracterizar como una organización social específica en lo económico, político y social. Se le ha catalogado como una sociedad racional, capitalista, tecnológica, científica, burocrática y también democrática.

De todas esas calificaciones, tres rasgos han sido atribuidos de manera marcada a la modernidad. Como bien los resume Taylor (1998) ellos son: el surgimiento de una economía industrial de mercado, la aparición de un Estado burocrático y el surgimiento de un gobierno popular. Claro, uno pudiera sostener que mucho de esos tres rasgos han existido desde la Antigüedad, pues desde siempre han existido mercados, burocracias y formas de gobierno popular. Pero lo singular de la modernidad es que esos factores adquieren una relevancia y dimensiones diferentes y, sobre todo, que hay unos cambios en la manera de pensar de las personas, en su idea del mundo y de la vida. Por eso, el racionalismo occidental, si bien se sustenta en la técnica, en el cálculo del retorno económico, y en la existencia de un sistema de leyes, al final sus resultados dependen, como sostiene Weber (1969), de la capacidad y aptitud de las personas para asumir determinados tipos de conducta racional. Por eso es que Eisenstadt (2002) considera que la modernidad no es solo economía y política, sino un «programa cultural» mucho más amplio, que se difundió con formas múltiples y diferenciadas.

*La modernidad como modelo económico* significó unos cambios importantes en la organización del trabajo, donde se da un proceso tecnológico que permite modificar las relaciones entre la economía doméstica y la industría y entre los diversos factores de producción que permitieron la organización del trabajo libre, dejando al trabajador con el exclusivo control de su fuerza de trabajo, mientras el empleador controlaba el tiempo y los procesos productivos, los instrumentos de trabajo, las materias primas y el producto final. Weber insiste también en que esa organización racional capitalista del trabajo, formalmente libre, fue una innovación exclusiva de Occidente, que no se había dado en ninguna otra parte de la Tierra. Esa singularidad es quizá el sustento de la gran admiración que el propio Marx expresa sobre el capitalismo: «la sociedad burguesa es la más compleja y desarrollada organización histórica de la producción» (Marx, 1971: 26), y le atribuye al capital una gran fuerza «revolucionaria» pues «derriba todas las barreras que obstaculizan el desarrollo de las fuerzas productivas» y modifica los patrones de trabajo, consumo y necesidades, y crea una nueva sociedad, de allí «su gran influencia civilizadora» (Marx, 1971).

*La modernidad como modelo político* estuvo marcada por el dominio del liberalismo político como ideología, el surgimiento de los Estados-nación, la creación de una amplia burocracia y la división de poderes que creaba contrapesos en el Estado y la legitimidad de origen de los gobernantes como fundada y consagrada por la voluntad de la población y no por la gracia de Dios. La Constitución de Filadelfia de 1787 en Estados Unidos y la Declaración de los Derechos del Hombre y del Ciudadano de 1789 en Francia echaron las bases y marcaron la pauta de lo que conocemos como modernidad política.

Y finalmente *la modernidad como una propuesta cultural* que implicó un gran cambio de orientación de la mirada social, pues mutó desde sociedades que miraban al pasado y se fundaban en la tradición hacia sociedades que miraban hacia el futuro y estaban obligadas a construirse lo inédito, lo nuevo. La modernidad disuelve todo lo sólido que se había construido en el pasado, todas las tradiciones sagradas son profanadas, como dice Bauman (2000), pues el proceso de *«melting of solids»* es la marca permanente de la modernidad. Esa orientación hacia el futuro se ha reconocido como uno de los grandes cambios culturales de la modernidad, junto con la orientación racional del comportamiento. Si bien hay polémica sobre el significado de este comportamiento orientado a fines, basado en el modelo del cálculo de probabilidades y de costos y beneficios que definió al empresario capitalista, dado que Habermas sostiene que por racional no debe entenderse exclusivamente el comportamiento orientado a la obtención de beneficios egoístas, sino más bien por la acción orientada por una voluntad de entendimiento entre los seres humanos libres que desarrolla la modernidad (De la Vega Visbal, 2004).

## La modernidad como modelo universal

Esta doble perspectiva de la modernidad sufre una modificación a mediados del siglo XX. La idea de que la modernidad es un proceso histórico que estuvo circunscrito a un espacio determinado y por lo tanto se trata de una singularidad, se transforma en un modelo universal de sociedad.

En sus libros, Herbert Spencer estudia los cambios en las sociedades y encuentra que hay muchas similitudes en las transformaciones que se estaban dando en el mundo a partir de la extinción del feudalismo y el surgimiento de la sociedad capitalista industrial: se diferenciaban cada vez más las funciones de trabajo, se producían nuevos tipos de oficios, se regulan las diferencias entre gobernantes y gobernados, se diferenciaban las funciones del liderazgo religioso y el político, y se incrementaba la vida en las ciudades. Ese proceso, que se llamó el cambio de lo «homogéneo hacia lo heterogéneo», considera Spencer (2001) que ocurre «de igual modo en el progreso de la civilización como un todo en el progreso de cada tribu o nación». Y estima luego que es razonable sostener que existe «una ley del cambio que puede explicar esta transformación universal».

Fundado en esta orientación, el carácter específicamente «occidental» de la modernidad se modifica y empieza a ser universal, pues se extiende por el mundo. No solo en Occidente se manifiestan los mismos rasgos económicos, políticos o culturales, sino que se encuentran por doquier, en Asia, África y América. Los patrones de producción y de consumo se tornan similares, y aunque la industrialización pueda tener expresiones distintas en lugares como Rusia o Japón, se estima que sus fundamentos son similares y propios de la evolución de la sociedad y por lo tanto es un proceso universal.

La segunda mutación se refiere al carácter normativo que se le otorga a los rasgos propios de la modernidad, pues dejan de ser una consecuencia de un proceso social específico que libremente puede ocurrir y se le transforma en un modelo universal que se debe seguir, en la ruta por la cual se puede encontrar el bienestar o superar el «atraso» en que se hallaban algunos países. La modernidad se convierte en el estereotipo de la buena sociedad, de la que ha logrado el bienestar y la libertad, y a partir de allí surge una nueva dicotomía en la cual lo moderno es la antítesis de la sociedad rural, la pobreza y el atraso. Posteriormente, esa dicotomía se amplía, y la modernidad se homologa con la idea de progreso y desarrollo, y por lo tanto la noción de no moderno lo constituye el atraso y el subdesarrollo.

Al operarse esos cambios, surgió un nuevo concepto que se llamó *modernización*, por medio del cual se describía tanto el proceso que había llevado a ciertos países a ser modernos, como a los cambios que debían impulsarse en la economía y la política para permitir que aquellas otras sociedades tradicionales, atrasadas o subdesarrolladas, pudieran llegar a ser modernas. La modernización fue asociada con la teoría de las etapas del desarrollo económico que postuló Rostow en los años cincuenta y en la cual la etapa nodal era la del *take-off*, del despegue económico, en el cual, tomando la metáfora del vuelo de un avión, se considera que el momento crítico es cuando la aeronave se levanta de la tierra, del atraso y el subdesarrollo, para poder llegar al cielo del desarrollo, pues una vez alcanzada la altura requerida, requiere de menos esfuerzo sostenerse (Rostow, 1961).

La modernización así pues deja de ser un hecho específico y se convierte en un patrón explicativo y, muchas veces, normativo, que establece cómo evolucionan o deben evolucionar las sociedades para ir desde el estadio de atraso, rural o feudal, a otro del progreso, urbano e industrial.

Ese impulso a la modernización requiere de la existencia de un excedente económico, de un nivel de ahorro que permita invertir para la industrialización, lo cual, a su vez, genera más renta nacional que también impulsa la urbanización que permite disponer de más fuerza de trabajo para la industria y de un mayor mercado para los productos. La sociología vio estos procesos asociados con otros cambios como la educación de la población a la alfabetización y escolarización, que ofrecía destrezas a las personas para el trabajo, y también a una disposición psicológica para aceptar el cambio y adaptarse a nuevas condiciones de vida y de trabajo y, finalmente, al surgimiento de mecanismos políticos que permitían una mayor participación en la conformación del poder y una resistencia al autoritarismo (Lerner, 1979).

Aunque el lenguaje y los propósitos puedan ser muy distintos, los rasgos que sostienen tanto Parsons como Bourdieu son similares. La modernidad requiere para Parsons de unas condiciones materiales de ahorro e inversión que lleven a la industrialización, que se expanda el gobierno de la ley para la democratización y que se eduque e impulse la ciencia para alcanzar la secularización. Para Bourdieu son los mismos cambios que llevan a garantizar tanto la reproducción del capital económico como la reproducción del capital cultural; la diferencia, sostiene el autor, es que en las sociedades precapitalistas (o premodernas) esa reproducción estaba garantizada por el «habitus», mientras que en la sociedad capitalista se garantiza por mecanismos «objetivos» de la organización del trabajo, las leyes, las prácticas contables (Bourdieu, 1997).

## La modernización contemporánea

A partir de la finalización de la Segunda Guerra Mundial, con el surgimiento del sistema de naciones, el proceso de independencia de las antiguas colonias y la instauración de la Guerra Fría, el concepto de modernización entró en boga. Se trataba de una respuesta que se les daba a los países no industrializados, como un modo de describir el camino aún no recorrido y que se debía transitar; era al mismo tiempo una explicación de las falencias del pasado y una esperanza de futuro, y ese fue el contexto en el cual autores como Germani (1971) interpretaron la de la modernización de América Latina.

La difusión política del concepto se ofrecía como una alternativa a la explicación marxista del imperialismo y a la propuesta comunista de la revolución proletaria. Era una respuesta frente a las políticas que adelantaba la Unión Soviética hacia el mundo no europeo: Asia, África y América Latina. Un mensaje que decía que la sociedad rural, tradicional o atrasada, podía modernizarse en lugar de hacerse comunista. Y es ese el recuerdo, bueno o malo, que se tiene del concepto en muchas partes de América Latina y que la llevó a calificar por Quijano (1988) como ideologizada y fallida o deficitaria.

Por eso es adecuado afirmar, como lo hace Alexander, que la teoría de la modernización no es solo una teoría científica, como sociología del cambio social, economía del crecimiento o explicación de la historia, sino una ideología que permitía no solo comprender lo que estaba ocurriendo en el mundo de un modo racional, sino interpretarlo de una manera que le daba sentido y motivación a las personas. La modernización ha sido un sistema simbólico que funciona como un metalenguaje que le indica a las personas, las empresas y los gobiernos cómo actuar y qué hacer (Alexander, 1994).

Sin embargo, las teorías de la modernización en las ciencias sociales son mucho más complejas y ricas que las simplificaciones o motes ideológicos; además, mantienen su vigencia, pues algo de lo prometido ha ocurrido, pero quizá no tanto ni tan suficiente como para olvidar que la pobreza, el atraso o el subdesarrollo persisten. Por eso la ilusión de desarrollo o modernización se mantiene, y con nombres y ropajes ideológicos diferentes, unas veces interpretada como capitalismo y otras postulada como socialismo, la modernización sigue siendo una ambición insatisfecha.

El problema con la propuesta normativa reside en que es muy difícil, desde el punto de vista histórico, poder aceptar la existencia de un modelo único en el proceso de transformación social. En América Latina los procesos de modernización han sido, como afirma Larraín (2011), imitativos y efímeros, y quizá habría que decir que han sido efímeros porque han sido imitativos. No hay un camino que se pueda calificar, con algún sustento, como normal. No es posible decir que hay un proceso universal de modernización, ni como modelo recurrente, ni tampoco como recomendaciones a seguir, pues fuera de lo que aconteció en el Reino Unido y en Francia, las variaciones son notables, inclusive entre los países de Europa occidental. Tampoco es posible pensar que pueda existir una receta o un mapa de la ruta que deba seguir una sociedad para llegar a la modernidad. El proceso de industrialización ocurrió de un modo en Inglaterra y de otro muy diferente en Japón, y ambos a su vez difieren de lo acontecido en Taiwán o Corea del Sur. Y a su vez, esos cuatro procesos de industrialización, son disímiles del modo en que se ha gestado el acelerado proceso de industrialización de la China poscomunista. No hay regla entonces que pueda formularse. Pero algo común sucede en el mundo contemporáneo.

## La modernidad en tres dimensiones

En la sociología hay tres maneras diferentes y dominantes de entender la modernidad, cada una de las cuales se encuentra asociada a tres figuras hoy clásicas de las ciencias sociales: Marx, Durkheim y Weber.

Marx (1968), describía el capitalismo como un sistema que conducía a innovaciones constantes por la necesidad y el deseo incesante de acumulación de capital, y que el propósito de su obra había sido «descubrir la ley económica que preside el movimiento de la sociedad moderna», que venía dada por la difusión generalizada del trabajo asalariado y por las formas económicas de explotación del trabajo libre, que surge pero se contrapone a las formas no económicas de los regímenes anteriores como el feudalismo.

Para Durkheim (1967), la modernidad es un producto de la división del trabajo que se sucede en la historia a partir de lo que él llamaba la densidad social y moral y que conducía a la sustitución de la solidaridad mecánica de las sociedades tradicionales por una solidaridad orgánica propia de la modernidad, y todo esto se expresaba en el proceso de industrialización de las sociedades modernas.

Finalmente para Weber (1977), la diferencia entre las sociedades tradicionales y las modernas vendría dada por un tipo de comportamiento diferente y que él denominó racional, es decir un comportamiento que dejaba de lado la fuerza de la costumbre o los afectos y que procuraba lograr sus fines utilizando los mejores medios. Este proceso de racionalización progresiva de los comportamientos de los individuos o las empresas, sostuvo Weber, era el cambio sustancial que podía describir la «época moderna», y esto se daba en un contexto de libertad de los actores frente a un mercado donde cada cual procuraba obtener el máximo del beneficio.

Cada una de estas tres maneras de entender la modernidad ocurrieron en Venezuela en el siglo XX pero con unas muy marcadas singularidades.

### La modernidad como capitalismo

Para inicios del siglo XX era muy difícil catalogar a la sociedad venezolana de capitalista, ya que si bien existían vínculos propiamente capitalistas con el mundo exterior, en la organización interna de la sociedad predominaban las relaciones mercantiles simples y los sistemas semifeudales de producción. Estas formas semifeudales se expresaban en la relación que establecía el dueño de la tierra con los campesinos, como en la relación entre las casas comerciales y los productores. En la producción agrícola la forma de predominante consistía en que el campesino que cultivaba la tierra le pagaba al dueño con una parte de la cosecha bajo la fórmula de la medianería o la tercería, y cuando era el propietario quien pagaba al trabajador, lo hacía con fichas, vales u objetos. No existía propiamente trabajo libre. La relación entre la casa comercial y el propietario no era muy distinta, pues los préstamos o adelantos recibidos se pagaban con la cosecha misma, teniendo muy poca fuerza el intercambio en dinero.

Sin embargo, a partir de los años treinta del siglo XX esta situación cambia y se introducen en el país unas relaciones de trabajo propiamente capitalistas, y esto se da a partir de dos hechos significativos: el primero fue el impacto que la crisis capitalista mundial de 1929 tuvo sobre las formas de producción del campo, el segundo fue el auge de las actividades de exploración y explotación petrolera.

La crisis capitalista que se inició en octubre de 1929 redujo el valor del kilogramo de café o del cacao en 1930 a una cuarta parte del valor con que se había cotizado en las bolsas en 1928. Esta crisis en el consumo y en los precios tuvo un fuerte impacto en los propietarios de la tierra y exportadores del país, que forzó a cambiar la forma de pago en especies, que el campesino daba al dueño de la tierra por su derecho a cultivarla por un pago en dinero. Desde el punto de vista del propietario o de la casa comercial, esa fue la manera de protegerse y de trasladar al campesino o al propietario el problema de la venta de la cosecha. Desde una perspectiva global, fue un puntal para el establecimiento de una economía distinta con relaciones sociales diferentes. La misma crisis llevó a una transformación de la producción agrícola en ganadera y a un cambio en los dueños de las tierras que, por recuperación de deudas o por razones políticas, pasaron a nuevos propietarios, facilitándose así el proceso de cambio social en la economía tradicional.

Por su parte el inicio de la actividad petrolera motorizó cambios en el trabajo asalariado desde dos perspectivas distintas. Por un lado las actividades de exploración y explotación requerían de una abundante mano de obra, con distintos niveles de pericia y calificación, y emplearon en consecuencia una gran cantidad de trabajadores que empezaron a percibir salarios, a vender su tiempo de trabajo cronometrado por dinero, y a pagar los servicios de otros también en dinero. El gobierno por su parte comenzó a recibir el ingreso petrolero de manera abundante, y a emplear una cantidad mucho mayor de trabajadores; se estima que los empleados públicos se incrementaron en cuatro veces desde 1925 a 1936, y todos ellos recibían un salario. Estos cambios en la producción y el ingreso del capitalismo forzaron a la nación a dar el «gran salto» que, según Mariano Picón Salas (1988), «nos separaba del siglo XIX».

Es a partir de este momento cuando podemos hablar de una generalización del sistema capitalista en la sociedad venezolana. En las décadas posteriores el sistema de trabajo asalariado se disemina de una manera importante y si bien aún persisten algunas formas de trabajo no capitalistas, como el intercambio de trabajo en determinadas zonas rurales y otras formas comunales entre los indígenas, su significación es muy pequeña.

## La modernidad como industrialización

La industrialización es un proceso del siglo XX venezolano. Ciertamente en la segunda mitad del siglo XIX ya se habían instalado unas fábricas textiles en Macarao y en Valencia, dos cervecerías, una en Maracay y otra en Caracas, y tres plantas eléctricas en las ciudades principales, pero su relevancia en la economía y su impacto en la organización de la sociedad eran completamente marginales. Las primeras estadísticas oficiales publicadas en el año 1913 contaron 163 industrias, muchas de las cuales eran propiamente talleres artesanales. En los años siguientes se consolidaron las industrias azucareras, cigarrilleras, textileras, de tenerías y cerveceras, las cuales, junto con la industria de la construcción, van a constituir el centro del proceso industrial del país diferente del petróleo.

El incremento de la población urbana y el apoyo estatal expresado en la creación del Banco Industrial de Venezuela (1937) y de la Corporación Venezolana de Fomento (1946), dieron un leve impulso al proceso de la manufactura, lo cual llevó a que el producto industrial superara al producto agrícola a mitad de este siglo XX. Este hecho estadístico creemos que nos indica más sobre la mengua de la producción agrícola que sobre el crecimiento de la industria durante ese período.

Es a partir de 1958 cuando se establece un fuerte impulso a la industrialización en el país con la política de sustitución de importaciones, la cual ofreció créditos, protección y exenciones tributarias a quienes emprendieran una industria manufacturera. Estas nuevas industrias, muchas de las cuales se constituyeron con capital del Estado, tuvieron un importante crecimiento, irregular pero sostenido, durante el siglo pasado. Tanto las empresas grandes del hierro, como las pequeñas de la agroindustria o la construcción, aumentaron su producción y superaron el millón de empleos industriales en los años noventa.

Sin embargo, no puede afirmarse que Venezuela haya sido un país industrial. Si bien el proceso de industrialización se dio de manera relativamente amplia, no es posible considerar que en Venezuela la modernidad se haya alcanzado desde esta perspectiva. Y mucho menos después de la destrucción industrial que provocó el régimen chavista y que llevó al cierre de fábricas y pérdida de empleos.

## La modernidad como racionalización de la sociedad

El proceso de racionalización, en tanto que surgimiento de un comportamiento orientado a fines, es siempre más difícil de describir y precisar en cualquier sociedad, por lo complejo de los datos requeridos y por lo lento de este tipo de mutaciones culturales. El comportamiento racional es una conducta individualista y empresarial que se encuentra orientada a la obtención de los máximos beneficios. El espíritu emprendedor y la riqueza como meta social son una parte de ese comportamiento racional, y la otra es el cálculo racional del uso de los medios para alcanzar dichos fines.

En ese proceso, uno de los rasgos importantes ha sido la separación de la familia o de los vínculos afectivos personales, de las actividades económicas. La aparición de este tipo de conducta se ha venido propiciando a lo largo de un siglo, pero con mucha dificultad, pues todavía sigue siendo funcional para los actores la relación entre la familia y la economía, o inclusive en los procesos de gestión burocráticos. Sin embargo, la opinión pública de la población ha cambiado y lo que antes se aceptaba con mucha más naturalidad, como que un gobernante colocara en los cargos públicos a sus primos y paisanos, ya a fines del siglo XX recibía la crítica y el repudio.

El estudio que hizo McClelland en Venezuela en los años setenta dio como resultado una orientación afiliativa –hacia los amigos y familiares– o hacia el poder, muy superior a la orientación al logro que, de acuerdo a su propia teorización, era el rasgo propio de la modernidad.

Nuestros estudios muestran que este tipo de comportamiento varía de una zona a otra, siendo mucho más marcada la orientación racional en las zonas urbanas que en las rurales, y superior en las zonas donde han tenido influencia de las actividades industriales o petroleras que en las zonas agrícolas o donde ha predominado el comercio o la burocracia estatal. En términos de puntos porcentuales hemos encontrado que poco más del 30 % de la población tiene un comportamiento estrictamente racional orientado a la obtención de riqueza, mientras una cifra similar puede ubicarse en un comportamiento de tipo tradicional y afectivo. El otro tercio de la población oscila entre una y otra conducta y, dependiendo del área específica de actuación, procura combinar ambos tipos de orientaciones (Briceño-León, vol. 3). La modernidad como racionalización social ha existido en Venezuela, pero no se ha hecho dominante.

## Los procesos de la modernidad en Venezuela

Hay algunos procesos comunes en la sociedad contemporánea y que se están dando de una manera universal, aunque no idéntica. Son procesos que tienen algunos rasgos comunes en los modos de sucederse o en la semblanza de los resultados finales, pero que difícilmente pueden establecerse como iguales y menos como idénticos. Boudon y Bourricaud (1990) sostienen que la modernización se puede caracterizar por tres procesos comunes: la movilización, la diferenciación y la laicización o secularización.

*La movilización* se refiere a los rápidos movimientos que se dan en la población desde el punto de vista territorial y ocupacional. La modernidad estuvo acompañada de la revolución urbana que convirtió las ciudades en el gran modo de vida, pues cambió de sociedades que tenían la casi totalidad de la población viviendo en el campo a otra donde la mayoría habitaba en ciudades. La población rural quedó reducida a una mínima expresión, y por los cambios tecnológicos, esa menor población logra cumplir con las metas de producción que antes requería diez o veinte veces más trabajadores. Estados Unidos, una de las grandes potencias en producción de alimentos del mundo, tiene un 4% de la población viviendo en el campo y esos trabajadores agrícolas producen alimentos para todos los demás habitantes urbanos del país y, además, tienen un excedente que pueden exportar. Ese cambio ha implicado también un cambio en el tipo de trabajo y en las formas de organización de la producción.

*La diferenciación* es un término no muy claro que se refiere a la creciente división del trabajo que conllevó la industrialización, la cual hace que cada día existan más oficios diversos y especializados. También, a una mayor complejidad en la estratificación social, pues las maneras simples de diferenciación social que podían existir en el campo, entre campesinos y propietarios de la tierra y artesanos, se vuelve más compleja y diversa. De igual modo, los roles que los individuos deben cumplir son mucho más diversos y las posiciones que ocupan en las jerarquías se vuelven desiguales, pudiendo cambiar de un sistema de roles a otro. Se asocia también al surgimiento de la clase media.

Y finalmente el proceso de *secularización*, que no significa que se haya perdido el sentido de lo religioso, ni la creencia en algún Dios por las personas, sino que la vida social dejó de estar regida por las reglas religiosas, por los mandamientos de la Biblia, el cielo y el infierno, y fueron sustituidas por leyes civiles que prescribían y premiaban los comportamientos deseados, y castigaban los indeseados.

Por supuesto, esto no ocurrió por igual en todas las sociedades, y en algunos países los procesos pueden haber ido en dirección contraria, como por ejemplo el proceso de convertir la ley religiosa en la ley nacional, como ha ocurrido en algunos países del Medio Oriente, donde se han instalado nuevas teocracias y son los religiosos los que en última instancia gobiernan al país, aunque en otras dimensiones muestren rasgos de modernidad. Por eso es posible observar modernizaciones antiguas o recientes, rápidas o lentas, fallidas o exitosas, y al final encontramos que tenemos múltiples modernidades.

Veamos cómo podemos entender esos procesos en Venezuela.

## Movilización

La movilización es tanto movilidad social como movilidad territorial. Si bien ambos procesos han estado muy unidos, corresponden a dos realidades diferentes. Por un lado se trata de la liberación de las ataduras sociales a la tierra y al dueño de la tierra que existían en la sociedad feudal y que le impedían al campesino cambiar fácilmente de ocupación y de dueño de la tierra, que le cercenaban el deseo de trasladarse hacia otras zonas rurales o hacia la ciudad.

En Venezuela estos dos procesos adquirieron un carácter nuevo a partir de la exploración petrolera. La guerra de Independencia y la Guerra Federal generaron una gran movilidad territorial con la recluta de los peones como soldados, pero estos eran procesos esporádicos, que no se sostenían ni acrecentaban en el tiempo. Algo diferente ocurrió a partir de la exploración petrolera, pues la movilidad territorial y social se incrementa en un camino sin regreso, es decir, se vuelve cambio social complejo y completo (Carrera Damas, 1980).

La existencia de formas alternativas de obtener ingresos, como obrero petrolero o como empleado del gobierno, le permitió a un contingente amplio de la población salirse de las zonas rurales y escapar de lo que se conocía como el poderío de los jefes civiles, así como también de las deudas que los ataban al campo o a las lealtades de Don Fulano. La crisis económica de 1929 también empujó este movimiento, pues obligó a la búsqueda de fuentes de trabajo diferentes y facilitó el cambio de lealtades, al perder a los señores tradicionales a los cuales los campesinos les debían favores y respetos. La existencia de esta mano de obra asalariada crea una demanda que al ser efectiva, pues recibe su ingreso en moneda, impulsa la creación de un sector comercial y de servicios.

A partir de ese momento se inicia en Venezuela una movilización social ascendente que afecta a todos los estratos sociales y que no se detiene sino hasta los años ochenta, cuando la crisis del ingreso petrolero y la caída del salario real estancan el ascenso social primero, y luego, en el nuevo siglo y con la revolución bolivariana, se invierte y lo convierten en descenso social.

Las oligarquías que existían en el país fueron barridas por el petróleo y la ambición gomecista, y con ellas se disiparon también las barreras sociales que podían existir. En Venezuela la riqueza y los honores son nuevos. A diferencia de otras sociedades, donde ocurre un ascenso social de solo un determinado grupo social, en Venezuela el ascenso fue de todos los estratos, quienes fueron positivamente afectados por una mejoría global de las condiciones de vida, salud, educación, vivienda e ingresos. Y si bien es cierto que esta mejoría fue desigual, el ingreso petrolero llegó a todos y cambió la sociedad.

Desde el punto de vista territorial la situación fue de una gran movilización. A comienzos del siglo XX, más del 80 % de la población vivía en zonas rurales, mientras al finalizar el siglo, más del 80 % de la población vivía en ciudades. La movilidad territorial, entendida como migraciones internas, aparece en el país con la exploración petrolera, y a partir de allí se fortalecen las ciudades pequeñas y medianas y, posteriormente, las ciudades grandes. Este proceso fue visto hasta los años sesenta como un indicador importante de la proximidad que el país tenía hacia el desarrollo y la modernización (Germani, 1976).

La movilidad territorial crea también un fenómeno propio de este siglo que son los barrios de ranchos en las ciudades. Los barrios son una continuidad de lo que en el siglo pasado se consideraba la orilla de la ciudad, una forma irregular de crecimiento urbano que usaban los trabajadores de servicios o artesanales recién llegados a la urbe. Pero las orillas crecieron tanto por el fenómeno de la gran movilidad territorial que se dio en el siglo XX, que los orilleros han llegado a representar cerca de la mitad de la población urbana: el 40 % de la población de Caracas, el 55 % de la de Valencia y el 64 % de la de Maracaibo. Por eso no fue posible seguir considerándolas orillas, como lo es tampoco seguir pensándolas como marginalidad, pues representan tanto o más que la ciudad formal (Bolívar, 2016).

**Diferenciación**

Por diferenciación se entiende un proceso de complejización de la estructura social, producto de las nuevas formas de división del trabajo que aparecen en la época moderna con la expansión de la industria, los servicios y la burocracia del Estado. Este proceso crea nuevos roles y con ello hace a los individuos cada vez más diferentes unos de otros, pero al mismo tiempo necesarios unos a otros, pues sus roles no son fácilmente intercambiables. Esta diferenciación es también la que crea las condiciones de la libertad individual (Aron, 1976).

La división social tiene su inicio en la diferenciación de oficios, pero excede a los oficios y se expresa en las clases sociales. La tradicional división de dueños de la tierra y campesinos se modifica, mas no es sustituida exclusivamente por la de burgueses y proletarios, sino por una gama más amplia de sectores sociales que se diferencian por sus ingresos y sus estilos de vida (Briceño-León, 1992).

Observando el hecho desde otra perspectiva, la diferenciación permite el crecimiento de una clase media tanto en su tamaño como en la diversidad. Si bien los sectores medios como tópica siempre han existido, el tamaño proporcional de estos crece fuertemente en la modernidad hasta llegar a ser los más numerosos de la sociedad, transformando la pirámide como forma gráfica de la estratificación social, de pocos ricos, algunos sectores medios y muchos pobres, en una pera, con una engrosada clase media en el centro.

En la sociedad venezolana este proceso se vio impulsado por las múltiples tareas que requiere la industria petrolera, por las obras públicas que se emprenden, así como por la diversidad de empleos que han de crearse para poder construir un Estado que cumpla las distintas funciones que requiere la modernidad. El crecimiento educativo que se dio a partir de los años cuarenta apuntaló esta división del trabajo, y el empleo burocrático hizo realidad el establecimiento de la clase media, la cual se expandió en los años cincuenta con la bonanza económica y unos salarios reales que, en muchos oficios, eran superiores a los que se disfrutaban en Europa para ese momento. Las clases medias adquieren su punto máximo de crecimiento y bienestar a mitad de los años setenta con el primer gran *boom* petrolero.

En la segunda mitad del siglo XX la diferenciación adquirió un carácter generalizado, pues a partir de ese momento, más de la mitad de la población vivía en las ciudades, las ramas económicas se ampliaron y los requerimientos sociales y políticos se expandieron.

## Secularización

Finalmente el proceso de separación de la religión de la vida civil, de los asuntos de Dios y del César, constituye otro rasgo típico de la modernidad. La sociedad se hace cada vez más secular y menos religiosa, en el sentido que no requiere de Dios ni de la religión para controlar la vida social, ni para explicar los fenómenos de la naturaleza o la sociedad. La secularización es un proceso social de mucha mayor amplitud que los conflictos de poder entre la Iglesia y el Estado, aunque estos pueden contribuir a hacer que una sociedad sea más o menos secular que otra.

Venezuela tuvo un inicio temprano de este proceso de secularización que se vio expresado en el establecimiento del Patronato Eclesiástico en 1824, pero, sobre todo, a partir de los conflictos que ocurren entre el gobierno de Guzmán Blanco y la Iglesia católica y que condujeron al cierre de seminarios y escuelas religiosas, así como al establecimiento del matrimonio civil, el registro de los recién nacidos y el control de cementerios por parte del gobierno nacional.

Una circunstancia muy particular de la sociedad venezolana es entonces este dominio secular de la vida social con la cual ingresa al siglo XX y que permitió, por ejemplo, el establecimiento del divorcio en 1904 rompiendo tempranamente con la tradición católica (Di Mielo Milano, 2006). Es de destacar que en otros países de América Latina, como Chile o inclusive en nuestra vecina Colombia, el divorcio solo logró aprobarse casi noventa años después.

A lo largo del siglo se dan procesos interesantes pero que van en direcciones opuestas; por una parte se permite el regreso o la instalación de congregaciones religiosas y una cada vez mayor presencia de estas en diversas áreas de la vida social que anteriormente se le habían limitado como la educación. Se da un menor control de las actividades religiosas por parte del Estado, se abandonan ciertas prácticas de regulación, como no exigirles más a los obispos el juramento de sumisión a la autoridad civil, y así hasta llegar a la sustitución del Patronato Eclesiástico por un nuevo *modus vivendi* en 1964, a partir del cual disminuye el control de la actividad eclesiástica por parte del gobierno, siendo que, por ejemplo, a partir de entonces este no presenta a la Santa Sede los candidatos para los cargos de la jerarquía religiosa, sino que solo se reserva el derecho a objetarlos.

Aunque durante el siglo XX aumentó notablemente la actividad religiosa católica, la religiosidad de la población ha disminuido y se convirtió en un asunto individual y privado de las personas. Si bien alrededor del 80 % de los habitantes del país declaran ser católicos, muy pocos asisten regularmente al culto, menos creen que su vida cotidiana debe guiarse por las enseñanzas religiosas, y muchos menos por la intervención de un sacerdote (Lacso, 2008). Sin embargo, la religión católica mantiene presencia en los ritos de pasaje como el bautizo, el matrimonio y los ritos de la muerte, pero de manera paralela y secundaria a la actividad civil.

## La singularidad de la modernidad petrolera

Todos estos procesos y enfoques que, de manera sucinta, hemos descrito, tienen en Venezuela una singularidad que los diferencia de otras sociedades, pues están marcados por la fuerte presencia del ingreso petrolero, que los ha impulsado, pero, al mismo tiempo, constreñido o condicionado. La modernidad venezolana es una modernidad petrolera y esto la ha hecho de muy amplia cobertura pero, al mismo tiempo, frágil, inconclusa y mestiza.

Cuando uno procura entender de manera crítica las formas que ha asumido la modernidad en Venezuela no está buscando hablar mal de Venezuela, como en un momento lo planteó Mijares (1980), sino intentar especificar y comprender un proceso. La tensión entre la tradición y la modernidad en Venezuela se ha movido por las formas que ha tomado la renta petrolera y los procesos que ha impulsado con los financiamientos a empresas o con los subsidios y políticas sociales a las personas. La renta petrolera empujó la modernización, pero también y paradójicamente la obstaculizó, pues impuso trabas al desarrollo capitalista, a la empresa privada, a las luchas sociales. En el Gráfico 1 mostramos las tres variables fundamentales de esta relación y con la intersección deseamos expresar la tensión, ese doble impulso que la renta tiene hacia la modernización o la tradición, y que ha provocado que unas áreas de la vida social permanezcan como tradicionales, otras como modernas y otras sean mestizas.

**Gráfico 1**

El capitalismo ciertamente se implantó en el país, pero ha sido un capitalismo de Estado y de tipo rentista, es decir, un capitalismo que ha vivido del dinero petrolero que ingresa como divisas y que la sociedad lo percibe como una renta. El ingreso petrolero no es una renta, sino una liquidación de activos, pero por su magnitud con relación al esfuerzo invertido y, sobre todo, por su regularidad, la sociedad lo percibe «como si» fuera una renta y en tanto tal actúa (Briceño-León, 2015).

La industria venezolana ha sido también una industria marcada por el ingreso petrolero. En otros países de América Latina la industria que se origina con la sustitución de importaciones estaba diseñada para poder ahorrar divisas; en Venezuela la industrialización fue un modo de gastar, no de ahorrar divisas. Es una industria que, además, por haber dispuesto de abundantes recursos en moneda extranjera, ha podido comprar una sofisticada tecnología que le ha permitido ahorrar mano de obra. Por su mismo carácter implantado ha tenido también un alto componente importado en sus materias primas y muy pocos encadenamientos nacionales. Es así como varios procesos industriales ocurridos en el país fueron simplemente amagos, porque el propósito real no era producir unos bienes de manera competitiva, sino obtener un crédito del Estado, capturar la renta.

El proceso de racionalización ha existido en el país, pero la lógica dominante en el comportamiento económico ha sido la competencia por la renta y no la competencia para lograr una mayor productividad o una más adecuada tecnificación o una mayor explotación de la mano de obra. La riqueza en Venezuela no se obtuvo de explotar a los trabajadores, sino de captar la renta petrolera distribuida por el Estado. Y ha sido así pues la verdadera ganancia ha sido posible gracias a los favores del Estado, y si en algún momento se ha debido utilizar mano de obra, esta ha sido en muchos casos apenas una excusa para competir por la renta. Pero esto ha afectado a toda la sociedad, ya que el comportamiento de los campesinos beneficiados por la reforma agraria no es muy distinto de lo antes descrito, como tampoco lo es el comportamiento de los sindicatos o de los gremios, quienes han fundado su crecimiento y mejoría en una estrategia para captar una porción mayor de la torta petrolera del Estado, y no de intentar peleársela al patrón.

La movilidad social ocurrió en el país y fue general y automática, muy poco ligada al esfuerzo individual. Lo que existió fue un autobús que permitía ascender a todos los que allí estuvieran subidos, sin hacer ningún esfuerzo adicional. El ingreso petrolero distribuido en sus muy diversas formas es lo que ha sustentado la movilidad social en forma de educación, empleo burocrático o crédito. En el siglo XX, la movilidad social ascendente se hizo realidad para todos, y por supuesto, aquellos que le pusieron más esfuerzo, o un poco de picardía, lograron acumular grandes fortunas. Los *self-made-men* que aparecieron en el país le pusieron ingenio a su esfuerzo, pero la clave de su enriquecimiento no estaba allí, sino en la existencia y el modo como captaban la renta petrolera.

Por eso, cuando declinó la renta petrolera, después de 1979 o del año 2012, cae el salario real de manera sostenida, se detiene la movilidad social colectiva, y se produce un descenso social para muchos sectores. El sentimiento de mejoría permanente de la calidad de la vida, que había predominado en el país durante casi todo el siglo, pues la gran mayoría de los venezolanos creía profundamente que el futuro iba a ser siempre mejor, que el progreso había llegado para quedarse y que la vida de sus hijos iba a ser siempre mejor que la de ellos, se esfumó. La fe ciega en el futuro ha sido sustituida por su contrario, un sentimiento donde los peores temores abrigados acerca del futuro se hacen realidad. La clase media y los sectores pobres han experimentado sucesivas regresiones en su modo de vida, y los hijos atraviesan dificultades que ellos no vivieron o que pensaban que ya habían podido superar. El ingreso petrolero, que permitía esa vida, demostró que era real porque la sociedad lo vivió y disfrutó, pero también muy frágil, pues menguó así como creció, sin mucho que ver con lo que las personas hacían o dejaban de hacer.

Desde el punto de vista de la movilidad territorial el proceso de urbanización no estuvo acompañado de una industrialización, sino de un crecimiento del sector servicios ligado al empleo del Estado. Esto no es singular de Venezuela, sino de los países subdesarrollados en general; quizá lo particular del país es que el crecimiento de las ciudades, así como los procesos de desconcentración y descentralización, han sido subsidiados con el ingreso petrolero. Por mucho tiempo los planes de crecimiento urbano y de zonas industriales se construyeron ofreciendo ahorrar o exonerar impuestos, en lugar de estar diseñados para hacer sostenible la vida y el crecimiento de la ciudad.

La diferenciación como proceso de complejización social se ha dado por las múltiples necesidades de la sociedad que se hace urbana, se concentra y se industrializa, pero lo singular es que esta diferenciación no ha estado jalonada por la producción económica, sino por el consumo. No está sustentada en la diversidad que debe tenerse para producir, porque aunque esto existe y de manera notable en la industria petrolera, su magnitud es muy pequeña con relación al resto de la fuerza de trabajo. La diferenciación ha sido una respuesta a las necesidades de consumir el ingreso petrolero, no de generarlo.

Finalmente, la secularización de la sociedad ha sido posible en este siglo por la existencia de un Estado fuerte, que podía relacionarse sin tantos temores con el poder de la Iglesia. Sin embargo y a pesar de que el peso cotidiano de la religión tiende a disminuir, hay una tendencia hacia una mayor presencia de la Iglesia en funciones reservadas al Estado. Es sorprendente ver el nivel de credibilidad de la jerarquía católica entre la población y cómo los ateos y anticlericales del pasado le han ofrecido a la Iglesia las posibilidades de tener mayor presencia y control sobre la educación primaria; como también sorprende que la mayoría de los profesores universitarios, rabiosos defensores de la educación pública, tienen a sus hijos en colegios privados y religiosos. Este proceso no debe interpretarse necesariamente como una postura prorreligiosa, sino como un fracaso de lo público y civil en sus responsabilidades. A pesar de todo el incremento de la presencia social y política de la religión, es muy claro que en la sociedad venezolana la regulación general de la vida social no es religiosa, sino secular.

## La modernidad mestiza

¿Qué conclusiones podemos sacar de lo que ha sucedido? ¿Cómo podemos nombrar la singularidad que venimos describiendo?

La sociedad venezolana cambió de manera vertiginosa en este siglo como resultado del impacto del petróleo. Otras sociedades no petroleras también cambiaron, aunque no del mismo modo ni a la misma velocidad que la sociedad venezolana. El ingreso petrolero dio un impulso gigantesco a la modernización, pero al mismo tiempo la moldeó y la condicionó. La hizo una modernidad petrolera, con su dosis de vigor, de oropel y de fragilidad.

Nos parece incorrecto afirmar que la modernidad en la sociedad venezolana haya sido un fiasco o una simple fachada, una pura coreografía de teatro. No es así, la modernidad ocurrió y existe, pues el capitalismo es la forma dominante de producción y relación social, la industrialización se implantó en diversas áreas, y la racionalización existe con todo y su tufillo de magia y familia.

Lo que sucede con la modernidad petrolera es que es singular y frágil, pues el mismo ingreso petrolero, por sus efectos perversos (Boudon, 1979), impide que se consolide la modernidad, ya que no permite el capitalismo simple, no fomenta la industrialización real, ni la ordinaria racionalidad capitalista. La competencia por la renta, como racionalidad económica, hace que la industrialización y los modos capitalistas clásicos de obtener beneficios se vean alterados.

Por otra parte las consecuencias de estas dinámicas muestran los resultados propios de la modernidad: hay movilización, diferenciación y secularización. Pero aunque el origen es distinto, los resultados son bastantes similares.

Una de las causas de esta singularidad es que la separación entre la esfera de lo económico y la esfera de lo político, que es emblemática de la modernidad, no existe en la sociedad venezolana. Y no podrá darse mientras el Estado sea el propietario de los ingresos provenientes de la renta petrolera y esta renta tenga una presencia tan decisiva en la vida económica del país. Lo que ha venido sucediendo en Venezuela es que el Estado ha ido creando una economía y una organización social, al revés de cómo había sido en la tradición de cambio social europeo, donde las transformaciones en la economía y en la sociedad crearon y produjeron el Estado moderno.

Esta misma circunstancia no ha permitido que de manera completa se desarrollen dos factores clave en la economía y la política, como son el sentido del riesgo como conducta dominante y la confianza (*trust*) en las instituciones y las reglas del juego (Luhmann, 1993). Y es que en una economía petrolera, con amplio control estatal, el riesgo es producto de unas circunstancias difíciles de mensurar y prever, pues dependen más de las voluntades de las personas (para bien o para mal), que de los procesos sociales más complejos.

En Venezuela entonces la modernidad ha sido el resultado de fuerzas externas, en particular de la demanda de petróleo o de las fluctuaciones de la demanda del hidrocarburo, de las compañías que lo producen y comercializan, y de la forma cómo ese ingreso petrolero ha llegado y ha sido distribuido en el país por el gobierno nacional. Por eso en Venezuela la modernización no ha sido la consecuencia de la acción de la industria, sino del Estado; el gran modernizador ha sido el gobierno nacional. Y como consecuencia necesaria de esa singularidad lo que en Europa fue un proceso de construcción de los Estados nacionales, de *Nation-building*, en Venezuela se concentró en el Estado como administrador, receptor y distribuidor del ingreso petrolero, y el resultado fue que se consiguió más un *State-building* que un *Nation-building*.

¿Cómo es posible entonces interpretar y calificar la singularidad de la modernidad de Venezuela y de América Latina?

La afirmación de Eisenstadt que se trata de otras múltiples formas de modernidad que no siguen el patrón «occidental» es adecuada y tiene un valor heurístico, pero ¿cómo caracterizar esa modernidad latinoamericana?, ¿qué rasgos pueden diferenciarla del patrón de Europa occidental, o de la japonesa, la rusa o de la modernidad de países de Europa del Este que formaron parte de la extinta Unión Soviética? Se le ha caracterizado como el *bricolage* por Bastide; de la conjunción por Wittrock; de lo híbrido por Latour; como liquidez por Bauman; como *entangled* por Therborn; o como un continuo *cacht-up* que la ha vuelto un mausoleo por Whitehead. Nosotros creemos que es mestiza.

Para Laurence Whitehead (2006) la *distinctiveness* de la modernidad de América ha radicado en que los proyectos fueron siempre impuestos desde arriba y sin la participación local, y que a pesar de que no hubo una resistencia fuerte, como por ejemplo la hubo en otros continentes controlados por el islam, los proyectos nunca fueron completamente asimilados ni digeridos, por lo tanto los resultados fueron diferentes de los esperados. De este modo, la modernización de América Latina ocurrió de una manera desigual e incompleta, lo cual ha llevado a los países a buscar cada cierto tiempo un nuevo proyecto de modernización sin haber concluido el anterior, dejándolos incompletos, a medias, produciéndose entonces unas modernidades fragmentarias que en su conjunto se han convertido en un inmenso mausoleo de modernidades.

En un artículo pionero de los años cincuenta, Roger Bastide (1970) se refiere a la necesidad de una *sociologie du bricolage* para poder comprender lo que sucede con la memoria colectiva y las tradiciones de América Latina. Basándose en su amplia experiencia de campo en Brasil, utiliza la metáfora del bricolaje no tanto como la actividad casera de la reparación, sino como la práctica artística de montar una obra a partir de la unión de fragmentos de otros objetos, creando una imagen nueva a partir de elementos previos que son reusados con propósitos distintos de los que fueron creados.

En un texto más reciente, Björn Wittrock (2002) propone que para poder comprender las singularidades de las múltiples modernidades, es importante aceptar que se convirtió en una condición global que se expresa en un cambio de conjunto de «conjunciones» culturales, institucionales y cosmológicas. Que no hay rasgos específicos, pues no fue verdaderamente secular y que sus rasgos son unas promesas, un conjunto de principios estructuradores que permiten definir esa condición global.

Esa visión fragmentaria de la modernidad (Whitehead), que representa unos principios estructuradores (Wittrock), que permiten hacer un bricolaje (Bastide) dan la idea de unas entidades sociales separadas, dicotómicas, constituidas a partir de códigos binarios como dice Alexander. En el Cuadro 1 hemos colocado un conjunto no exhaustivo de caracterizaciones que se han dado de las sociedades premodernas y modernas.

**Cuadro 1**
Códigos binarios de la conceptualización de las características
de las sociedades premodernas y modernas

| | |
|---|---|
| tradicional | moderna |
| feudal | capitalista |
| rentismo | producción |
| posesión | propiedad |
| gregario | individualista |
| satisfacedor | maximizador |
| particularismo | universalismo |
| afectiva | racional |
| satisfacer necesidad | ampliar mercado |
| amigocracia | meritocracia |
| precariedad | abundancia |

Ahora bien, estas caracterizaciones pueden parecer contradictorias o excluyentes, y la modernidad múltiple ha mostrado que más bien ha permitido incluir elementos diferentes y no solo los tradicionales de la experiencia histórica occidental. Por eso es que Göran Therborn (2003) prefiere hablar de realidades entrelazadas, de una modernidad *entangled* en la cual hay realidades sociales diferentes, con niveles o tipos de modernidad desiguales, pero que no están ni pueden ser interpretadas como separadas, sino que se necesitan y requieren una a otra.

Todas esas conceptualizaciones apuntan a elementos que debemos conservar, pero nos parece que mantienen la separación y no logran nombrar la síntesis novedosa que ocurre a nivel social, lo nuevo que surge, pues están más pendientes de los orígenes que de los resultados. Por eso sostenemos que la idea de mestizaje como hecho cultural y proceso sociopolítico, es mucho más apropiada para describir lo nuevo que hay en América Latina, que no se puede reducir a lo que había de tradición con lo que se aportó de modernización, así como el mestizo es una nueva realidad racial que no se puede reducir a los progenitores negro y blanco, y el café con leche es algo nuevo que no se restringe al café o la leche que lo originaron.

En su propuesta para reconstruir la modernidad Alain Touraine (1992) sostiene que la modernidad es un resultado de complementariedades y oposiciones, del diálogo entre la razón y el sujeto. Pero ese diálogo debe traducirse en una síntesis, en algo nuevo que no puede responder exclusivamente a la angustia de la identidad perdida que, como piensa Touraine, se vive «el sur», sino a una síntesis de las consecuencias del pasado y de los requerimientos del futuro.

La modernidad mestiza en Venezuela comparte los mismos rasgos del resto de América Latina, pero se le añade el componente particular que ha sido la renta petrolera y su impronta sobre la sociedad.

En Venezuela, como en América Latina, no se puede establecer un monoevento o unos plurieventos que permitan ubicar la partida de nacimiento de la modernidad en la región, como se ha pretendido en otras latitudes (Martucelli, 1999), pues sería muy difícil lograr un consenso por la desigual y fragmentaria recepción de las influencias externas, como por su verdadero impacto en los cambios internos.

La modernidad mestiza de Venezuela es entonces una a-sincronía, donde no coinciden los procesos sociales con los tiempos históricos. Lo que sucedió en Europa o en Estados Unidos en un tiempo, aparece unas veces atrasado y otras muy adelantado. La modernidad del consumo norteamericano de la posguerra se difundió como patrón cultural en Venezuela muchos años antes que en Francia o España. Pero la industrialización ocurrió muy rezagada, y no solo de Europa, sino de otros países de América Latina.

La difícil y esencial pregunta es si debemos como sociedad continuar con el proyecto de modernidad en la forma como lo hemos venido haciendo. Hasta hace pocas décadas la sensación que predominaba en el país era que para alcanzar la modernidad lo que se necesitaba era tiempo; que era simplemente una cuestión de esperar unos años o décadas más y llegaría. Pero los brutales retrocesos sociales en la calidad de vida y la democracia que ha provocado el triunfo transitorio del proyecto antimoderno de Chávez, obligan a repensar el camino de la modernidad estatista y populista. Debemos preguntarnos si los correctivos que deben hacerse pasan apenas por aplicar ajustes y controles a la modernidad estatista del pasado o, si por el contrario, debemos permitirnos recuperar mucho de la solidaridad tradicional que ha persistido en Venezuela y América Latina, y lanzarnos a construir una modernidad capitalista y democrática contemporánea.

Un modo distinto de impulsar la modernidad es aceptar y emprender el camino del eclecticismo, formularnos una relación diferente con los recursos naturales y un modo novedoso de interpretar los vínculos entre el pasado y el futuro, entre lo privado y lo público, entre la economía de mercado y la intervención del gobierno, entre la racionalidad individual y la solidaridad, entre la fuerza de la ley y la tolerancia, buscando un camino propio que nos permita utilizar el ingreso petrolero para superar la modernidad petrolera. Y aceptar con orgullo, como herencia y como proyecto, la modernidad mestiza.

## Referencias

ALEXANDER, J. C. «Modern, Anti, Post, and Neo: How Social Theories have tried to Understand the 'New World' of 'Our Time'», *Zeitschrift für Soziologie*, vol. 23, N.º 3, June, 1994, p. 170.

ARON, R. *Las etapas del pensamiento sociológico*. Buenos Aires, Siglo XX, 1976.

ASHTON, T. *The Industrial Revolution (1760-1830)*. Oxford University Press, 1948.

BASTIDE, R. «Mémoire collective et sociologie du bricolage», *L'Année Sociologique*, vol. 21, 1970, pp. 65-108.

BAUMAN, Z. *Liquid Modernity*. Cambridge, Polity Press, 2000.

BOLÍVAR, T. «Los barrios en las ciudades venezolanas», *Ciudades de vida y muerte*. R. Briceño-León (ed.). Caracas, Alfa Editorial, 2017, pp. 59-86.

BOUDON, R. *Effects Pervers et Ordre Social*. Paris, Press Universitaire de France, 1979.

BOUDON, R. et F. Bourricaud. *Dictionaire Critique de la Sociologie*, Paris, PUF, 1990.

BOURDIEU, P. *Méditations pascaliennes*. Paris, Seuil, 1997, p. 256.

BRICEÑO IRAGORRY, M. *Los Riberas*. Madrid, Independencia, 1957.

BRICEÑO-LEÓN, R. «Ética de la riqueza en Venezuela», *Espacio Abierto*, vol. 3 N.º 5, pp. 399-422.

_____. *Los efectos perversos del petróleo*. Caracas, Los Libros de El Nacional, 2015.

_____. *Venezuela: clases sociales e individuos*. Caracas, Fondo Editorial Acta Científica Venezolana / Consorcio de Ediciones Capriles, 1992.

CARRERA DAMAS, G. *Una nación llamada Venezuela*. Caracas, UCV, 1980.

DE LA VEGA VISBAL, M. *Modernización y democracia en América Latina desde la perspectiva de la «Razón Comunicativa» de Habermas*. Caracas, UCAB, 2004.

DI MIELO MILANO, R. *El divorcio en el siglo XIX venezolano: tradición y liberalismo (1830-1900)*. Caracas, Fundación para la Cultura Urbana, 2006.

DURKHEIM, É. *De la division du travail social*. Paris, PUF, 1967.

EISENSTADT, S. N. «Multiple Modernities», *Multiple Modernities*. S. N. Eisenstadt (ed.). New Brunswick, Transaction Publisher, 2002, pp. 1-30.

GERMANI, G. *Sociología de la modernización*. Buenos Aires, Paidós, 1971.

_____. *Urbanización, desarrollo y modernización*. Buenos Aires, Paidós, 1976.

GIDDENS, A. *The Consequences of Modernity*. Stanford, Stanford University Press, 1990.

HABERMAS, J. *The Philosophical Discourse of Modernity*. Cambridge, The MIT Press, 1996.

HEGEL, G. W. F. *Lecciones de filosofía de la historia universal*. Madrid, Alianza, 2004.

HOBSBAWM, E. *La era de la evolución: 1789-1848*. Barcelona, España, Crítica, 2005.

LACSO. *Estudio de religión y religiosidad*. Caracas, Lacso, 2008.

LARRAÍN, J. *¿América Latina moderna? Globalización e identidad*. Santiago de Chile, LOM Ediciones, 2011.

LATOUR, B. *Nous n'avons jamais eté modernes. Essai d'Anthopologie Symetrique*. Paris, La Découverte, 1994.

LEE, R. L. M. «Modernization, Postmodernism and the Third World», *Current Sociology*, vol. 42, 1994.

LERNER, D. «Modernización», en D. L. Sills, *Enciclopedia internacional de ciencias sociales, vol. 7*. Madrid, Aguilar, 1979, pp. 169-176.

LUHMANN, N. *Risk: a Sociological Theory*. Berlin, De Gruyter, 1993.

MARTUCELLI, D. *Sociologies de la Modernité*. Paris, Gallimard, 1999.

MARX, K. *El Capital. Crítica de la economía política*. México, FCE, 1968, t. I, pp. XV, 608.

_____. *Elementos fundamentales para la Crítica de la economía política (borrador) 1857-1858*. Buenos Aires, Siglo Veintiuno Argentina Editores, 1971, pp. 26 y 362.

McCLELLAND, D. C. *Informe sobre el perfil motivacional observado en Venezuela en los años 1930, 1950 y 1970*. Caracas, Fundación Venezolana para el Desarrollo de las Actividades Socioeconómicas, mimeo.

MIJARES, A. *Lo afirmativo venezolano*. Caracas, Dimensiones, 1980.

PARSONS, T. *El sistema de las sociedades modernas*. México, Trillas, 1974, p. 67.

PICÓN SALAS, M. *Suma de Venezuela*. Caracas, Monte Ávila, 1988, p. 70.

QUIJANO, A. *Modernidad, identidad y utopía en América Latina*. Lima, Ediciones Sociedad y Política, 1988.

ROSTOW, W. W. *Las etapas del desarrollo económico*. México, Fondo de Cultura Económica, 1961.

SPENCER, H. *Ilustrations of Universal Progress. A Series of Discussions*. Whitefish, Literary Licencing, 2014, pp. 12-15.

TAYLOR, C. «Nationalism and Modernity», en J. Hall, *The State of the Nation: Ernest Gellner and the Theory Nationalism*. Cambridge, Cambridge University Press, 1998, pp. 191-218.

THERBORN, G. «Entangled Modernities», *European Journal of Social Theory*, vol. 6 (3), August, 2003, pp. 293-305.

TOURAINE, A. *Critique de la Modernité*. Paris, Fayard, 1992.

USLAR PIETRI, A. *De una a otra Venezuela*. Caracas, Monte Ávila, 1980.

WEBER, M. *Economía y sociedad*. México, FCE, 1977.

_____. *La* ética protestante y el e*spíritu del capitalismo*. Barcelona, España, Península, 1969.

WHITEHEAD, L. *Latin America. A New Interpretation*. New York, Palgrave Macmillan, 2006.

WITTROCK, B. «Modernity: One, None, or Many? European Origins and Modernity as a Global Condition», en S. N. Einsestadt (ed.), *Multiple Modernities*. New Brunswick, Transaction Publisher, 2002, pp. 31-60.

# I. La modernidad petrolera

## Petróleo y sociedad

Venezuela no acompaña los momentos ni las tendencias dominantes en las sociedades de América Latina. Cuando en los años setenta y ochenta había una ola de militares en el poder y una alta inflación, revueltas sociales, terrorismo político y control de cambio en las economías de la región, Venezuela mostraba una economía estable con supermercados repletos de productos, libre convertibilidad de la moneda y una envidiable paz social. Cuarenta años después, al iniciarse el nuevo siglo XXI, los papeles se cambiaron y cuando en Centro y Suramérica había democracias, gobiernos civiles y baja inflación, Venezuela se encontraba en gran inestabilidad política, mostraba la más alta tasa de inflación del mundo, tenía un férreo control de cambio, y estaba azotada por una violencia delincuencial generalizada y un gobierno con militares.

¿Por qué ocurre esto así?

Venezuela es una sociedad atípica en América Latina. Era muy parecida al resto de países de la región hasta bien entrado el siglo XX, aunque quizá un poco más pobre y atrasada. Era una sociedad tradicional, con 3 millones de habitantes, de los cuales un 84 % era población rural y más del 90 % eran analfabetos. Un país que producía en condiciones semifeudales tabaco, café, cacao y plumas de garza, y los exportaba a través de unas casas comerciales que los distribuían en el mercado capitalista mundial.

Esa situación cambió cuando se inició la explotación masiva del petróleo y las exportaciones del hidrocarburo superaron en valor a las del café, convirtiéndose en el primer producto de exportación del país. Venezuela había sido el segundo exportador a nivel mundial de petróleo hasta finalizada la Segunda Guerra Mundial, cuando, por el crecimiento notable de la economía norteamericana de la posguerra, Estados Unidos se convirtió en un importador neto de petróleo y Venezuela pasó a ser el primer exportador mundial. Era la época que Hobsbawm (1996) calificó como «dorada» del capitalismo y que Fourastie (1979) describió como los treinta gloriosos años que transcurrieron entre el final de la Segunda Guerra Mundial y la crisis petrolera de 1973.

El peso del petróleo en la conformación de la sociedad venezolana contemporánea es abismal, no solo por su magnitud en la composición de la economía, sino también, y más importante aún, por su modo singular de impactar la estructura social y la forma de hacer política. El petróleo fue el gran modernizador de la sociedad venezolana.

El petróleo, la industria y el dinero que se obtienen por la renta, hicieron posible que se dieran y de una manera rápida y singular los procesos típicos de la modernización: el proceso de urbanización acelerada, la diferenciación en la organización del trabajo en múltiples tareas especializadas, la racionalización de la actividad económica y el comportamiento individual. Con la llegada de la exploración y explotación petrolera se expandió la división del trabajo, la economía rural semifeudal se transformó y dio lugar a infinidad de funciones laborales. El campesino andino se convirtió en operario de taladros petroleros; el pescador oriental dejó la red y el anzuelo para dedicarse a navegar en las barcazas que surcaban el lago de Maracaibo, llevando a los obreros e ingenieros encargados del mantenimiento de los pozos petroleros. Desde entonces ni campesinos ni pescadores podían levantarse o salir a trabajar a la hora que les provocara, como siempre lo habían hecho, sino que había un horario y una jornada precisa que cumplir que lo establecía otra persona. La migración rural urbana impulsó el crecimiento de las ciudades con la expansión de la burocracia. El poder político que se había forjado a la sombra de los hacendados, con sus capataces, jefes civiles y ejércitos privados se transformó, pues la gente cambió de territorios y lealtades. Los ingresos que el gobierno necesitaba para pagar el ejército y las policías ya no dependían de los hacendados, pues los comenzaron a aportar los impuestos de las petroleras y no los tributos de los exportadores de café.

Y esto ocurre de una manera singular, pues el efecto que puede tener en una sociedad la producción del café, el oro o la maquila industrial, no es igual al que genera la exportación del petróleo. No es solo por el impacto de las inmensas ganancias, sino por el modo cómo se produce y por los vínculos sociales que genera. El petróleo es propiedad del Estado, y a pesar de requerir menos del 2 % de la población económicamente activa, produce cerca del 90 % de las divisas que ingresan al país.

La modernidad petrolera provocó entre 1926 y 1979 un desarrollo social y económico creciente, una movilidad social ascendente y la expansión de la democracia. Sin embargo, después de 1980 la situación cambió de manera radical, allí se terminaron los treinta gloriosos años de Venezuela: el precio del petróleo se redujo, el crecimiento económico se detuvo, la movilidad social se estancó, se incrementó la pobreza y hubo varios intentos de golpe de Estado.

Y cuando algunos pensaron que todo podía cambiar con el rentismo, que podía construirse una nueva economía productiva y exportadora, apoyada en la iniciativa privada, el precio del petróleo volvió a subir al comenzar el nuevo siglo y alcanzó unos niveles nunca antes percibidos. Una nueva bonanza petrolera inundó al país de una riqueza súbita que alimentó de nuevo las ilusiones de grandeza, las importaciones crecieron como nunca antes, el populismo manirroto regalaba dinero a manos llenas dentro y fuera del país, y un nuevo y vigorizado estatismo anunciaba otra vez «La Gran Venezuela», como lo había hecho Carlos Andrés Pérez en su primer gobierno, pero esta vez vestido del «Socialismo del Siglo XXI» y era un gobierno militar quien lo pregonaba.

## La sociedad exportadora de petróleo

En la sociología se han realizado estudios variados sobre el impacto social que produce la explotación del petróleo en una determinada sociedad. Esos análisis pueden referirse a la experiencia de un país como Venezuela, tal y como ocurrió con los ensayos que repetidamente realizó Uslar Pietri (1966) sobre Venezuela. También pueden referirse específicamente a la zona donde ocurre la explotación del petróleo, que sería en ciudades como Lagunillas en Venezuela, o el caso de Aberdeen en Escocia (Moore, 1982). La mayoría de estas investigaciones aluden a los cambios que ocurren en el consumo de la sociedad, en la ocupación del territorio, las migraciones, pero pocos estudios procuran comprender lo que realmente sucede en ese tipo de sociedad y cómo afecta al resto de la economía, la estructura de clases sociales y la política. El impacto es variado y dependerá tanto del nivel de desarrollo económico que tenga la sociedad exportadora de petróleo, como de la magnitud de los ingresos petroleros, es decir, del peso relativo que tengan en comparación con el resto de la economía. Es por eso que, la influencia que los ingresos petroleros han tenido en Venezuela, Nigeria, Ecuador o Libia, donde han sido centrales para su transformación económica, es completamente distinta de la que han producido en Noruega, Inglaterra o Canadá, donde se encontraron con una sociedad y economía productiva y organizada y por lo tanto su impacto, aunque importante, no ha sido esencial como lo fue en los países de la OPEP.

## El petróleo como renta

Desde el punto de vista sociológico el petróleo es una renta. Pero, en tanto recurso natural no renovable, no es posible afirmar que los beneficios que de su explotación se derivan sean una renta, pues no cumplen con algunos de los criterios que han definido los autores clásicos de la economía; por ejemplo, no son «imperecederas» (Ricardo, 1977) ni tampoco «frutos de un árbol perenne» (Marx, 1968, III: 760). En términos técnicos, podemos decir que, en lugar de renta, es una liquidación de activos, pues, una vez vendido, el bien se traspasa, lo pierde su vendedor y nunca más volverá a recibir ganancias provenientes de ese bien. Por eso no se puede comparar el ingreso petrolero con el alquiler de una casa o un terreno, que continuamente produce una ganancia, sino con su venta por parte del propietario.

Pero hay otros dos rasgos que sí pueden permitir hablar de renta en el caso del petróleo y que son distintos a la perennidad del recurso. El primero son las «ganancias extraordinarias» que arroja su comercialización y que fue expuesto por Marx en el tomo III de *El Capital* (1968, tomo III, capítulo XLVIII) con el ejemplo de la cosecha de un vino especial. Según Marx, hay también una renta cuando los exquisitos bebedores de vino están dispuestos a pagar un precio muy superior al promedio por una cosecha de un determinado año y por lo tanto se producen unas mayores ganancias a sus propietarios pues, aunque los costos de producción fueron similares, hubo algo singular en el sabor, el aroma o la imaginación de los catadores de vino que los hizo pagar más por los caldos de esa temporada. Y la comparación funciona, pues el petróleo produce unas ganancias muy altas y muy por encima de la tasa media de ganancia de la empresa capitalista como resultado de un monopolio, no de una cosecha especial, sino del producto mismo, y esa diferencia, ese exceso entre la ganancia media y la que produce el petróleo, está dada por factores extraeconómicos y es lo que se considera renta (Tullock, 2005). El segundo es un efecto no económico, sino sociológico: la creencia de la sociedad en la eternidad del recurso, pues su permanencia en el tiempo, y por décadas, produce una sensación de infinitud en el comportamiento de los actores sociales y políticos. Es decir, es perenne en la mente y en la cultura de esa sociedad. Todos los venezolanos vivos hemos transcurrido nuestras vidas bajo la sombra del petróleo. Para cualquier persona, joven o vieja, rica o pobre, el petróleo existe desde que tiene uso de razón, por lo tanto ha sido eterno en su pasado vital. Y, además, ha existido la representación social, producto de estudios científicos o propaganda oficial, de que el país tiene las reservas más grandes del planeta y que podrán durar prodigando riqueza doscientos o trescientos años más, es decir, perennemente, una eternidad para una vida humana cualquiera.

Por esos dos rasgos, lo extraordinario de sus ganancias y la perennidad cultural, hacen que el ingreso petrolero funcione *«como si»* fuera una renta en la dinámica social venezolana. Es un ingreso que llega casi automáticamente a las arcas del gobierno y, como por varias generaciones siempre ha estado presente, en el imaginario popular se piensa que la riqueza durará para siempre.

### Autonomía económica del Estado y democracia

Pero ese ingreso no llega a la sociedad, es decir a los individuos o empresas, sino que lo recibe directamente el gobierno central. En Venezuela, el petróleo que está bajo la tierra, como cualquiera de los minerales que allí se encuentren, son propiedad del Estado. Y desde la nacionalización de 1975, lo es también toda la industria; el gobierno nacional es el propietario del recurso y de la empresa que lo explota, y es quien recibe el dinero fruto de las ganancias. Este hecho le otorga una particularidad al aparato del Estado, pues el gobierno tiene sus propios ingresos y no necesita de la producción ni de los impuestos del resto de la sociedad para subsistir. En otros países de América Latina la situación es completamente distinta y eso le da una singularidad a la modernidad y la política en Venezuela. En Brasil, por ejemplo, el Estado subsiste por el impuesto que pagan las ganancias de las empresas y de los tributos que pagan las personas sobre sus ingresos. Si en Brasil el gobierno nacional decidiera hacer quebrar las empresas privadas, estas dejarían de pagar sus impuestos y el gobierno se iría a la bancarrota; en Venezuela no ocurriría así.

El Estado venezolano, a diferencia de la mayoría de los Estados de América Latina y del mundo, es una entidad que no ha necesitado cobrarle impuestos a las empresas ni a los individuos para poder existir, para pagar sus funcionarios, hacer las obras de infraestructura que pueda necesitar el país y llevar a cabo las políticas sociales redistributivas. El Estado venezolano es, como dice A. Baptista (2004) una entidad autónoma económicamente y en tanto tal puede darse el lujo de ignorar o destruir la empresa privada y seguir existiendo, ya que su fuente perenne de riqueza, sus mayores o menores ingresos, dependen de las fluctuaciones de los precios del petróleo en el mercado mundial y no del desempeño económico de la sociedad. La prosperidad de la economía venezolana ha dependido de la severidad del invierno en los países del Norte, de las guerras en el Medio Oriente, del crecimiento industrial o la venta de automóviles en China, de los problemas en el suministro petrolero de Rusia, de los acuerdos en la última reunión de la OPEP, de las nuevas tecnologías de extracción de los esquistos bituminosos (*shale-oil*) y de otras variables más, pero nunca del desempeño económico de la sociedad venezolana.

Si el Estado no necesita de la creación de riqueza de la sociedad civil, pues tiene sus propias empresas que le producen su riqueza; su vínculo con esa sociedad y con las clases sociales es diferente. El rol del Estado y la dinámica del poder son distintos a lo que han formulado las teorías clásicas en la sociedad capitalista. El Estado petrolero puede mantener independencia de los grandes grupos económicos, pues su poder es superior al de ellos. Para someter a la sociedad el grupo político en el poder no tendría necesidad de expropiar los medios de producción, pues su capacidad económica y su poder derivan del control de un negocio petrolero que existe con independencia del resto del país, pues depende de fuerzas externas. Esta es su fortaleza y su tragedia.

El negocio petrolero tiene muy poca presencia en la producción económica nacional, pues emplea poco personal y su gran valor se produce fuera del territorio del país. La industria petrolera tiene un gran impacto material durante las fases de exploración y preparación de la producción; durante estos períodos hay un dinamismo muy notable, pues se producen múltiples encadenamientos por la demanda de servicios que tiene la industria, se contratan otras empresas, se emplea bastante personal, es decir hay una producción de riqueza real en el país. Eso sucedió en el pasado y podría volver a ocurrir en el futuro si se decide ampliar la producción. Pero, una vez que la industria comienza a operar regularmente y el petróleo empieza a fluir por los oleoductos hacia los puertos de exportación, la demanda de servicios y mano de obra disminuye radicalmente. En Venezuela, el sector petrolero ha empleado durante décadas entre el 1 % y el 2 % de la población económicamente activa, ese era el estimado en casi todo el siglo XX. En el año 2003, luego del paro petrolero, el gobierno se dio el lujo de despedir a más de 18 000 trabajadores con un promedio de quince años de experiencia en la industria petrolera sin mayores dificultades inmediatas[1]. Y aun así, la industria pudo obtener en la primera década del siglo XXI grandes beneficios económicos, pues el precio del barril de petróleo subió en el mercado mundial por la demanda que provocó el crecimiento económico de la China y la India, sin importar la poca contribución de la mano de obra empleada.

---

1   Ver el artículo de Aporrea (25/06/2003): «Listado de despedidos y reincorporados a Pdvsa». Consultado en Aporrea: <http://www.aporrea.org/actualidad/n7722.html>.

Para algunos analistas políticos esto puede ser una ventaja, incluso una situación casi ideal, pues le permitiría al Estado actuar con independencia de las influencias y poderes en conflicto, de los sectores poderosos, de las «clases dominantes» o de los gremios conflictivos. Pero, la consecuencia real es que esa autonomía del Estado no ha fortalecido sino más bie debilitado la democracia, ya que permite la instauración de un poder sin contrapesos, sin controles ciudadanos o políticos.

La autonomía económica del Estado es la fortaleza de los gobiernos autoritarios y dictatoriales, pues no están obligados a rendirle cuentas a nadie, pero, también, es su fragilidad extrema, pues dependen de las fluctuaciones de un ingreso que no se origina en una ganancia sustentable por su normalidad, sino extremadamente volátil por su excepcionalidad. Cualquier disminución de los precios del petróleo significa una crisis en el Estado y en esa sociedad dependiente. Lo ocurrido en Venezuela a partir de 2015 es una demostración fehaciente de esa fragilidad, es la trágica demostración de cómo la riqueza petrolera mal administrada y políticamente usada, puede hacer retroceder a la sociedad a niveles de hambre y empobrecimiento difíciles de imaginar para una cultura que ha creído que el futuro siempre será mejor. Es la tragedia de una riqueza que puede producir pobreza.

Es esta la razón por la cual el Estado venezolano se ha parecido históricamente más al de Libia o Irak que al de Brasil o Colombia. Y sostenemos que esa es la misma razón por la cual pudieron subsistir dictadores como Gadafi en Libia o Hussein en Irak, pues no han garantizado su poder con la sociedad, sino con la industria petrolera. Esos dictadores no derivaron su poder de una clase social o de un grupo étnico poderoso, sino del aparato del Estado que les dio el control del ingreso petrolero y, por lo tanto, les permitió pagar un ejército que los defendía y ejercía un férreo control social sobre la población.

## Ingreso petrolero y las clases sociales

El ingreso petrolero le permite al Estado crear nuevas clases sociales. La acumulación originaria se da como el resultado de la transferencia del ingreso petrolero a manos privadas. El origen de la riqueza en Venezuela no se encuentra como creía Marx en la explotación de la plusvalía de los trabajadores –que puede haberla existido–, sino en la manera cómo el dinero petrolero ha sido transferido y apropiado por los individuos y las empresas, de manera legal o ilegal. Y esto ha sido así en la dictadura militar, en la democracia de partidos o en el socialismo chavista.

Por eso, el objetivo de los grupos políticos en pugna ha sido controlar el aparato del Estado para poder administrar los recursos provenientes de la renta petrolera. Cuando uno observa los sucesivos cambios de poder político en Venezuela, desde Gómez hasta Chávez y Maduro, lo que puede encontrar es un repetido mecanismo por el cual el grupo en el poder hace un esfuerzo para producir y engordar a sus grupos económicos, utilizando para ello los recursos petroleros. En una confesión insólita de quien fuera ministro de H. Chávez por más de una década, J. Giordani, un testigo de primera fila del chavismo, afirmó que el gobierno había entregado más de veinticinco mil millones de dólares a «empresas fantasmas» durante los años previos a 2014.

Como el Estado es muy poderoso y autónomo financieramente, el problema funcional del Estado en Venezuela no ha sido cómo extraer dinero de la sociedad, de una u otra clase social, sino bien por el contrario, cómo gastar el dinero que recibe del petróleo, cómo distribuirlo de un modo tal que pueda beneficiar a quienes se desea beneficiar, sea por razones políticas, de búsqueda de lealtad y poder político, sea por razones estrictamente familiares o de amistad.

La creación de una burguesía ha sido posible a través de la entrega de créditos y contratos al sector privado, privilegios de importación de productos o prohibiciones de importar para su protección de la competencia, y exoneración de impuestos sobre la renta. Tanto en los años cuarenta con los contratos durante la guerra, en los años sesenta con el modelo de sustitución de importaciones, en los setenta con las políticas de descentralización, y en el dos mil con la revolución bolivariana y el socialismo endógeno, el proceso ha sido el mismo: se entregaron créditos jugosos con largos períodos de gracia, tasas de interés irrisorias y la posibilidad efectiva de nunca pagarlos. Así surgieron los «doce apóstoles» en los años setenta y así creció la boliburguesía en el nuevo siglo.

Lo importante en la acción del gobierno ha sido gastar el dinero, no invertirlo o recuperarlo. La sustitución de importaciones en Argentina o Brasil se hizo para ahorrarle divisas al país, en Venezuela por el contrario se hizo para gastarlas. La reforma agraria o las expropiaciones del sector industrial no han tenido el propósito de incrementar la producción, la productividad o garantizar ingresos a los trabajadores o el país, sino de someter políticamente, a partidarios y adversarios, a través del gasto del ingreso petrolero. Por eso, también, los trabajadores del campo o de las industrias expropiadas por los gobiernos de Chávez y Maduro no vivieron de lo que producían, sino de los recursos que les transfirió el gobierno. La economía petrolera ha generado una burguesía y un socialismo de invernadero que solo han podido nacer y subsistir por los recursos del Estado petrolero.

La clase media venezolana creció como resultado de la expansión del empleo público. El Estado se dedicó a contratar personas para poder pagarles un sueldo, sin que en muchos casos fueran necesarios o tuviesen un trabajo que hacer, pues se trataba de una política social y un mecanismo de transferir el ingreso petrolero a la sociedad. Así ocurrió en los años treinta con el gobierno de J. V. Gómez, en los años setenta con el de C. A. Pérez, y en los años dos mil con la revolución de H. Chávez. Por esa razón, cuando en distintas oportunidades se ha propuesto la reducción de la inmensa burocracia venezolana, siempre se ha rechazado la idea y se ha argumentado que tal medida ocasionaría un gran desempleo. En 1960, el gobierno nacional tenía 282 000 empleados, y la industria petrolera 40 000 trabajadores; en 1998, el gobierno tenía 1 390 000 empleados, cinco veces más, y la industria petrolera los mismos 40 000. Esta tendencia al aumento de los empleados públicos continuó con el tiempo: en 2002, de acuerdo al Instituto Nacional de Estadística, el número de empleados públicos era 1,3 millones de personas, mientras que, en 2012, fue 2,4 millones de personas (20 % de la fuerza laboral del país). En los países de América Latina, los empleados públicos representan en promedio el 12 % de los trabajadores; en Venezuela, en el año 2012 eran del 20 %. Venezuela ha tenido el doble de empleados públicos que México, Bolivia o Perú (Arcidiácono *et al.*, 2014). El empleo en Venezuela es fundamental y crecientemente el empleo público (Valecillos, 2007).

Es interesante destacar que, durante la campaña electoral de 1998 y posteriores discursos, el presidente Hugo Chávez criticó el exceso de empleados públicos y la cantidad de ministerios existentes en el país, calificándolos como innecesarios; de hecho, una de sus promesas durante la campaña fue disminuir ambas cantidades. Finalmente, la revolución bolivariana lo que hizo fue aumentar la cantidad de personas empleadas por el Estado: Pdvsa pasó de 40 000 empleados en 1998 a más de 100 000 en 2015, y no fue porque la producción petrolera aumentara, pues, al contrario, había disminuido. Se empleaban más personas y se producía menos petróleo.

Para los trabajadores se han dado políticas diversas para hacerles llegar el ingreso petrolero. Desde la reforma agraria, la entrega de tierras y los créditos agrícolas, hasta las múltiples formas del regalo y las dádivas. Muchas veces el incremento salarial de los trabajadores, así pudimos constatarlo con los operarios de la industria textil, fue pagado por años con un generoso crédito que el gobierno ofrecía a la empresa. Luego, durante la llamada revolución bolivariana, sucedía igual, solo que se lo daban a los gerentes de turno quienes lo partían y repartían con los trabajadores. Quizá el mecanismo más generalizado de hacerle llegar la riqueza a los trabajadores fueron los subsidios a los productos de consumo masivo, desde los alimentos básicos hasta los dólares preferenciales para importar teléfonos celulares o *whisky*. También se otorgaron «créditos» que en apariencia tenían un propósito productivo, como los entregados por el banco de las mujeres para que estas montaran su negocio, que al final resultó en su mayoría una ayuda para que compraran ropa importada de China subsidiada que luego vendían en la calle a precios locales.

También fue el caso de las más de 300 000 cooperativas populares que fueron creadas para recibir un «crédito» del gobierno con la supuesta idea de construir una «economía alternativa», pero que resultaron una estafa, pues eran cooperativas fantasmas, conformadas por apenas cinco amigos o familiares que creaban algo que llamaban cooperativa para recibir un dinero del gobierno, sin ningún otro propósito ni cooperativo ni empresarial que captar un pedazo de la renta petrolera. Y esto se puso en evidencia cuando, pocos años después, la Superintendencia de Cooperativas quiso hacer un censo y no logró identificar sino 20 000 cooperativas activas, pues de las otras ni siquiera encontraron una dirección donde ubicarlas y pudieran hacerles las preguntas del censo (Bastidas, 2013).

Un eje común que han tenido todas esas políticas, con tirios y troyanos, con izquierdas o derechas, es que el propósito no ha sido generar riqueza, sino regalar la riqueza petrolera con la finalidad de crear lealtad política entre el mayor sector votante en la sociedad.

Otro mecanismo, muy importante, de transferir el ingreso petrolero a las distintas clases sociales ha sido la sobrevaluación de la moneda. Este proceso se inició desde la década de los treinta cuando, después de la crisis capitalista que conmovió al mundo,

Venezuela revaluó su moneda, en el mismo momento que el resto de países de América Latina la devaluaba para poder seguir exportando. Desde ese entonces y aunque en magnitudes distintas, Venezuela ha tenido una sobrevaluación de la moneda nacional que ha imposibilitado las exportaciones no petroleras y facilitado las importaciones, creando un mercado artificial de precios que alentaba el consumo y daba la impresión de mejoría y modernidad. Esto ocurrió en los años cincuenta en el gobierno de Pérez Jiménez; después del *boom* petrolero de 1974 y hasta 1983, durante los gobiernos de Carlos Andrés Pérez y Luis Herrera Campins; y desde 1999 con los gobiernos de Chávez y Maduro, aunque en este último caso, en un ambiente de control de cambio y asignaciones discrecionales de divisas. Y esto ocurre así porque de manera intencional el dueño del recurso, el Estado, decide traspasarle esa ganancia a las personas o algunas empresas al venderle más baratas las divisas, sea en el mercado abierto, sea con los mecanismos selectivos de administración de divisas, como Recadi en los años ochenta o Cadivi en los dos mil. Con este mecanismo se ha logrado aumentar el poder de compra de los individuos o disminuir el precio de los bienes al consumidor, pero no la fortaleza de la economía ni la autonomía de la sociedad, sino al contrario, su mayor fragilidad.

Todos estos procesos sociales han creado una modernidad mestiza que es real y ficticia en la sociedad, pues se han generado procesos de urbanización e industrialización que se parecen a los clásicos de la modernidad occidental, pero que no lo son, pues han quedado diluidos o alterados por el papel de la renta petrolera.

### El modelo petrolero de sociedad

Este modelo petrolero de crecimiento produjo en el país una gran estabilidad económica, social y política que duró hasta comienzos de los años ochenta. Durante el período que va desde la finalización de la Segunda Guerra Mundial hasta 1979, Venezuela vivió un crecimiento económico muy importante: el Producto Interno Bruto creció alrededor del 6% anual durante treinta años, con un promedio superior a 8 puntos porcentuales en la década del cincuenta y de 4 puntos porcentuales en la década de los setenta. Si bien ocurre una disminución del crecimiento al pasar las décadas, se mantuvo positivo hasta los años noventa del siglo XX.

En ese mismo período, Venezuela mantuvo una tasa de cambio fijo y una libre convertibilidad de la moneda. En los años treinta, se había fijado la paridad cambiaria en 3,35 bolívares por dólar y así duró hasta comienzos de los años sesenta cuando, debido a presiones fiscales, se produjo una devaluación y se fijó la paridad cambiaria en 4,30 bolívares por dólar, y así se mantuvo durante los veinte años siguientes. Una estabilidad monetaria de este tipo es casi impensable. Pero en Venezuela se mantuvo una tasa fija por años por razones políticas, pues a pesar que representaba una evidente sobrevaluación de la moneda nacional y una transferencia y subsidio al consumidor, ofrecía tranquilidad social.

Ese modelo permitió la existencia de una situación muy poco común en la sociedad capitalista, como es que al mismo tiempo ocurra un crecimiento sostenido de los salarios reales de los trabajadores y un aumento de la tasa de ganancia de los empresarios. Su singularidad se explica porque ese proceso era subsidiado con los ingresos petroleros y permitió construir una paz social basada en el reparto de la renta petrolera a empresarios y trabajadores que duró varias décadas. Este modelo implicaba un arreglo social muy particular que involucraba y consideraba las demandas de las partes en conflicto, pero la salida era adoptada y financiada por el Estado. Por ejemplo, cada año los sindicatos textiles exigían una mejora salarial y en sus condiciones de trabajo, la discusión se hacía en la comisión tripartita (sindicatos, empresa y gobierno) y los acuerdos arrojaban un aumento salarial para los trabajadores que los empresarios pagaban gustosos, pues, a cambio, recibían créditos baratos, subsidios o exoneraciones de impuestos por parte del gobierno. Así todos quedaban contentos. Si uno lo analiza en términos de la teoría de los juegos, Venezuela vivía un juego suma constante perfecto; todos ganaban, y en apariencia nadie perdía.

Esa sociedad petrolera empujó una movilidad social ascendente que en Venezuela fue un proceso colectivo, de dimensiones muy importantes. En cincuenta años, una acelerada migración rural urbana llevó a la población a vivir en las ciudades, a poder enviar sus hijos a escuelas y hospitales gratuitos y a mejorar su esperanza y calidad de vida de un modo sorprendente. Los salarios reales de los venezolanos crecieron de manera sostenida entre 1950 y 1979 y eran muy superiores no solo a los del resto de América Latina, sino también a los de muchos países de Europa. El bienestar fue progresivo, y aunque de un modo desigual, llegó a toda la población.

Esa movilidad social fue el sustento de una esperanza creciente. En 1982 realizamos una encuesta sobre clases sociales y les preguntamos a las personas cómo veían su futuro, cómo pensaban iba a ser su vida y la de su familia en los diez años siguientes, y encontramos que la casi totalidad (97 %) veía con optimismo el futuro y estimaba que el país iba a estar mejor y que sus hijos iban a vivir mejor que ellos (Briceño-León, 1992). El futuro se veía lleno de promesas y mejorías. El petróleo no solo daba dinero, también aupaba ilusiones.

Como escribió un periodista inglés a fines de los años setenta, un país lleno de petróleo, con un clima estupendo y sin violencia, estaba cerca del paraíso. Esa era la imagen que había creado la bonanza petrolera y que compartían los venezolanos hasta inicios de los años ochenta; esa era la ilusión de armonía que según Naím y Piñango, (1983) se vivía en Venezuela.

Sin embargo, el deterioro de la calidad de vida de la sociedad venezolana fue abismal. Un indicador del salario real puede dar cuenta clara de ello: para el año 1950 el salario real promedio que percibían los venezolanos, expresado en bolívares de 1984, era de Bs. 14 873. Tres décadas después se había triplicado, pues en 1978 fue de Bs. 43 208. Ese fue un punto tope, ya que a partir de allí se coloca en descenso para regresar al año 2001 a los niveles de 1950, pues fue de Bs. 13 615, pero cincuenta años antes había sido un poco mayor: Bs. 14 873 en 1950 y en 1978 había alcanzado un máximo de Bs. 43 208. Esto quiere decir que, a comienzos del siglo XXI, los venezolanos habían regresado a los niveles de los años cincuenta (Baptista, 2004). Y todavía no había pasado lo peor. ¿Cómo fue posible retroceder y perder tanta modernidad?

### Los efectos perversos del petróleo

Venezuela y los venezolanos hemos vivido por casi cien años de la venta de petróleo. En unas épocas con precios bajos y permanentes, en otras con precios altos y cambiantes. En ese lapso que abarca desde 1920 hasta 2002, hubo dos momentos muy singulares, marcados por un incremento abismal del ingreso petrolero y la riqueza nacional. El primero de esos períodos ocurrió entre 1973 y 1983, durante los gobiernos de Carlos Andrés Pérez y de Luis Herrera Campins. Ese período, que podemos llamar como el de «La Gran Venezuela», se inició con el embargo petrolero árabe de 1973, que empujó al alza los precios del barril de petróleo, los cuales se triplicaron en pocos meses de 4,4 a 14,3 dólares por barril. La avalancha de divisas que se generaron, inundó el país de dinero y trastocó el lento crecimiento que tenía la economía nacional en una gran fiesta de dólares. Ese período terminó pronto y dolorosamente con el decreto de control de cambios de febrero de 1983, el llamado «Viernes Negro».

El segundo momento de gran bonanza económica transcurre a partir del año 2003 y dura hasta 2013, durante el primer y segundo mandato de Hugo Chávez. Este período, que se proclamó como el del «Socialismo del Siglo XXI», se inicia con el incremento del precio del barril en el año 2003, como consecuencia del aumento de la demanda del hidrocarburo en China e India. Cuando se realizaba la campaña electoral de 1998, el barril de petróleo estaba entre 8 y 9 dólares, y lo que el país esperaba en los años siguientes, tal y como lo reconoció Hugo Chávez en su discurso de toma de posesión en 1999, era de un valor promedio de 10 dólares el barril. Sin embargo, a partir de 2003 el valor promedio de la cesta venezolana fue creciendo de 20 a 30, 50, 80 dólares y hasta más de 100 dólares. Su punto más alto ocurrió en el año 2008, cuando los precios mundiales rondaron los 150 dólares, para luego retroceder un poco y mantenerse alrededor de 100 dólares el barril. Este proceso llegó a su final con la caída de precios del año 2015 como consecuencia de la respuesta de los grandes productores de petróleo, Arabia Saudita en particular, al ingreso al mercado de nuevos actores que usaban novedosas técnicas de extracción del petróleo de esquisto a precios muy inferiores a los que hasta ese momento requerían para su comercialización.

El precio del barril venezolano disminuyó a cerca de 40 dólares y la reducción de la capacidad de producción de petróleo que se había tenido en la industria por falencias en el mantenimiento de los pozos, redundó en una caída de los ingresos del gobierno y del país.

Son las inmensas semejanzas que hay entre el primer y el segundo período de bonanza petrolera, a pesar de haber sido formulados por actores distintos y a nombre de ideologías diferentes.

Las políticas del primer gobierno de Carlos Andrés Pérez y de los dos gobiernos de Hugo Chávez son notablemente similares en cuanto a la sociedad y al petróleo. Carlos Andrés Pérez trató, sin éxito, de enmendar los entuertos durante su segundo gobierno; Hugo Chávez, al contrario, lo que hizo fue profundizarlos.

La pregunta esencial que desafía a los venezolanos y que se hacen también analistas y estudiosos alrededor del mundo, es siempre la misma: ¿cómo es posible que un país que ha disfrutado de tanta riqueza tenga tantos problemas de miseria, escasez de productos básicos, ausencia de producción nacional, que importar tantos bienes, y se haya visto forzado a endeudarse en los períodos en que ha tenido los mayores ingresos de su historia?

Desde los años treinta hay dos argumentos que han competido por explicar por qué hay una pobreza que surge de la riqueza. El primero de estos argumentos se origina en el pequeño artículo que publicó Uslar Pietri en un diario en 1936 donde dice que la explicación se encuentra en que las ganancias obtenidas por la venta del petróleo no han sido sembradas en otras áreas productivas, como la agricultura o las industrias. Es decir, no se ha hecho una inversión ni creado una economía que permita una reproducción de la riqueza petrolera a partir de formas de producción no petroleras. Este ha sido el mismo discurso, palabras más palabras menos, que han tenido también autores tan diversos como Juan Pablo Pérez Alfonzo, Domingo Alberto Rangel o Francisco Mieres.

El segundo argumento surge también hace décadas, aunque ha encontrado mayor resonancia en tiempos recientes. Este argumento dice que el problema no ha sido si se ha sembrado bien o mal el ingreso petrolero, sino que se ha repartido mal la riqueza nacional. Que la pobreza y la miseria provienen de que unos se enriquecieron a costa de otros, de unos poderosos que le quitaron a otros lo que les correspondía, lo que era legítimamente de esos otros. Es una versión distributiva de la teoría marxista de la plusvalía. Se sostiene que el mal reparto explica lo que ha sucedido en la economía nacional y se deja colar la idea de que si el reparto hubiese sido mejor y, digamos, más equitativo entre todos los venezolanos, no existiría pobreza, subdesarrollo ni dependencia.

¿Es posible entonces en estas circunstancias hablar de culpa?

## Responsabilidad individual y culpa colectiva

En un texto de gran tono autobiográfico, Jürgen Habermas (2006) discute su vivencia como adolescente joven en la Alemania nazi y el sentimiento de culpa que rodeó a una generación que se vio involucrada en la experiencia de la guerra y el exterminio judío, sin haber sido parte activa de ninguna acción, aunque fuese tan solo por las limitaciones de la temprana edad. En la discusión de la idea de la culpa recurre a un texto de Karl Jaspers publicado en los años de la posguerra, en el cual se plantea la pregunta sobre la culpa (*Schuldfrage*) que se hacían los alemanes de ese momento. En su libro, Jaspers diferencia cuatro tipos de culpa: la criminal, la política, la moral y la metafísica.

La culpa de las acciones individuales entrarían en la categoría de la culpa criminal, pero en un tema nacional como la guerra entre países, tal y como sucedió durante la Segunda Guerra Mundial, la culpa es entonces política, de la colectividad. Sin embargo, el problema es entonces cómo manejar la responsabilidad individual de los distintos actores en ese proceso, pues sería injusto culparlos a todos individualmente, como sí podía hacerse en unos casos con los juicios de los criminales de guerra.

Algo similar ocurre con los resultados del uso del ingreso petrolero en la historia del país: ¿es posible hablar de culpables? El problema con la teoría de los efectos perversos (Boudon, 1979) es que al referirse a resultados no intencionales de acciones intencionales, de alguna manera exime las responsabilidades individuales en esa culpa colectiva y política. ¿Son culpables del fracaso y la no siembra del petróleo los empresarios que usaron los dólares para importar, los empleados públicos que recibieron su sueldo mensual o los ciudadanos que usaron los dólares preferenciales de Cadivi? Todos vivieron y disfrutaron de la renta petrolera, todos hicieron esfuerzos por aprovechar las posibilidades al máximo, pero es posible afirmar con bastante seguridad que todos estaban de acuerdo con la idea de sembrar el petróleo, ninguno quería la no siembra del petróleo. Más aun, todos podían repetir entusiasmados y a coro la importancia y obligación que tiene el país de sembrar el petróleo.

Este es el tema que quieren abordar Habermas y Jaspers, pues se puede tener la culpa política de la acción colectiva, pero no la responsabilidad individual de las acciones o desmanes cometidos.

El problema con el tratamiento del tema en Venezuela reside en que gran parte de las explicaciones que se han dado en el pasado, y se siguen ofreciendo en la actualidad sobre los problemas del país y su riqueza petrolera, han estado concentradas en la atribución de la responsabilidad individual. Los problemas con la no siembra del petróleo o con el mal reparto del ingreso petrolero, son culpa de unas personas, de unos líderes políticos, unos empresarios malvados, unos dirigentes sindicales corruptos, unos partidos cómplices, todos quienes, por su torpeza o maldad, han hecho que las cosas salgan mal.

En nuestra opinión esa es la manera simplista y maniquea en que se ha intentado resolver un problema de una complejidad mucho mayor. Y quizá por su simplismo no ha ayudado a encontrar caminos para su superación. Cuando publiqué mi libro sobre *Los efectos perversos del petróleo* en los años ochenta y luego en la edición de los noventa (Briceño-León, 1991), muchos colegas de la izquierda universitaria se molestaron con el concepto de «efectos perversos» que utilizaba, pues afirmaban que eximía de culpa al primer gobierno de Carlos Andrés Pérez, quien, en su opinión, era el culpable personalmente de la malversación del ingreso, el incremento de las importaciones, los daños a la economía nacional, la mayor dependencia del petróleo, el parasitismo del empleo público... Sería importante saber si también culpabilizan personalmente a Hugo Chávez de la malversación del ingreso, el incremento de las importaciones, los daños a la economía nacional, la mayor dependencia del petróleo, el parasitismo del empleo público...

La tesis de los «efectos perversos» sostiene que se necesita algo más que la voluntad individual de los líderes o de las personas para romper las cadenas derivadas de la dinámica social y económica que provoca el ingreso petrolero. Se requiere de mucho más que buenos propósitos. Culpabilizando a los actores, a la Cuarta República o a la boliburguesía, se pueden obtener dividendos políticos y ganar elecciones, pero no se soluciona el problema. Para torcer el rumbo y salir del rentismo, hace falta un esfuerzo técnico singular, orientado a estas metas, y un acuerdo social que permita darle sustento político a las acciones, pues lo más difícil es intentar desarrollar una economía no petrolera a partir del petróleo.

## Las cuatro tesis sociológicas

El impacto del petróleo en la modernidad mestiza de Venezuela lo podemos analizar a partir de cuatro tesis sociológicas que se fundan en conceptos que hemos venido desarrollando y que nos permiten interpretar la sociedad venezolana.

### La primera es que la modernidad mestiza vive el petróleo «como si» fuese una renta.

Esta idea se refiere a la manera cómo la sociedad vive la renta petrolera, no a cómo es. Si bien desde el punto de vista económico no se puede calificar el ingreso petrolero como renta, pues no es permanente, la tesis aquí formulada es que, más allá de las circunstancias objetivas de que se trata de un bien no renovable, la sociedad venezolana vive el petróleo «como si» fuera una renta renovable e infinita y por lo tanto actúa en consecuencia. Sociológicamente sabemos que la gente no actúa de acuerdo a cómo las cosas son, sino cómo las personas creen que son, por lo tanto, si alguien cree que el ingreso petrolero es una renta infinita, lo será para los fines de su comportamiento individual, empresarial, político. La modernidad venezolana vive el petróleo como si fuera infinito.

**La segunda es que el rentismo es una conducta de los actores.**

En los discursos políticos, cuando se menciona la tesis de la sociedad rentista, se le interpreta como una circunstancia objetiva, un hecho material, de la producción, del mercado o de las finanzas. Y cuando se plantea su transformación se hace referencia a circunstancias de la economía que ocurren con independencia de las personas, de los actores, y resulta que no es así. El rentismo es un arreglo normativo en la sociedad que incita a los actores a comportarse de una determinada manera que llamamos rentista. Existe una circunstancia objetiva que es la existencia del petróleo que se produce y exporta, pero lo que se hace con el ingreso petrolero es el resultado de unas reglas que se establecen para usar y distribuir la riqueza y que estimulan un comportamiento que tiene como objetivo capturar la riqueza que viene del petróleo, no de crear riqueza. Y esta conducta de los actores es racional, pues está impulsada por la existencia de una riqueza que distribuye el gobierno y de unas reglas, abiertas o implícitas, para obtenerlo. No se trata tampoco de que existan personas buenas, honestas o productivas, y otras que no lo son, se trata de que las reglas, los arreglos institucionales de una sociedad orientan la conducta de los actores y con el tiempo se establece como una cultura, como una manera aprendida de hacer las cosas, de trabajar y de obtener el bienestar y la riqueza.

**La tercera es que la competencia por la renta es la conducta básica de todos los sectores sociales.**

Lo que caracteriza la conducta de los actores, las decisiones que se toman, los esfuerzos que se hacen, es que siempre están orientados a construir la mejor estrategia posible para competir y apropiarse de una parte de la renta petrolera. La racionalidad de la modernidad mestiza no tiene como metas producir más ni mejor, pues para ganar más dinero no se requiere trabajar más o ser más eficiente en el trabajo o en los negocios, como ha sido la definición de la racionalidad capitalista. Lo que se requiere es conseguir el mecanismo más eficiente y rápido para captar una parte de ese excedente que es el ingreso petrolero. Y esto es válido en términos de los empresarios y de los trabajadores, de los grandes productores rurales y de los campesinos que invadieron unas tierras, de las cooperativas o de los empleados públicos. En el reparto del ingreso petrolero, la lucha disimulada o feroz es por apropiarse de una tajada de la renta y unos lo hacen con demandas sociales y otros con la corrupción. Sea el empresario importando, el policía matraqueando o el elector negociando su voto, todos están compitiendo por la renta. El «cuánto hay pa eso» y «bájate de la mula» son todas formas de competir por capturar esa renta, pues se trata de atrapar renta, no de crear ni de producir riqueza.

**La cuarta es que los efectos que esta competencia por la renta produce son perversos.**

Son perversos pues no solo son indeseables, sino que ocurren a pesar de ser indeseados por los actores. Las promesas del desarrollo capitalista de los años sesenta y setenta no se hicieron realidad, tampoco las del socialismo del siglo XXI. Ambos prometieron mayor independencia del petróleo y no se logró sino más dependencia de su exportación. Ambos prometieron una economía más fuerte y solo se logró una sociedad más vulnerable y frágil.

Ahora bien, ¿es acaso posible afirmar que estos resultados fueron producto de la intencionalidad de los actores? La respuesta para nosotros es que la intencionalidad de los actores es irrelevante, que lo esencial para la sociedad (no para la moral individual o la responsabilidad legal) no son las buenas o malas intenciones de los actores, sino del resultado no intencional de esos actores. Lo relevante son los arreglos de la sociedad y la economía que propician un determinado comportamiento individual, que orientado por sus propias y legítimas metas, produce unos resultados indeseables.

## Conclusiones

De un modo un tanto paradójico es posible afirmar que el petróleo, que fue la base sobre la cual se construyó la modernidad y la democracia, ha sido también el instrumento que puede facilitar su destrucción y darle sostén a un régimen autoritario y fomentar proyectos antimodernos. Paradójicamente el mismo ingreso petrolero que favoreció la modernidad, permitió obstaculizarla.

No creemos que el petróleo hay que dejarlo en el subsuelo, como han sostenido algunos autores, pero tampoco que debemos seguir fomentando el rentismo, sea este capitalista o socialista, pues a pesar de las ilusiones seguirá haciendo a la sociedad más débil.

A fines de los años noventa, luego de la caída de los ingresos petroleros que provocó la crisis económica que trastocó el poder político constituido y llevó a H. Chávez al poder, en el país existía un conjunto de aspiraciones colectivas que representaban diversas metas sociales y económicas para superar el rentismo y hacer una modernidad sustentable. Se ambicionaba una economía menos dependiente del petróleo, sobre todo de la exportación de petróleo crudo, una economía más diversificada y con un creciente aumento de las exportaciones no tradicionales y no petroleras. Se quería fomentar la cantidad y calidad de los productores nacionales, la disminución de las importaciones y una menor deuda pública. En lo político se deseaba un mayor equilibrio e independencia entre los poderes, mayor descentralización del poder y de la gestión pública, y un menor presidencialismo.

La respuesta que se le dio a esas aspiraciones fue el «socialismo rentista», el cual se vio apuntalado por la segunda gran bonanza petrolera del país, que se vivió después del año 2003. Y ¿qué le quedó a la sociedad de esa inmensa riqueza, además de permitirle al presidente ganar varias elecciones? Un país más frágil y más dependiente del petróleo y de la exportación de crudo, con menos diversificación en la producción y exportación petrolera y una disminución de las exportaciones no petroleras. Al finalizar el segundo *boom* petrolero las industrias y los empleadores se habían reducido al menos a la mitad, se había dado un incremento exponencial de las importaciones, y se había elevado varias veces la deuda nacional. El poder se concentró y centralizó, se perdió la independencia de poderes, y el presidencialismo –y personalismo– creció como nunca antes se había visto.

Y todo esto fue hecho a nombre del «socialismo» y para acabar con el rentismo. Nunca se entendieron la magnitud y la singularidad de los efectos perversos que provoca la sociedad rentista. El gobierno y sus líderes nunca entendieron, o quisieron entender, que al final lo que estaban haciendo era repetir y magnificar los errores del pasado, solo que a nombre del socialismo.

En 1983 había escrito sobre los resultados que podría provocar el socialismo rentista, cuando todavía no existía ni siquiera la figura pública de H. Chávez, ni su grupo militar o su partido; la historia quiso que los augurios se confirmaran:

[En el «socialismo rentista»]... no por ser socialista, ni conllevar una más equitativa distribución [del ingreso] entre la población, se van a disminuir los efectos perversos del petróleo, sino, por el contrario, se acentuarían de manera notable (Briceño-León, 1991).

La historia del primer período de bonanza petrolera, de 1973 a 1983, y los acontecimientos del segundo período de bonanza petrolera, de 2003 a 2013 del socialismo rentista del siglo XXI, muestran la persistencia de los efectos perversos del petróleo en la historia reciente de Venezuela y señalan las rutas inéditas que habrá que tomar para hacer realidad lo más improbable: una sociedad no rentista construida sobre la renta petrolera.

Solo podrá existir una prosperidad en Venezuela cuando disminuya la autonomía económica del Estado y se traslade más poder a la sociedad civil. Y esto parece que solo es posible con una menor presencia del petróleo en la sociedad o con una forma de producirlo y comercializarlo completamente distinta. La modernidad mestiza que pueda proporcionar un progreso sustentable a la sociedad venezolana, solo podrá alcanzarse apoyándonos en la economía petrolera, pero reduciendo el rol protagónico de la renta petrolera.

## Referencias

ARCIDIÁCONO, M., L. Carella, L. Gasparini, P. Gluzmann y J. Puig, *El empleo público en América Latina. Evidencia de las encuestas de hogares.* Caracas, CAF. Retrieved from <http://scioteca.caf.com/handle/123456789/711>, 2014, September 13.

BANCO CENTRAL DE VENEZUELA. *Informe Económico.* Caracas, BCV, 1975, 1985, 1981, 2004.

BAPTISTA, A. *El relevo del capitalismo rentístico: hacia un nuevo balance del poder.* Caracas, Fundación Polar, 2004.

_____. *Teoría económica del capitalismo rentístico.* Caracas, IESA, 1997.

BASTIDAS, O. «Las falsas cooperativas venezolanas», *El Republicano Liberal*, <http://elrepublicanoliberal.blogspot.com/2013/10/oscar-bastidas-delgado-las-falsas.html>, 2013.

BOBBIO, N. *Destra e sinistra. Ragioni e significati di una distinzione politica.* Roma, Donzelli, 1994.

BOUDON, R. *Effects Pervers et Ordre Social.* Paris, Press Universitaire de France, 1979.

BRICEÑO-LEÓN, R. *Los efectos perversos del petróleo: renta petro- lera y cambio social.* Caracas, Fondo Editorial Acta Científica Venezolana / Consorcio de Ediciones Capriles, 1991.

_____. *Venezuela: clases sociales e individuos.* Caracas, Fon- do Editorial Acta Científica Venezolana / Consorcio de Edi- ciones Capriles, 1992.

HABERMAS, J. *Entre naturalismo y religión.* Barcelona, Paidós, 2006.

HOBSBAWM, E. *The Age of Extremes: The Short Twentieth Cen- tury, 1914-1991.* New York, Vintage Books, 1996.

JASPER, K. *The Question of Moral Guilt.* New York, Fordham University Press, 2001.

LÓPEZ MAYA, M. «Populismo e inclusión en el proyecto boliva- riano», en M. Ramírez Ribes, *¿Cabemos todos? Los desafíos de la inclusión.* Caracas, El Club de Roma, 2004, pp. 129-139.

MARX, K. (1867). *El Capital.* México, Fondo de Cultura Econó- mica, 1968.

MOORE, R. *The Social Impact of Oil: The Case of Peterhead.* Lon- don, Routledge and Kegan Paul, 1982.

NAÍM, M. y R. Piñango. *El caso Venezuela. Una ilusión de armo- nía.* Caracas, Ediciones IESA, 1988.

RICARDO, D. (1821). *Des principes de l'économie politique et de l'impôt.* Paris, Flammarion, 1977.

TULLOCK, G. *The Rent Seeking Society* (The Selected Work of Gordon Tullock, vol. 5). Indianapolis, Liberty Fund, 2005.

USLAR PIETRI, A. *Petróleo de vida o muerte.* Caracas, Arte, 1966.

VALECILLOS, H. *Crecimiento económico, mercado de trabajo y pobreza. La experiencia venezolana del siglo XX.* Caracas, Edi- ciones Quinto Patio, 2007.

## Propiedad y posesión

LA PROPIEDAD Y LA POSESIÓN se han mezclado en la cultura venezolana y su combinación forma parte de la modernidad mestiza del país. Sin embargo, su coexistencia no implica que las personas desconozcan la diferencia que hay entre una y otra, al contrario, las personas de todos los estratos sociales conocen muy bien cuándo se trata de una ocupación de hecho y cuándo se refiere a un derecho. Aunque algunas personas no la aceptan como legítima o piensen que es irrelevante esta distinción, la gran mayoría de la población considera que es mejor tener la propiedad que la mera posesión, pues la propiedad otorga amplios beneficios y, entre ellos, la posibilidad de tener libertad y ejercer un poder.

Los cambios que han ocurrido en la relación existente entre la propiedad y la posesión forman parte del proceso de modernización de la sociedad venezolana. Históricamente, la transformación entre la posesión efectiva y la propiedad real de la tierra acompañó el proceso de transición entre el sistema feudal de propiedad y el sistema capitalista de producción. En el feudalismo, como el control de la producción agrícola la tenía el siervo, y con ello la posesión de la tierra, se requería del aparataje cultural y legal de la propiedad, es decir, lo que Marx llamaba las razones extraeconómicas, para poder justificar el pago de la renta por el uso de la tierra. Mientras que en la producción capitalista, la posesión y la propiedad se unen en la industria, y la ganancia o la plusvalía, según se quiera llamar, se obtienen directamente del proceso productivo, sin necesidad de razones extraeconómicas que lo justifiquen, porque la posesión de la materia prima, de las herramientas de trabajo y del producto final, la tiene también el propietario de la industria.

Ese proceso de transición en el régimen de propiedad formó parte integral del proceso de modernización de la sociedad, pues implicaba tanto una mayor división del trabajo, lo que en la teoría de la modernización se conoce como diferenciación, así como un manejo de las relaciones sociales de manera impersonal y basadas en reglas abstractas, es decir, un proceso de racionalización de la sociedad. En Venezuela este proceso, además de reciente, ha tenido una expresión singular en la modernidad mestiza, por el solapamiento que se ha dado en la cultura de la herencia feudal y de la singularidad de la economía petrolera.

## Posesión y propiedad en la cultura venezolana

La singularidad de la relación entre posesión y propiedad se origina en la dinámica de la producción rural que por mucho tiempo prevaleció en el país, que fue lentamente desapareciendo por varias razones, con el impulso de la economía de mercado y las políticas de tierra de algunos gobiernos, en particular la reforma agraria. Aunque en ambos procesos, la economía capitalista de mercado y la reforma agraria solo pueden interpretarse cabalmente en el contexto de la economía petrolera.

La producción agrícola de exportación de cacao y café, que durante varios siglos ocupó un lugar preponderante en la economía venezolana, se basaba en una diferenciación de la propiedad que tenían los dueños de la tierra y de la posesión de las mismas tierras que ejercían los campesinos que las trabajaban. La hacienda agrícola tradicional tenía una organización diferente de la plantación que existió en otros países o del hato ganadero y la peonía.

84

La producción de esa hacienda era típicamente feudal, aunque la conceptualización de feudal en América Latina generó muchas polémicas entre historiadores, quienes sostenían que la sociedad era propiamente capitalista, pues sus productos estaban orientados al mercado mundial, y desde una perspectiva sociológica la forma de producción del campo era de tipo feudal. Ciertamente no existían las ataduras extremas que tenía el siervo de la gleba a la tierra, pero la relación social de producción y la sumisión que los trabajadores mostraban por el dueño del latifundio era muy similar.

La hacienda funcionaba con un sistema de pago en especies de la renta de la tierra: los campesinos le pagaban al dueño de la tierra por el derecho al uso de unos terrenos que eran de su propiedad. El pago se hacía con dos modalidades que recibieron el descriptivo nombre de medianería y tercería. Si los campesinos le daban al propietario la mitad de la cosecha se llamaban medianeros, y si le entregaban la tercera parte, se afirmaba que tenían una relación de tercería con el dueño de la hacienda.

Lo singular de este proceso es que el campesino es quien tiene la posesión de la tierra, pues es quien ejerce un dominio real sobre la parcela y sobre su proceso de trabajo. El campesino decide qué siembra y cuándo trabaja, qué días y a cuáles horas. El campesino y su familia hacen fructificar la naturaleza y dice estas son «mis matas, mis árboles, mi casa», pero la tierra es de don fulano. El campesino medianero nunca fue propietario de la tierra, pero la administró, la poseyó. Durante mucho tiempo, y como parte de una situación ampliamente descrita por la literatura, el dueño de la tierra podía estar ausente de la finca y de su producción y limitarse, de manera directa o a través de un encargado, de cobrar la parte de la medianería o tercería que le correspondía. Es decir, podía no ejercer ningún tipo de dominio real sobre la tierra, solo el dominio legal que significaba la propiedad.

Este hecho marcó una diferencia importante, pues el sentido de propiedad no se desarrolló en el campesino sino como algo ajeno, y en el propietario como un privilegio no económico, es decir, como una riqueza que no era el producto de un esfuerzo, de una labor; no como el producto de un rol, diríamos sociológicamente, sino como el resultado de un estatus. Estatus que, por demás, podía tener orígenes muy disímiles tales como una decisión del rey, una «gracia» por la cual le había regalado el derecho sobre unos terrenos que algunos documentos mencionaban que llegaban «hasta donde la vista alcance». También podían ser propietarios como resultado de una compra a un tercero o por una ocupación de hecho de las tierras baldías que se habían vuelto propias con el tiempo y las mañas.

En esta circunstancia, el campesino no podía sentir los aspectos positivos de la propiedad, sino apenas los negativos, los que le podían afectar en una decisión de expulsión de esos predios. Aunque no era común que esto ocurriera, siempre estaba latente como una amenaza por parte de los propietarios que tenían el poder de hacerlo.

La producción agrícola tenía dos tipos de producciones, una dedicada a la venta, al mercado, y la otra dedicada a la producción de las vituallas que se requerían para el consumo de la familia. La forma de producción consistía en la técnica de cultivo itinerante, que consiste en tumbar y quemar una parte del bosque para sembrar y cosechar esa tierra por un período corto de tiempo, unos años, para luego volver a repetir el ciclo en otra parcela cercana. La medianería o tercería podía adquirir la misma forma de cultivo transitorio y muchas veces cumplía la función adicional de deforestar las tierras, de modo tal que pudieran ser usadas posteriormente para la ganadería. Lo singular de esta forma de cultivo es que la tierra entonces no era un valor permanente, sino transitorio, pues se usaba durante tres, cuatro o hasta cinco años, y luego el campesino debía irse a otro lugar. Este requerimiento de abandonar la tierra para dejar que se recuperara, pues se volvía improductiva, aumentaba el sentido de no pertenencia e incentivaba por el contrario el de transitoriedad. Y como la tierra no era propia pues tampoco había que cuidarla, o se debía invertir más de lo necesario para recoger la cosecha durante un par de años.

Lo singular es que las dimensiones positivas de la propiedad, como la seguridad, la posibilidad de tener acumulación, la posibilidad de invertir esperando un rendimiento en el largo plazo y pensar en el futuro, más allá de los beneficios inmediatos, no podía alcanzarse. Como el campesino no tenía la propiedad y le era muy difícil, cuando no imposible, pensar en adquirirla, ninguna de esas dimensiones, propias del desarrollo capitalista moderno, podía ser considerada como alternativas racionales de su comportamiento. Las dimensiones positivas de ese proceso de producción se asociaban, al contrario, con la posesión de la tierra, y con las «bienhechurías», es decir, con aquello que, como valor agregado, había puesto a la tierra quien la usaba sin ser su dueño. En nuestros estudios con los campesinos encontramos que no invertían ni tiempo ni dinero en la mejoría de las paredes de su casa, y en cambio sí lo hacían cambiando el techo de paja por chapas de metal de zinc, y gastaban dinero en los alambres que usaban para instalar la cerca alrededor de la vivienda. Cuando les preguntamos por qué sí efectuaban esos gastos y no en el frisado de la pared, que era mucho menos costoso y, además de protegerla de los insectos transmisores de enfermedades, le daba muy buena imagen a la casa, la respuesta fue muy sencilla: *«El día que nos tengamos que mudar, porque queramos o nos saquen, enrollamos el alambre de púas y desmontamos las chapas de zinc y nos las llevamos»*. La transitoriedad que derivaba de la forma de cultivo y de la no propiedad afectaba todas las decisiones de la vida.

Esta forma de vivir con la posesión como única realidad se estableció con los años, y logró construir sus propias reglas de funcionamiento paralelas a lo que decía la ley formal. Pero, sobre todo, pasó a la cultura, es decir, las personas entendieron que había una manera de vivir y producir sin la propiedad, y que la relevancia de esta era poca en términos de lo que ocurría en el mundo real, pues los aspectos positivos que la propiedad puede introducir en el mundo social no existían para ellos. Por eso, la propiedad de la tierra no ha sido relevante para el campesinado. En las entrevistas e historias de vida que por años hice a los campesinos en Cojedes, Carabobo y Trujillo, la respuesta era siempre la misma: la propiedad es muy importante, pero la propiedad de la tierra no lo es. La tierra es de Dios, de la naturaleza, la riqueza que produce la tierra se debe al sol, a la luna, a las lluvias y al suelo, quienes nos aportan vida al fruto del campo. Sin embargo, ese mismo campesino es muy celoso de la propiedad que tiene sobre los árboles que sembró y de la casa que construyó (Briceño-León, 1992).

Desde que se expandió la economía urbana y petrolera, y se realizó la reforma agraria, el pago de la renta de la tierra en medianería se volvió casi inexistente; sencillamente no tenía relevancia como negocio individual para el dueño de la hacienda, ni tampoco para la economía nacional. La hacienda empezó a tener otra significación, pues, o bien comenzó a funcionar de manera capitalista, con obreros asalariados, a los cuales se les permitía construir su vivienda y cultivar un conuco para su consumo; o la hacienda pasó a ser apenas una fuente de prestigio y una vivienda secundaria y vacacional para sus dueños, por lo cual en la Venezuela petrolera representaba más gastos que ingresos a sus propietarios. En ese proceso de transición de la hacienda productiva a la hacienda de prestigio, los nuevos propietarios gastaban en el campo lo que se habían ganado en la ciudad, unas veces para intentar hacerla rentable como negocio, u otras por simple prestigio. Esto representó un cambio en la dirección del flujo del dinero completamente opuesta a lo que sucedía en la hacienda latifundista tradicional, donde la riqueza que se generaba a nivel rural se gastaba en las ciudades. Sin embargo allí permaneció la posesión de los campesinos, a quienes se les permitía estar, pues se requería su presencia como vecinos, cuidadores, trabajadores eventuales y fuente de reconocimiento social para el propietario, pero no de ingresos.

Esta cultura de la posesión se trasladó a las ciudades cuando se dio el proceso acelerado de urbanización que vivió el país a partir de los años treinta del siglo XX. Pero no para la tierra productiva, sino para aquella donde está asentada la vivienda. Los barrios de ranchos, que representan entre el 30 % y el 80 % de las viviendas urbanas, reflejan la misma dicotomía entre propiedad y posesión que existía en el campo. El habitante urbano tiene la propiedad de la vivienda, pero no de la tierra, de la cual tan solo tiene su posesión. A diferencia del campo, no paga renta de la tierra y en muchos casos el dueño es inexistente, sea porque los terrenos son propiedad del Estado o porque sean tierras abandonas o de una herencia indivisa.

En las ciudades venezolanas ha habido pocas invasiones de tierras privadas para construir viviendas; la gran mayoría de los terrenos donde están construidos los barrios de ranchos son de la nación, pero, en cualquier caso, sean tierras de propiedad pública o privada, la situación es similar: los dueños de las casas no son propietarios del terreno. En los censos de vivienda y en las encuestas que por años hemos realizado en los barrios, entre el 60 % y el 95 % de las personas responden que tienen vivienda propia, pero menos del 5 % declara que es propietaria de la tierra donde ha construido su casa. Y esta diferencia abismal donde la gran mayoría es dueña de la casa y la gran minoría es propietaria del terreno ocurre fundamentalmente en los barrios (Bolívar y Baldó, 1995).

La dinámica del poder en esta situación dual de posesión en unos y propiedad en otros se compartía de manera muy particular, pues el individuo que tenía la posesión ejercía un poder real sobre la tierra y sobre la naturaleza. Quien tenía la propiedad, ejercía un poder distante sobre la tierra que solo era posible ejercer si este aceptaba la legitimidad de la propiedad o se valía del uso de la fuerza. En la ciudad la perennidad en el tiempo de la ocupación de tierras que no son propiedad ha dado una sensación de casi propiedad o, dicho de otro modo, de casi irrelevancia de la propiedad. Cuando ocurre una invasión de un terreno en las ciudades, los invasores toman posesión de una porción de terreno y de inmediato le colocan una cerca perimetral para demarcar su dominio. Muchos de ellos, además, le colocan un letrero donde escriben «propiedad privada». Cuando le hemos preguntado sobre el significado de estos letreros, es evidente que las personas saben que eso no es su propiedad legal, simplemente quieren destacar su posesión.

La propiedad ha sido entonces una dimensión legal y ajena a la mayoría de las personas, mientras que la posesión se ha vivido como una realidad, un hecho cercano y propio que se acoge a otras reglas que establece la informalidad.

## El petróleo y la propiedad

La singularidad del negocio petrolero añadió un componente adicional en la cultura de la propiedad y de la riqueza en Venezuela. El petróleo pasó a cumplir el papel que tenía la tierra rural en la mentalidad del campesino, es decir, el petróleo era una riqueza natural, propiedad de alguien muy lejano y abstracto como lo es la nación. Se construyó entonces una representación según la cual esa riqueza de la tierra era usada por algunos productores, nacionales o extranjeros, quienes solo tenían la posesión del petróleo, no su propiedad, y que por lo tanto le pagaban una renta al propietario, de igual modo como el campesino le pagaba una renta al dueño de la tierra. La gran medida de rescate de la renta petrolera de mediados del siglo pasado, como fue la reforma fiscal de 1945, según la cual se dividía en partes iguales la ganancia petrolera entre la compañía productora y el gobierno nacional, que fue el acuerdo llamado *fifty-fyfty*, mitad y mitad, era muy similar, en términos de la cultura popular, al acuerdo de medianería que tenía el campesino con el latifundista y por el cual le entregaba la mitad de la cosecha.

El petróleo en la cultura venezolana es una riqueza, un maná caído del cielo, algo como el premio gordo de una lotería que un día se gana el país o un gobierno de turno. Esa lotería se la ganaron J. V. Gómez en los años veinte y C. A. Pérez en los años setenta del siglo pasado, y H. Chávez a comienzos de este siglo. Esta percepción imaginaria tiene su fundamento en múltiples hechos reales que, fundamentalmente, apuntan al carácter singular del petróleo como una renta que se paga al propietario del recurso. Aunque hay que resaltar que la economía petrolera produce una renta muy especial (Baptista, 1997), debido a que no muestra algunos de los rasgos atribuibles a las rentas como el ser permanentes (Ricardo, 1977), pues el petróleo no tiene un carácter perenne, es decir, es un recurso no renovable. Pero la sociedad venezolana lo vive como si fuera infinito, resultando un recurso que se ha explotado de manera importante por casi un siglo (y se dice que podrá durar varios siglos más), por lo tanto, las personas actúan pensando que se podrá gozar del recurso por tiempo indefinido, es decir, le atribuye imaginariamente su perennidad.

Esta renta tiene otro rasgo singular y es que representa un ingreso extraordinario, una de las características que a este tipo de ganancia le atribuía Marx (1968). Si se considera la poca gente que se requiere para que trabaje en la industria petrolera, menos del 2 % de la fuerza de trabajo activa del país, y que este pequeño número de trabajadores pueda aportar alrededor del 30 % del Producto Interno Bruto y más del 90 % de las divisas, se entenderá el sentido de ganancia extraordinaria al cual nos referimos. Ahora bien, si en condiciones regulares del mercado petrolero este aporta una ganancia extraordinaria, pues no hay una proporcionalidad entre el trabajo invertido en territorio venezolano y las ganancias extraordinarias que se producen y captan del exterior; esas ganancias son mucho más extraordinarias cuando ocurren los grandes saltos en los precios como los que se dieron después de 1974 y después de 2002. Esos dos casos significaron multiplicar el ingreso petrolero del país por tres en los años setenta y por ocho veces al inicio de los años dos mil. Estos grandes saltos en los precios del hidrocarburo, y en los ingresos nacionales, ocurrieron por hechos fortuitos y externos, sin que haya mediado para ello ninguna transformación productiva importante, ni ningún esfuerzo adicional de los trabajadores de la industria petrolera, ya que han dependido de las guerras en los países del Medio Oriente o del incremento de la producción y el consumo en Asia.

Esta renta petrolera que produce tanta riqueza ha estado vinculada a la propiedad. Pero, ¿a la propiedad de quién?, ¿de quién es el petróleo? En la cultura popular y en la práctica política, hay una confusión acerca de quién es el propietario del petróleo, pues, por un lado, está la definición formal que dice que el petróleo es de la «nación», de la «república»; pero, por el otro, en la práctica, se refiere a la propiedad de los venezolanos o a la propiedad del gobierno.

La mitología política se refiere continuamente al petróleo, en las arengas o en los decretos de la nacionalización, calificándolo como un bien de los «venezolanos» o un bien «de todos». Aludiendo, por contrapartida, a los extranjeros o a un «reducido grupo» que un día antes lo poseía y que un día después ya no lo tiene. Pero en la cultura la representación que existe cuando sugiere que el petróleo es de los «venezolanos» se refiere siempre a una posible posesión, nunca una propiedad, pues la propiedad es siempre de esa entelequia ajena y abstracta, ese *otro* distante que es la «nación» o la «república».

Lo que sí es real es que la posesión del petróleo está en manos del gobierno, de los presidentes y de los funcionarios. El gobierno no tiene propiedad, solo que ejerce un dominio sobre el bien, en algunos casos con cierto rigor, en otros manejado a su antojo, como la hacienda personal de los funcionarios de turno. La idea políticamente correcta de que esos recursos no son propiedad de las personas que ejercen cargos públicos, de sus grupos políticos o del gobierno sino de una abstracción llamada «la república», no es fácil de comprender por la sociedad ni tampoco por muchos funcionarios. El petróleo es entonces una posesión de los funcionarios del gobierno que se encargan de gastarla de múltiples modos, es decir, de pasarla de esa abstracción llamada «república» a las manos privadas en forma de salarios, servicios, bienes, becas, misiones y, por supuesto que también, de corrupción y robo.

Este mismo hecho de la forma de propiedad determina la interpretación que la sociedad hace de lo «público», es decir, de los bienes, espacios y servicios públicos. En la cultura venezolana hay tres maneras distintas de entender lo «público». La primera y menos común es entender que un bien público es un bien de todos, de la colectividad que es el público, en el sentido que esta palabra tiene cuando la usamos para referirnos al público que asiste a un espectáculo musical, es decir, el público no forma parte de los actores musicales, ni de los promotores del evento, sino del colectivo de personas que allí están presentes. La segunda manera de entenderlo es la referente al Estado, en tanto que representación figurada y abstracta de esa colectividad, es decir, el Estado como la construcción abstracta de ese «todos» que son el «pueblo» o los «ciudadanos». Y la tercera, la más común en la cultura venezolana, es entender lo «público» como sinónimo de gobierno, es decir, de las personas que de forma temporal y delegada están en la representación de ese todos que constituye el Estado.

Si bien coexisten en la sociedad estas tres interpretaciones, en la práctica lo que ocurre es que se ha construido una representación según la cual el petróleo es propiedad del gobierno y su posesión la ejercen los funcionarios. Se da entonces una doble actitud en las personas. Por un lado, como lo público es propiedad del gobierno, por lo tanto es un bien ajeno, lo observa como algo distante, que no lo cuida ni atiende, pues es un asunto de otros. Pero, por otro lado, ese ciudadano piensa que si bien esa propiedad no es suya, sí le corresponde usufructuar una parte de la renta, de ese recurso, y por lo tanto su función es exigir, pedir o mendigar, dependiendo del momento histórico, una parte de esa riqueza, pues se le ha dicho que es de su propiedad. En contrapartida, el político, el funcionario del gobierno, se siente en la obligación de «repartirla». El modo de hacer el reparto varía con las circunstancias, puede hacerlo de una manera que la población considere equitativa y generosa, o por el contrario, de forma desigual y pichirre. El juicio que se hace del político o funcionario depende del modo cómo distribuye la riqueza petrolera. En esta representación cultural, el político bueno es entonces aquel que «comparte» la renta petrolera, y el funcionario malo sería quien «come solo». Pero el sustento es que el político tiene una posesión del recurso y le entrega, le paga al ciudadano venezolano, que son los propietarios, de un modo similar a como el campesino le pagaba al terrateniente.

Esta construcción particular del disfrute de la renta petrolera, hace que la riqueza se haya consolidado en la sociedad como un producto de la propiedad y no del trabajo. Esto es una reminiscencia de la interpretación feudal de la hacienda y la propiedad de la tierra, pero contemporáneamente reproducida y recreada en la cultura por la singularidad de la riqueza petrolera. En esta perspectiva el trabajo humano no es el que crea la riqueza, ni tampoco el esfuerzo o el trabajo son los medios que pueden permitir alcanzar la riqueza. La riqueza está asociada a la propiedad y en esta perspectiva tiene un origen natural o azaroso, o tiene un fundamento en una circunstancia que ocurre con independencia del esfuerzo individual o colectivo. La manera personal de alcanzarla no puede relacionarse con el trabajo, pues no es este quien la genera. La riqueza depende no de la producción sino de la distribución, y se relaciona con el vínculo que los individuos puedan establecer con quien es poseedor de la riqueza, es decir, con el gobierno, quien tiene la capacidad de poder convertir en ricos a las personas para beneficio de sus familias o testaferros, o de modificar las clases sociales y construir grupos de poder que le permitan sostener sus redes de apoyo político. El poder en Venezuela se produce alrededor de la riqueza petrolera, tanto en su ejercicio directo como en el traspaso que puede hacerse de la riqueza y el poder a manos privadas (Briceño-León, 2005).

## El poder y el socialismo rentista

El poder en la sociedad petrolera se funda en la posesión del ingreso por la venta del petróleo y esto le da una peculiaridad al Estado petrolero, pues le otorga una independencia con relación al conjunto de la sociedad que no tienen otros Estados ni gobiernos en América Latina. Como el petróleo es propiedad de la nación, entonces los ingresos obtenidos por el negocio llegan al gobierno central, quien los distribuye según ciertas normas que han surgido como pactos políticos en la sociedad, o simplemente ejecutarlos al antojo del gobernante de turno.

En la medida que las instituciones son más fuertes y las reglas más claras, la discrecionalidad del gobernante es menor; en la medida que las instituciones se destruyen o simplemente se fragilizan, la capacidad de utilizar el ingreso petrolero al antojo de los intereses personales o partidistas es mayor. Pero, en todos los casos, el ingreso petrolero llega al gobierno sin dolientes, es decir, no es un dinero que los ciudadanos aportaron vía recaudación de los impuestos, como su contribución a la carga social del Estado y sus funciones. El ingreso petrolero llega al Estado como ganancia por su propiedad, como usufructo de su renta, no como aporte de los ciudadanos. Al gobierno le llega la renta petrolera de Venezuela, del mismo modo como le llegaba al latifundista en Caracas la renta agraria.

La situación entonces tiene dos componentes. Por un lado un Estado que es autónomo de la sociedad que representa, pues para su supervivencia no requiere del aporte de la sociedad. Bien por el contrario, es el Estado quien ofrece recursos, es el Estado quien reparte riqueza a la sociedad. Y, por el otro, como consecuencia de lo anterior, existe una población que no puede reclamarle a los funcionarios sus derechos, usando la trillada expresión de la cultura estadounidense: «porque yo pago mis impuestos». Como la mayoría de la población sabe que no contribuye con el Estado, y que por lo tanto sus exigencias no puede fundarlas en su aporte, ha recurrido entonces a su sentido vago de la propiedad como «pueblo», a la creencia difusa pero eficiente de que los venezolanos «somos los propietarios del petróleo». Por lo tanto la exigencia es: «déme lo que es mío», págueme mi derecho como propietario, mi medianería. Aunque nunca llega a tener la fuerza completa de un reclamo de derechos, este se cuela en la solicitud, en el pedido abierto o soterrado a los mandatarios, presidentes, gobernadores o alcaldes, con estruendosas huelgas o papelitos doblados que les son entregados al pasar. El mensaje es siempre el mismo: acuérdese de mí o de nosotros en su reparto.

El Estado autónomo que surge de la sociedad petrolera tiene además una singularidad, y es que no tiene contrapoderes, pues como no los necesita, puede darse el lujo de ignorarlos. El Estado, en su visión clásica necesita de los productores de riqueza, las empresas y los ciudadanos que pagan impuestos. De esa manera el Estado y los funcionarios de gobierno pueden obtener los recursos que necesitan para cumplir sus funciones, pero este hecho hace que las empresas o la multiplicidad de ciudadanos tengan efectivamente un poder sobre el Estado y el gobierno. La manera de juzgar ese poder ha sido muy disímil, las teorías ciudadanas lo celebran como el control del pueblo sobre el gobierno (Sartori, 2009); las teorías marxistas lo condenan, pues consideran que eso ha hecho del Estado un aparato de las clases dominantes (Poulantzas, 1969). Una acción de protesta y rebeldía de una sociedad, como la de ponerse en huelga de impuestos y no pagarlos durante un tiempo, le crea conflictos graves a un Estado clásico.

Si eso mismo sucede en una sociedad petrolera el impacto es muy inferior, y puede ser casi nulo, pues el ingreso petrolero le permitiría al gobierno seguir obteniendo los recursos que necesitaría para sobrevivir. Claro, el problema se les presenta a esos gobiernos cuando los ingresos petroleros se reducen de una manera drástica, como ocurrió en el año 2016, como consecuencia de las medidas tomadas por Arabia Saudita para detener la competencia de los productores de petróleo de esquisto estadounidenses. Pero este es el resultado de una fuerza externa, no de la presión interna de los contribuyentes.

Este hecho marca una gran diferencia con las acciones que han tomado los gobiernos de corte comunista o estatista. En una sociedad no petrolera, el gobierno que quiera imponerse hegemónicamente con el propósito de sustituir una economía de mercado por una economía centralizada y estatista, tendría que proceder de inmediato a la expropiación de las empresas que son propiedad privada, para poder así tener los recursos y las riquezas que estas empresas puedan ofrecer y, al mismo tiempo, construir su poder en la sociedad a partir de estos recursos. Por eso se han realizado en los países comunistas las expropiaciones de las industrias, haciendas y comercios.

En la sociedad petrolera esto no es necesario. El gobierno puede darse el lujo de no expropiar a las empresas privadas, pues no las necesita para su subsistencia. Lo que sí puede hacer es intentar destruirlas, eliminarlas, como ocurrió con el gobierno de H. Chávez en Venezuela. Esto es posible porque el gobierno rentista no precisa que le aporten recursos. Y tampoco son necesarias para que ofrezcan sus bienes o servicios a la sociedad pues, por ejemplo con los productos alimenticios, el gobierno nacional los puede comprar e importar con las divisas que recibe del petróleo, ignorando o volviendo innecesarios los de la producción nacional.

El objetivo central de un socialismo en la sociedad petrolera no es entonces apropiarse de las empresas privadas, es decir, quitarles la propiedad a otros y otorgar por la fuerza dicha propiedad y posesión al Estado, sino destruirlas para eliminarlas como un contrapoder político. Las razones y justificaciones para la eliminación del sector privado y de la propiedad en la sociedad petrolera no son entonces económicas, sino eminentemente políticas. Se trata de impedir la existencia de otros poderes y reducir la independencia de las personas.

Si existe un sector privado de relevancia y las personas tienen sus modos de vivir seguros e independientes, estos individuos procurarán intervenir de algún modo y algún día en la dirección del país y podrían constituirse en una fuerza social de relevancia, en un poder con el cual tendría que negociar el gobierno. Y estas fuerzas opositoras lo pueden constituir las grandes empresas, y también las medianas y las pequeñas.

Incluso con los individuos el proceso es similar. Por eso el gobierno de Chávez puso tanto empeño en no otorgar la propiedad de las viviendas que les vendían o regalaban a las personas, sino su posesión. Bajo el eufemismo de una supuesta «propiedad social», se negaba la propiedad y se otorgaba la posesión, incluso muchas veces de una manera precaria, pues de esa manera les restaban independencia y las podían someter políticamente. Por eso mismo, cuando la oposición pasó a controlar la Asamblea Nacional y aprobó una ley para darles la propiedad a los beneficiarios de la Misión Vivienda, los diputados del gobierno, del Partido Socialista Unido de Venezuela, se opusieron y solicitaron su nulidad ante el Tribunal Supremo de Justicia, que presuroso los complació.

Vale destacar que estas restricciones a la propiedad han aplicado a los ciudadanos o empresas nacionales, no a las extranjeras. Si se trata de empresas o individuos extranjeros, el tratamiento del asunto es completamente diferente. Y esto ocurre así pues cuando los propietarios son extranjeros no tienen derecho a inmiscuirse en la política local, por lo tanto nunca podrían constituirse en un contrapoder político. Si alguna persona o empresa extranjera se involucra en la política local contra el gobierno, sería fácilmente susceptible de expropiación o expulsión del país, lo cual lo coloca en una situación de fragilidad que no tendrían los nacionales. Ese es el caso de Cuba, donde los cubanos no han podido ser propietarios, no pueden «vender» sus casas, solo pueden «permutarlas» y no han podido participar en el negocio de los hoteles de turismo, pero los empresarios españoles e italianos sí lo han hecho, y no solo se lo permiten, sino que además los cuidan.

Esto permite explicar un comportamiento que puede resultar errático por parte de unos líderes políticos que por un lado fustigan sistemáticamente el «capital extranjero» y, por el otro han estado dispuestos a entregarles las industrias o la explotación de recursos tan esenciales como el mismo petróleo o las minas a los extranjeros, a los rusos, chinos o iraníes, pero jamás se lo permitirían a los nacionales venezolanos.

Lo que es importante en este proceso es que la actividad petrolera le ha permitido al Estado subsistir sin que prácticamente exista otra producción que no sea la petrolera por su carácter de propietario. Por eso los cambios en la estructura productiva y en el régimen de propiedad tienen una intencionalidad política, no económica en el sentido productivo. Y lo que se ha vendido como una propuesta novedosa de socialismo del siglo XXI, es la repetición del mismo modelo rentista petrolero, solo que mutado en «socialismo rentista».

## La revolución de la propiedad

A comienzos del año 2006 hicimos una encuesta sobre compra, venta y alquiler de viviendas en el mercado informal de los barrios de Caracas (Briceño-León, 2008). La encuesta cubría más de 800 familias en ocho barrios pobres de la ciudad. Las personas nos mostraron un reclamo sobre la propiedad, y el reclamo era sencillo, no era contra la propiedad, bien al contrario, era a favor de ella: ellos querían la propiedad de la tierra en la cual habían vivido por muchos años.

La molestia que puede existir con la propiedad en Venezuela no es por su existencia, es por la negación que han tenido amplios sectores de la población a su acceso. La revolución que esperan los pobres venezolanos no se orienta a la eliminación del sistema de propiedad privada, sino a su democratización.

Esta demanda por la propiedad ha sido muy ambigua y es comprensible que así lo haya sido, pues si el régimen de propiedad privada significa apenas la propiedad de otros, la ajena y no la propia, entonces la propiedad no tiene relevancia. Si las personas excluidas de la propiedad no creen que algún día y por algún medio legítimo y prescrito podrán tener acceso a la propiedad, esta no puede convertirse en un valor ni en una meta importante en la sociedad.

La sociedad venezolana requiere de una profunda democratización del sistema de propiedad con el propósito de hacerla una sociedad de propietarios. Y esto implica un fomento de la propiedad de los pobres, propiedad de sus casas, de sus terrenos, de sus parcelas de trabajo. Propiedad como un mecanismo de inclusión y de movilidad social, como un medio de insertarlos en el mercado formal de la vivienda y de la propiedad, y de incluirlos en la economía de mercado como propietarios a pleno derecho y no como ciudadanos de segunda.

Requiere además un cambio importante en la propiedad que los venezolanos tenemos sobre el petróleo y la riqueza petrolera. El petróleo debe ser de los venezolanos y esto implica una participación más directa en el negocio petrolero por las personas y empresas venezolanas, y una participación más directa −y no mediada por la discreción del funcionario del gobierno de turno− en los beneficios de la renta petrolera. La propiedad del petróleo debe seguir siendo de la república, pero los derechos de uso de esa propiedad deben ser inalienables de los venezolanos y no manipulables por el gobierno.

La revolución de la propiedad debe constituirse en una fuente de empoderamiento para la sociedad, para los individuos y las empresas, quienes deben constituirse en un contrapoder del gobierno. Un contrapoder porque, en primer lugar, si tienen derechos propios, tendrán autonomía para subsistir y no dependerán de los altibajos o la manipulación del gobernante. La propiedad de los bienes y medios de trabajo hace fuertes a los ciudadanos ante los gobiernos, tanto de manera práctica, pues no dependerá de sus dádivas, como por la independencia de criterio y la libertad de conciencia que facilita.

La democracia es un equilibrio frágil de fuerzas diferentes y hasta opuestas, donde todas tienen poder para influir y todas al mismo tiempo están sometidas. Y para lograr eso debe fomentarse la propiedad y dárseles derechos y estabilidad a los casos donde se mantenga la posesión. La propiedad convierte a ciudadanos, cooperativas y empresas de todos los tamaños en otro poder que favorece el equilibrio inestable e incesante existente entre poderes.

La democratización de la propiedad y la creación de contrapoderes al gobierno son la base para la transformación de la sociedad petrolera y la construcción de una democracia moderna y duradera en Venezuela.

### Referencias

BAPTISTA, A. *Teoría económica del capitalismo rentístico.* Caracas, IESA, 1997.

_____. *El relevo del capitalismo rentístico: hacia un nuevo balance del poder.* Caracas, Fundación Polar, 2004.

BOLÍVAR, T. y J. Baldó. *La cuestión de los barrios.* Caracas, Monte Ávila Editores Latinoamericana, 1996.

BRICEÑO-LEÓN, R. *Los efectos perversos del petróleo: renta petro-*

*lera y cambio social.* Caracas, Fondo Editorial Acta Científica Venezolana / Consorcio de Ediciones Capriles, 1991.

—————. *Venezuela: clases sociales e individuos.* Caracas, Fondo Editorial Acta Científica Venezolana / Consorcio de Ediciones Capriles, 1992.

—————. «Freedom to Rent in Informal Housing Sector in Caracas», *Lincoln Institute of Land Policy Working Papers.* Boston, LILP, 1-27, 2008.

—————. «Petroleum and Democracy in Venezuela», *Social Forces,* vol. 83 (1), 2005, pp. 1-30.

MARX, K. (1867). *El Capital.* México, Fondo de Cultura Económica, 1968.

MOORE, R. *The Social Impact of Oil: The Case of Peterhead.* London, Routledge & Kegan Paul, 1982.

POULANTZAS, N. *Clases sociales y poder político en el Estado capitalista.* México, Siglo XXI Editores, 1969.

RICARDO, D. (1821). *Des principes de l'économie politique et de l'impôt.* Paris, Flammarion, 1977.

SARTORI, G. *La democracia en treinta lecciones.* Madrid, Taurus, 2009.

USLAR PIETRI, A. *Petróleo de vida o muerte.* Caracas, Arte, 1966.

## Corrupción y distribución

ENTRE PASILLOS BUROCRÁTICOS y mentideros de Venezuela se repite una vieja conseja: *el que roba, reparte*. Eso lo sabían, a su manera y mucho antes, Robin Hood y Pablo Escobar. Y lo mismo aplican, a la chita callando, algunos políticos venezolanos para legitimar el uso extraviado de los fondos públicos.

La corrupción es siempre una forma de distribución irregular de la riqueza de una sociedad. Esta distribución, a veces, también es ilegal. El dinero que se extravía de sus caminos prescritos no desaparece, simplemente cambia de manos. Lo llamamos corrupción porque tiene un destinatario diferente de lo previsto, o se usa de un modo diferente para obtenerlo, o los implicados se apañan una magnitud diferente de la establecida.

Pero el dinero extraviado de la corrupción no se esfuma, no lo pierde la sociedad, simplemente se pasa a manos de otros actores por otros modos. El proceso es similar al que ocurre con el robo de un automóvil o de una cadena de oro: los bienes no se pierden. Por supuesto que los pierde su antiguo y legítimo dueño, pero permanecen en la sociedad. El bien robado entra en un mercado secundario, devaluado, y por lo tanto pierde algo de su valor, pues hay que pagar unas comisiones o darle algo a los testaferros, pero eso representa apenas una parte. Además, esa minusvalía solo dura mientras no se logre limpiar su oscuro origen, después de lo cual podrá regresar plenamente al mercado formal, legitimado y limpio.

Esta forma de distribución irregular de la riqueza puede llevar a la concentración de los dineros de la corrupción en manos de unos pocos, o puede conducir a una distribución más amplia, que abarque sectores más numerosos. La manera como la sociedad percibe la corrupción y cómo efectivamente ocurre depende del juicio moral que se imponga sobre los mecanismos de distribución y la amplitud de cobertura que se tenga de dichas acciones. En algunas sociedades, solo los ministros y los ricos se corrompen; en otras desde el portero y pequeño empleado participan en los mecanismos de cobro informal e ilegal, o de recepción de favores. En algunos ejércitos, solo los generales y almirantes se corrompen, en gran medida con las jugosas comisiones que aportan los contratos de compras de armamento; mientras que en otros, desde el soldado raso apostado en una alcabala hasta los más altos rangos de mando, todos participan de la mordida al ciudadano.

La corrupción es entonces una forma de enriquecimiento portentoso para algunos, quienes logran acumular inmensas fortunas de la noche a la mañana. Mientras que, para otros, es apenas una forma menguada de captar unas migajas de la riqueza de la sociedad. La corrupción se ha constituido para muchos un mecanismo de inclusión social y de redistribución del ingreso: «*Como nos pagan tan poco* —nos decía un policía— *uno tiene que redondeársela*». La fórmula se repite sistemáticamente, «*como no nos alcanza el dinero*», sostenía el funcionario de un tribunal, «*tenemos que pedir la colaboración de las personas*». Estas formas de remunerar el trabajo las llamamos corrupción porque se salen de la legalidad y la formalidad establecida en la sociedad para remunerar el trabajo, pero cumplen, de manera perversa, con funciones propias de las dinámicas de distribución de la riqueza.

Las sociedades interpretan de manera disímil la corrupción, en algunas es algo normal en su funcionamiento, en otras se le reprueba y castiga moral y jurídicamente. Aunque el rechazo a la corrupción parece ser un valor universal, como destaca el estudio de Boudon y Betton que reporta que en casi todos los países la consideran como algo malo y reprochable (Boudon y Betton, 1999: 367), también es cierto que es un comportamiento generalizado y más común de lo imaginable, tanto en las oficinas públicas como en la empresa privada. Lo que es diferente, son las maneras de reaccionar que tienen las personas y el juicio moral que se hacen sobre la misma. Lo que se ha podido encontrar, es que la voluntad de participar o rechazar, de condenar o aceptar, depende de las concepciones de justicia distributiva que sean dominantes en esa cultura (Arts y Gellisen, 2001).

El modo de producir y distribuir la riqueza de cada sociedad y el balance que la corrupción genera en las formas de concentración regresiva –enriqueciendo a unos pocos–, o de redistribución progresiva del ingreso –favoreciendo a muchos–, determina la función que cumple la corrupción en esa sociedad, e incidirá en el juicio moral que sobre la misma se hagan sus ciudadanos.

La corrupción no es vista como un mecanismo generalizado de alcanzar el éxito personal. En un estudio que realizamos en el año 2011 les preguntamos a las personas si consideraban que para tener éxito en Venezuela se requería ser corrupto, y los resultados no mostraron un consenso ni una aceptación generalizada, pues había opiniones divididas. Si bien un 16 % se abstuvo de emitir opinión, un tercio de la población (32,5 %) dijo que estaba de acuerdo, pero la mitad (51 %) de la población dijo que estaba en desacuerdo con que había que ser corrupto para triunfar en la vida. El promedio de las respuestas de quienes creen que se necesita ser corrupto para tener éxito en Venezuela, para este estudio, es muy cercana a la media de otro estudio de 40 países en el cual participamos y donde destacan los países escandinavos (Suecia, Noruega, Dinamarca) y Nueva Zelanda, con un rechazo grande a la idea de que la corrupción es en su sociedad un medio para ascender socialmente, y otros países con una creencia muy fuerte en la eficiencia de ese medio, como Ucrania, Hungría y Turquía (ver Cuadro 1).

**Cuadro 1**
**Corrupción y éxito social**

| ¿En su país, para tener éxito en la vida hay que ser corrupto? (Las cifras indican los promedios de respuestas nacionales de una escala donde 1 es de total acuerdo y 8 de total desacuerdo) | |
| --- | --- |
| **País** | **Promedio de escala** |
| Ucrania | 2,32 |
| Turquía | 2,55 |
| Hungría | 2,77 |
| Francia | 2,94 |
| **Promedio general** | **3,35** |
| Argentina | 3,39 |
| **Venezuela** | **3,39** |
| Suráfrica | 3,62 |
| Reino Unido | 3,68 |
| España | 3,70 |
| Chile | 3,73 |
| Estados Unidos | 3,83 |
| Suecia | 4,13 |
| Noruega | 4,23 |
| Nueva Zelanda | 4,23 |
| Dinamarca | 4,41 |

**Fuente:** Lacso-ISSP. *Estudio sobre desigualdad social.*

En la sociedad venezolana, para poder interpretar adecuadamente el papel que tiene la corrupción en la modernidad mestiza, hay que ubicarla tanto en el contexto de los mecanismos de distribución de la renta petrolera como de las pautas sociales que regulan la forma de distribución de las ganancias y que obligan a repartir y compartir los frutos con los otros miembros del grupo social. El comportamiento rentista y el comportamiento distributivo son claves en la explicación del impacto de la corrupción en la estructura social venezolana.

## La sociedad rentista

En Venezuela en tanto que sociedad exportadora de petróleo hay una singular forma de producción y distribución de la riqueza. Esta singularidad deriva de la inmensa fortuna que controla el Estado y que le da una casi total independencia frente al resto de los factores de la sociedad, y una capacidad gigantesca de incidir en la actividad económica y de arrojar fortunas en manos de algunos individuos o empresas (Baptista, 1997; Briceño-León, 1991).

Uno de los aspectos centrales de la sociedad rentista es la manera particular como el Estado, por medio de los gobiernos de turno, se vincula con las distintas clases sociales, con los humildes o los poderosos. En un estudio que sobre clases sociales y comportamiento individual realizábamos en los años ochenta, me tocó entrevistar a un italiano que desde la cocina regentaba un restaurante del cual era socio y chef principal (Briceño-León, 1992). El individuo tenía muchos más años en el país, muchos más de los que uno podía sospechar por su escaso manejo del idioma castellano. Al conversar, sin embargo, en su media lengua, delataba una gran agudeza en la comprensión de las relaciones sociales, y quizá por eso había logrado sobrevivir y prosperar en medio de las vacas y la llanura.

«*Hay algo*», decía, que no entendía de Venezuela, y era cómo sus clientes, esos ricos pretenciosos de la zona que atendía en su restaurante, se volvían tan sumisos ante los políticos y el gobierno. Se explicaba en su sentimiento: «*cada vez que para acá viene algún ministro o un político importante, uno ve a don fulano y a don sutano*» –los grandes ricos del pueblo– «*esperándolos con sus sombreros bajo el sol ardiente en la entrada del pueblo*». La molestia por lo inaudito de la situación lo regresaba a su idioma natal, «*Mi dispiace davvero*», se disculpaba. Y volvía con su razonamiento comparando esos hechos con su sociedad de origen: «*En Italia, don fulano 'dovrà aspettare'; espera en su casa, muy bien sentado y a la sombra, a que el político vaya a visitarlo*».

Las relaciones entre el Estado y los empresarios en Italia son, por supuesto, muy distintas a las que existen en Venezuela. En Venezuela no es el sector privado el que hace rico al Estado, sino el Estado, que por controlar el ingreso petrolero, ha tenido la capacidad de hacer rico al sector privado. En Italia el empresariado controla al poder político.

Un problema de los gobiernos, desde los inicios de la explotación petrolera, ha sido cómo convertir la renta petrolera que ingresa al país, como divisas extranjeras, en moneda nacional, y cómo distribuir luego ese ingreso entre los ciudadanos. No se trata solo del dilema, importante por demás, de si el provento petrolero es usado para la producción, y en consecuencia es capaz de reproducirse y hasta crecer en el tiempo, o si simplemente es consumido y agotado para satisfacer algunas necesidades básicas o superfluas de la población. No, el problema ha sido y es cómo lograr transferir ese dinero y cuál es el impacto que eso tiene en la sociedad. Y es allí donde se puede entender la singularidad de la corrupción en Venezuela; la corrupción ha sido un modo de transferir el dinero petrolero a manos privadas.

A fines de los años setenta, en el primer momento de gran opulencia petrolera en el país, se dio un programa de descentralización y desconcentración industrial que forzaba a las industrias a salir de algunas ciudades y reubicarse en otras zonas designadas como prioritarias. En una de esas zonas privilegiadas hicimos, varios años después, una investigación sobre los resultados de los créditos otorgados por el gobierno para la mudanza o instalación de nuevas manufacturas, y la conclusión del estudio fue muy clara. Algunos empresarios, con verdadera vocación de tales, permanecían activos y con sus empresas prósperas. Pero la mayoría había fracasado en el intento y se podían observar líneas de galpones abandonados o vacíos que daban la imagen de un pueblo fantasma. Simplemente no eran empresarios, no sabían el oficio y quizá tampoco querían serlo; lo que sí querían era el dinero y por eso se disfrazaron de empresarios, para poder competir y captar una porción de la renta petrolera a través de un crédito del Estado. En uno de los informes que pudimos leer años después en la sede de la oficina proveedora de los créditos, Corpoindustria, un inspector colocaba una nota dramática que pedía poner atención a esa empresa, pues habían nombrado a la secretaria como presidenta de la compañía (Briceño-León, 1991).

En esa misma zona investigamos también los créditos otorgados a otro sector social; se trataba de más de cuatro mil campesinos que habían recibido fondos del llamado Instituto de Crédito Agropecuario. Los archivos mostraban que ninguno había pagado nunca nada, ni un bolívar. Nos fuimos entonces a buscar a los propios campesinos y preguntarles por el mentado crédito, y la sorpresa fue grande: ninguno de ellos tenía conciencia de haber recibido un «préstamo». Sí recordaban y tenían muy claro en la memoria que habían recogido un dinero de la oficina, pero no un préstamo. Y en la conciencia del hombre y la mujer rural de Venezuela, un préstamo es algo que se recuerda muy bien, es un asunto serio. Pero no lo recordaban pues lo que ellos sentían era que los políticos les habían regalado un dinero por alguna razón desconocida. Los montos eran realmente bajos, pero tampoco tenían la dimensión de una propina, y siempre les obligaban a firmar o colocar las huellas digitales en el recibo, pero para ellos la firma era porque estaban aceptando el dinero, no porque lo debieran retornar en algún momento, como corresponde a la figura del crédito. Muchos mostraron su extrañeza o su susto cuando escuchaban mencionar en nuestras preguntas lo de un supuesto «crédito agrícola». Uno de ellos, luego de contarnos el proceso, nos arrojó con picardía su suspicacia y desconcierto: «*era raro*», nos dijo refiriéndose a los políticos, «*pues ellos venían y nos daban el dinero, y no se llevaban nada; ni un cochinito, ni unas menestras...*».

Treinta años después, cuando observamos las múltiples formas de reparto de «créditos» que ha tenido el gobierno chavista bolivariano, podemos notar que se trata de la misma historia. Con las múltiples misiones y programas, con las becas de trabajo, los préstamos del banco de la mujer o las más de doscientas de miles de «cooperativas» que se crearon y a las cuales el gobierno les otorgó un financiamiento, y que luego, poco tiempo después, cuando la Superintendencia de Cooperativas realizó un censo no logró ubicar a más de veinte mil, muchas de las cuales no solo no estaban activas sino que ni siquiera eran localizables (Bastidas, 2013).

¿Es posible hablar de corrupción en estos casos? En la diatriba política la sociedad ha estado acostumbrada a llamar corrupción cuando el crédito se le ha dado a un empresario, y política social cuando el mismo se le entrega a los pobres. Pero, ¿hay alguna diferencia? En nuestra opinión no. Sociológicamente ambas son formas idénticas de transferir la renta. Sus modalidades y sectores sociales destinatarios han sido muy diversas, tantas como los tipos de créditos industriales que se han otorgado, las justificaciones dadas a las sucesivas condonaciones de las deudas agrarias que han ocurrido, o la forma de los regalos que en forma de créditos, becas o ayudas han tenido las misiones bolivarianas, pero como proceso social son similares.

Cuando se quiere diferenciar lo que se califica como corrupción y lo que no lo es, y establecer si hay alguna diferencia social relevante entre ambas, desde el punto de vista ético o desde el punto de vista de su impacto en la sociedad, pareciera que la diferencia es muy sutil, demasiado oscura o frágil, dependiendo de una formalidad o de una legalidad no siempre clara para todos. O la justificación se encuentra en la condición social de quien lo recibe, pues unos lo «necesitarían» y otros no.

Por supuesto que hay casos escandalosos de corrupción, robos descarados donde los montos y la vulgaridad del procedimiento muestran una situación completamente distinta a los ejemplos antes señalados. Han sido compras militares, como la de los dos aviones G-222 que un ministro de Defensa compró a la Aeritalia Società Aerospaziale Italiana per Azioni por más de 31 millones de dólares, y que después resultaron ser aviones antiguos, con equipos anticuados y desperfectos. Y cuántos más aviones, fragatas y equipos militares les han sucedido. Han sido los préstamos para las compras de edificios, como el préstamo de 45 millones de dólares que el Banco Industrial de Venezuela –banco oficial– le otorgó a una empresa recién constituida en Curazao con capital de 30 000 dólares para adquirir un terreno y construir un edificio en Miami, sin revisar los avalúos ni exigir garantías y de la cual no se supo dónde fueron a parar 9 millones de dólares (Capriles, 1990).

Aunque con el tiempo y la experiencia de corrupción de la revolución bolivariana esos casos resultan pequeñeces, casi propinas, cuando se les compara con los volúmenes de dinero que desaparecieron en créditos a empresas fantasmas durante los gobiernos de Chávez y de Maduro, y que sus copartidarios, como el exministro de Planificación, Jorge Giordani, por un lado, y la expresidenta del Banco Central de Venezuela, Edmée Betancourt, por el otro, en su último informe antes de salir del cargo, calcularon en la bicoca de más de veinte mil millones de dólares entregados a empresas fantasmas que llamaron de maletín.

Esa imagen, repetida en el tiempo, ha llevado a la percepción generalizada de corrupción en los funcionarios públicos. En dos encuestas que realizamos en los años 2004 y 2015 a una muestra nacional representativa (N = 1000 y N = 1113 respectivamente), le preguntamos a los entrevistados sobre cuántos funcionarios públicos ellos creían que estaban involucrados en la corrupción. Las opciones de respuesta eran: casi todos, muchos, algunos, pocos o casi nadie. El resultado ha sido consistente en el tiempo: el 40 %

en el año 2004 y el 42 % en el año 2015 contestaron que «casi todos», y si uno les suma quienes dijeron que «muchos» y «algunos», se obtiene que el 87 % en 2004 y el 86 % en 2015 consideran que los funcionarios públicos son corruptos (Cuadro 2).

### Cuadro 2
### Percepción de la corrupción en los empleados públicos de Venezuela 2004 y 2015

| ¿Cuántos funcionarios públicos piensa usted que están involucrados en la corrupción en Venezuela? | | |
|---|---|---|
| | Porcentaje válido 2004 | Porcentaje válido 2015 |
| Casi todos | 39,8 | 42,4 |
| Muchos | 29,3 | 20,0 |
| Algunos | 18,0 | 24,1 |
| Pocos | 7,5 | 7,5 |
| Casi nadie | 1,3 | 1,4 |
| No sabe | 4,2 | 4,5 |
| Total | 100,0 | 100,0 |

**Fuente:** Lacso. *Estudios de ciudadanía*, 2004 y 2015.

## La corrupción y el comportamiento rentista

Pero, ¿hay corrupción en todos los casos señalados? En unos claramente sí, en otros no pareciera tan evidente que se le pueda llamar corrupción, y algunos dirían que son apenas malas políticas. Pero en todos hay una distribución del ingreso petrolero hacia la sociedad. Millones de millones en unos casos, migajas en otros, pero el asunto no es de magnitudes, sino de las formas de hacerlo, pues al final pareciera que las condenas solo caen sobre los débiles, como aquel telegrafista de la Candelaria, de setenta y ocho años, quien fue condenado por sustraer quince mil bolívares de los antiguos, mientras se absolvían o hacían prescribir los casos de los imputados por hacer desaparecer millones (Capriles, 1989).

En los casos de los aviones o de un banco del Estado venezolano que estaba financiando la construcción de un edificio en Miami, de las empresas fantasmas, la situación es claramente un «guiso» montado para poder quedarse con un dinero. En el caso de los créditos a los campesinos o de los créditos industriales, no se había cocinado algo específico, no hubo un «guiso», sino una política de Estado que, pudiera argumentarse, produce resultados negativos. Algo similar ha ocurrido con los créditos dados por el banco de la mujer a vendedoras de calle para que pudieran comprar al mayor ropa y zapatos importados de China y revenderlos en la calle o en mercados populares, o con los créditos dados a las cooperativas para vender cualquier cosa o a los consejos comunales para construir escaleras o hacer planes de capacitación laboral.

En grandes o pequeñas operaciones hay un rasgo común: en ambas el propósito fundamental es transferir dinero público, en este caso renta petrolera, a manos privadas, y al hacerlo de forma irregular o ilegal lo llamamos corrupción. Esto implica un tipo de comportamiento especial que, como muestra la diversidad de casos, va más allá del simple robo. Se trata de una manera racional de actuar en la cual el eje conductor del comportamiento es la apropiación de la renta, y montar industrias, producir granos en el campo, construir edificios, crear cooperativas, apoyar a las mujeres empresarios o comprar aviones para la defensa nacional, son apenas excusas para capturar un trozo de la renta petrolera. Se utilizan proyectos industriales, cooperación internacional, vacas, aviones, misiones, abastos mercales o bicentenarios, pero todos son solo parapetos, excusas, tinglados para captar la renta. Este comportamiento rentístico se convierte en el dominante de las políticas públicas, porque los gobiernos tienen que gastar los presupuestos, y los individuos, sea en el Estado como funcionarios, sea en la empresa privada o sea como simples ciudadanos, buscan apropiárselos.

En un asentamiento de la reforma agraria de los llanos centrales que tutelaba el Instituto Agrario Nacional (IAN) les preguntamos a los campesinos por los créditos que recibían para el cultivo de la tierra y sus relaciones con la entidad agraria. El acuerdo básico era que el IAN, como se conocía a la entidad pública, les otorgaba un dinero en crédito para la producción de maíz para que pudiera subsistir durante ese tiempo y el campesino se comprometía a entregarle la cosecha al instituto, quien la comercializaría. Al vender la cosecha, el instituto se cobraría la parte que le había adelantado al campesino, recuperaría el crédito que había adjudicado y el remanente se lo daría al productor como ganancia. El acuerdo se consideraba justo y funcionaba adecuadamente. Los campesinos nos dijeron que con el crédito que habían recibido ellos les pagaban a otros campesinos para que limpiaran la tierra y sembraran, también contrataban al dueño del tractor, para que le diera varias pasadas al terreno, y posteriormente, cuando la cosecha estaba lista, empleaban a otros campesinos para la recolecta. «¿Y ustedes qué hacen?», le preguntamos a uno de los asentados: «*Bueno* –respondió parcamente–, *nosotros supervisamos el trabajo*».

Los funcionarios del IAN, a quienes habíamos entrevistado, se quejaban de que los campesinos no le entregaban la cosecha al instituto, sino que corruptamente se la vendían a los camioneros duplicando su ganancia. Cuando pudimos averiguar más, supimos que ciertamente algunos la vendían y otros no. Quienes cumplían y le entregaban al gobierno la cosecha eran los más timoratos o quienes no gozaban de conexiones con el gobierno. Ellos tenían la sensación de ser los únicos «pendejos» que pagaban la deuda con la cosecha.

El comportamiento rentista es lo que orienta la acción de todos los campesinos. La corrupción es evidente en quienes tienen la cosecha y la venden a terceros para evitar pagar la deuda. Pero ¿cómo llamar al que no invirtió y nunca produjo el maíz? Pareciera que también hubo desviación de fondos y eso también es corrupción. Y ¿cómo llamar al que fungiendo de productor agrícola se sentó a ver cómo otros campesinos –muchas veces extranjeros– les cultivaban la tierra que ellos mismos debían hacer fructificar? Simplemente zánganos, o ¿es que hay también otra forma de corrupción allí?

Ninguno de estos individuos se enriqueció con estas prácticas. Simplemente sobrevivieron, obtuvieron su modo de vida durante un tiempo, y el Estado, los funcionarios y los tribunales lo consintieron. Pero otros individuos sí se enriquecieron. Los que compraron aviones, vendieron chatarra, negociaron con tierras públicas, cobraron jugosas comisiones en construcción de represas o en importación de alimentos, o también los que negociaron con los dólares preferenciales.

Algunos de estos corruptos eran ya ricos; otros se convirtieron en tales festinadamente. De la noche a la mañana pasaron de empleados a grandes inversionistas de la bolsa mundial; de vivir en modestos apartamentos en Caracas a presumir lujosas mansiones en Florida o Texas. La corrupción ha sido una forma privilegiada de realizar lo que Marx llamó la acumulación originaria del capital (Marx, 1968). Marx afirma, en el famoso capítulo del mismo nombre, que la acumulación originaria del capital requería de detallado esfuerzo o tramposería, y cuenta el caso de un pícaro industrial que diariamente y con metódica disciplina adelantaba cada mañana el reloj de la fábrica unos minutos, para que los obreros entraran a trabajar antes de tiempo; y luego, cada tarde, lo retrasaba para que salieran después y así poder robarle, no pagarle, unos minutos antes y otros después. De ese modo le podía extraer algo más de plustrabajo que luego que incrementara su ganancia, según sus términos, acrecentaría la plusvalía. En Venezuela no fueron necesarias aquellas artimañas patronales para acumular capital. El esfuerzo debe colocarse en otra dirección, sea con negocios o con fullerías; tener obreros y extraer plusvalía han sido apenas excusas para captar la renta petrolera. La acumulación pudo darse en unos casos con un régimen legal y claro de negocios con el sector público, y en otros, en unas condiciones un tanto turbias o hasta como simple pillería de truhanes bien vestidos.

## El reparto social y la reciprocidad

Aunque se pueda repetir al unísono que la corrupción es mala, en la práctica no siempre es vivida así. No es siempre mal vista en Venezuela, no siempre hay sanción social. La gente la puede aceptar como un mal menor y los tribunales no la condenan por la razón que sea. Sin embargo, en algunos casos, sí se le considera negativa y hay al menos dos casos cuando esto ocurre. El primero se refiere a la magnitud y se produce cuando se considera que la persona que ha incurrido en corrupción se ha apropiado de una cantidad exagerada de dinero o bienes. La condena no se refiere a la ilegitimidad de la apropiación, sino a que tomó mucho, más de la cuenta. El segundo caso se relaciona con la forma como se han distribuido los proventos apropiados, y una vez más, no se trata de un juicio moral sobre la legitimidad de su origen, sino acerca de su utilización, si lo tomó egoístamente solo para sí y no compartió con otros que puedan considerarse su prójimo cercano.

En estos dos casos referidos, no es posible afirmar que la moral está ausente, como pudiera pensarse de primera mano, pues no se cuestiona ni se hace un problema del turbio origen de los recursos. En esos casos las personas aceptan los modos corruptos usados para obtenerlos, y si bien pueden no aprobarlos, se hacen la vista gorda y pretenden ignorar su ilegitimidad de origen. Aunque en este aspecto no se aplican reglas morales, la moral no está ausente, sino que se utiliza y refiere a otras dimensiones: a la moral de la magnitud apropiada y a su forma de distribución.

En su análisis de la corrupción, Pérez Perdomo y Capriles (1993), proponen que esta condena que hace la sociedad cuando la apropiación es exagerada o desproporcionada, debe ser interpretada como la aplicación del criterio de justicia distributiva aristotélica.

Es decir, no se trata de un juicio ético del acto en sí, sino de la desmesura que ha producido el exceso lo que se censura, no el origen turbio o ilegal que ha podido tener el dinero en marras. Es malo si se ha tomado más de lo debido. ¿Y qué sería lo debido?, puede uno preguntarse. No hay una respuesta universal para esta pregunta, lo singular es que en cada momento dado, en un lugar dado, el grupo social puede juzgar con sus parámetros subjetivos el exceso y considerarlos inmorales. En su *Ética para Nicómaco*, Aristóteles se refiere a la virtud como la moderación entre el exceso y el defecto, en poder encontrar el justo medio. En esa perspectiva el exceso es lo malo y condenable, no el acto de corrupción en sí. En la expresión de uno de los entrevistados se puede resumir esa moral: «*Ok, está bien que roben, pero ¡cónchale!, ¡tampoco tanto!*».

El segundo componente de la moral se aplica cuando el corrupto, el que roba, no reparte el botín entre su prójimo cercano o lejano. Eso es muy mal visto por la población, y eso lo han entendido los líderes políticos corruptos que de manera zamarra reparten o hacen como que si repartieran los dineros mal habidos. Y esto tiene dos vertientes, por un lado el reparto crea complicidad, pues se hace al que recibe parte del negocio, y por el otro lado lo legitima, pues moralmente se atenúa o desaparece la condena, pues ayudó a otros, benefició a los demás, no fue un acto egoísta, dedicado al exclusivo beneficio de sí mismo.

La persona que reparte es considerada moralmente superior. En un estudio sobre percepción política que realizamos en el año 2007, poco antes del referendo de reforma constitucional que fue rechazada por los votantes en diciembre de ese año, realizamos unos grupos focales en varias ciudades del país. En la investigación incluimos un ejercicio libre sobre las cualidades que debía tener el mejor líder político de Venezuela. El ejercicio buscaba una aproximación gráfica, sin palabras de las cualidades, y consistía en dibujar con unos lápices y creyones que les proporcionábamos, los rasgos que debían caracterizar al mejor dirigente político de

Venezuela. En Maracaibo, uno de los participantes dibujó una figura humana que tenía los dos brazos abiertos y alzados a su lado (ver Dibujo 1). Luego de completados los dibujos, les preguntábamos a los participantes sobre su significación, esta vez era una explicación con palabras de lo bosquejado sobre el papel. ¿Qué podemos ver en ese dibujo?, le pregunté a su autor. Lacónico me respondió: «*En mi dibujo está Chávez*», dijo mientras señalaba la hoja; «*tiene los brazos abiertos, él es mi líder ideal, pues con una mano recibe y con la otra le reparte al pueblo*».

**Dibujo 1**
**Representación gráfica del líder político ideal**

**Fuente:** Lacso. *Estudio de percepción política*, 2007.

El éxito electoral del gobierno chavista fue justamente que logró insertarse en esa parte de la representación social que podía justificar la corrupción por el reparto. Por eso, en su popularidad no hacían mella las denuncias sobre los grandes desfalcos o robos al erario público. Sus partidarios pensaban que en su gobierno quizás sí podían robar, pero repartían, y eso los exculpaba. Chávez fue además muy exitoso también en establecer una narrativa que afirmaba que antes no se repartía y ese era el origen de la pobreza y las penurias que padecía la población. La reducción de la capacidad del poder de compra del salario, que había ocurrido en los años previos a su gobierno, no estaba vinculada con la caída de los precios del petróleo (que llegó a cotizarse a menos de 10 dólares el barril), más bien su causa radica en que los gobernantes anteriores se habían robado lo que a las personas les correspondía en el reparto de la riqueza petrolera. No se decía, por supuesto, que el inmenso reparto ocurrido después de 2003 tenía su sustento no solo en una voluntad política, sino en el notable aumento del precio del barril de petróleo (que superó los 100 dólares), lo cual multiplicó por más de diez veces el presupuesto del gobierno central, y permitió que la mano que repartía fuese tan generosa.

Ese reparto tiene otro propósito adicional al de legitimar la corrupción, se trata de la obligación de lealtad que promueve el intercambio simbólico que induce el regalo. El regalo, el reparto del político es una oferta que genera una obligación de reciprocidad: si alguien recibe un regalo para su cumpleaños, debe ofrecerle de vuelta un regalo en el cumpleaños del otro; si alguien recibe un favor, debe retribuir ese favor a la otra persona, pues *favor con favor se paga*, dice una expresión popular venezolana. Claro, los funcionarios políticos no se llevaban los cochinitos ni menestras, como decía aquel campesino, sino pretendían con su accionar dejar una deuda de lealtad política que habría luego de retribuirse en un voto en las siguientes elecciones. Es decir, se llevaban o pretendían apoderarse de su lealtad política e intencionalidad de voto. El regalo hay que pagarlo, pues se trata de la reciprocidad que obliga la donación recibida, como lo estableció hace más de un siglo Marcel Mauss en su hermoso «Essai sur le don» (Mauss, 1980).

119

Exceso y deuda forman parte de una concepción del reparto en la conciencia distributiva que domina la cultura venezolana. En Venezuela «comer solo» es muy mal visto; quien *«come solo»* es rechazado por la gente, pues en esa expresión se resume la crítica a una actuación que rehúsa compartir su bienestar con los otros. Lo poco o lo mucho que se tiene debe ofrecerse a los demás, debe partirse con los allegados, y quien no lo hace es censurado fuertemente, excluido de la vida social, ninguneado en los ritos sociales. Comer solo es lo contrario de compartir, es decir «partir con» el otro social. Esta norma social no solo se aplica a los alimentos, estos son apenas una metáfora. La obligación del reparto afecta toda la vida social: las personas que piden prestado a los familiares, los clientes que piden fiado en las tiendas, los amigos o los malandrines que sutilmente «martillean» a los demás, no piden compasión o limosna, pues el sustento cultural que sirve de marco a la solicitud no es la solidaridad o la caridad, sino la exigencia de cumplir con la obligación social del reparto. *«Es que tiene mucho»*, dicen, *«que me dé un poquito...»*.

Y esto es tan fuerte, que cuando alguien va a cobrar una deuda no alega en su demanda un criterio sobre el cumplimiento de un pago, devolver lo que se prestó, sino que utiliza el argumento de la necesidad: *«vengo a cobrarte»*, invoca, *«porque necesito el dinero que te presté»*. Es decir, procura invertir el sentido de la abundancia con el cual entregó el dinero originalmente.

Esta obligación de reparto ha existido en muchas sociedades con una tradición igualitaria, tal y como lo han reportado varios estudios antropológicos. Así lo describió Sol Tax en sus investigaciones sobre los ritos de distribución que obligan a contribuir con las fiestas comunales e impiden la acumulación de los productores prósperos en las poblaciones campesinas de Guatemala, pues los llenan de honores pero les extraen la riqueza (Tax, 1953); o el estudio sobre el igualitarismo en Melanesia de J. Woodburn (1982), donde existe la regla del reparto, del compartir, que impide el ahorro y la acumulación. Ese reparto obligado favorece a que no existan grandes diferencias sociales; el que llega a tener mucho lo pierde, lo igualan, con el reparto. Pero al no existir acumulación, tampoco permite realizar inversiones que puedan mejorar la producción, y por lo tanto se frena el desarrollo local.

La norma que impide comer solo también afecta a la política. Gobernar solo es muy mal visto; el arte de gobernar es una forma de compartir el poder, y por eso en los años de democracia nunca se excluían de los contratos otorgados por los entes públicos a las compañías afectas a los partidos perdedores, siempre había algún trabajo o negocio que ofrecerles, debía ser de menor tamaño o cuantía de los que recibían los ganadores, pero se les daba algo, no se les excluía ni se gobernaba solo para quienes detentaban el poder. La regla social de distribución tenía un sentido en el presente, pues había que compartir para que todos pudieran comer en ese momento; pero también actuaba como una previsión del futuro, usando el principio popular de reciprocidad: *hoy por ti y mañana por mí*. Con esa dinámica, el grupo político que detentaba el gobierno se aseguraba que si una vez perdía el poder, iba a tener en reciprocidad gestos similares por parte del nuevo gobernante. No respetar estas reglas de compartir podía ser muy peligroso para un gobierno. En una oportunidad R. J. Velásquez nos contaba que esa había sido una de las grandes conclusiones que había extraído Rómulo Betancourt, luego del derrocamiento del gobierno adeco en 1945, pues en aquel entonces ellos habían querido gobernar solos y «en este país no se puede gobernar solo» (Velásquez, 2003). Quizá por ese aprendizaje, al regreso de la democracia en 1958, Betancourt, que era el líder indiscutible, se empeñó en incorporar a los otros partidos y formar una coalición gobernante que se concretó en los acuerdos de cooperación política y distribución del poder que se llamó el Pacto de Punto Fijo. Quizá, por no haber comprendido eso, varias décadas después Carmona fracasó en su golpe de Estado de 2002, pues pretendió gobernar solo y se quedó solo y fue derrocado a las pocas horas.

Un elemento adicional debe considerarse en el sustento de este reparto, y es la imagen negativa, de egoístas, que se tiene de los políticos. En una encuesta que realizamos en el año 2015, le preguntamos a los entrevistados si ellos creían que los políticos estaban en esas funciones «solo por el beneficio personal» que ellos podían obtener. El resultado fue que ocho de cada diez personas, el 81 %, dijo que estaba de acuerdo con la afirmación. Solo uno de cada diez, el 11 %, expresó su desacuerdo (ver Cuadro 3).

**Cuadro 3**
**Venezuela 2015**

| ¿Qué tan de acuerdo o en desacuerdo está con la frase: La mayoría de los políticos está en la política solo por el beneficio personal que puedan obtener de ella? | | Porcentaje válido | Porcentaje agrupado |
|---|---|---|---|
| Válidos | De acuerdo | 67,2 | 81,1 |
| | Algo de acuerdo | 13,9 | |
| | Ni de acuerdo ni en desacuerdo | 4,8 | 4,8 |
| | Algo en desacuerdo | 4,2 | 11,3 |
| | En desacuerdo | 7,1 | |
| | No sabe | 2,7 | |
| | **Total** | **100,0** | |

Fuente: Lacso. *Estudios de ciudadanía*, 2015.

Lo sorprendente es que ante esa percepción tan negativa no ocurra ninguna protesta ni rechazo. Lo que ocurre, sostenemos, es que el reparto neutraliza la potencial animadversión hacia los políticos; sí, están allí por su beneficio personal, pero distribuyen. El reparto cumple entonces una doble función, por un lado legitima la actuación del político al atenuar la negatividad de su imagen, y por el otro le garantiza la deuda de lealtad que crea el regalo.

Por eso en Venezuela, *quien roba, reparte*. El reparto actúa como legitimador de la corrupción, pues logra la complicidad en los demás, que ya es algo importante, y además le otorga legitimidad, distinción y aprecio a quien como repartidor actúa.

**Cuadro 4**
**Venezuela 2011**

| ¿Actualmente, para tener éxito en Venezuela hay que ser corrupto? | | |
|---|---|---|
| | Porcentaje | Porcentaje agrupado |
| Totalmente de acuerdo | 10,0 | 32,5 |
| De acuerdo | 22,5 | |
| Ni de acuerdo ni en desacuerdo | 16,5 | 16,5 |
| En desacuerdo | 20,2 | 50,8 |
| Totalmente en desacuerdo | 30,6 | |
| **Total** | **100** | **100** |
| | **Total** | **100,0** |

**Fuente:** Lacso. *Estudio de desigualdad social,* 2011.

El efecto de la corrupción distribuida es socialmente inclusivo. Y esa es una de las grandes dificultades que se tiene para controlar la corrupción en el país. Las personas sienten, y de algún modo también objetivamente ocurre, que la corrupción les ofrece una participación en la riqueza petrolera de la sociedad. Cómo puede observarse en el Cuadro 4, una tercera parte de la población considera que es necesario ser corrupto para poder tener éxito en la sociedad venezolana. Por eso mismo, en muchos casos lo que se critica de la corrupción no es el acto en sí mismo, sino la existencia de un exceso, pues, en esos casos, las personas se sienten excluidas; como algunos han tomado mucho, más de la cuenta, no han podido alcanzar la riqueza y otros se han quedado fuera y no han podido entrar al yantar, al reparto de «la cochina». Y cuando ese sentimiento se ha generalizado es que han comenzado las crisis políticas.

## Conclusiones

La corrupción ha sido en Venezuela un mecanismo informal de distribución de la renta petrolera. Pérez Perdomo (2008) sostiene que la corrupción es la transferencia ilegítima de lo público a lo privado. En Venezuela lo público ha sido la renta petrolera, y en algunos casos estos mecanismos han sido claramente ilegales, en otros simplemente informales, pero no necesariamente siempre ilegítimos para la sociedad, pues el reparto los ha legitimado.

Lo que sí es cierto es que siempre son perversos. Perversos porque han creado una gran cantidad de efectos indeseados en la sociedad: por un lado, si bien han garantizado inclusión social en muchos, la manera de alcanzarla no crea mecanismos permanentes y sólidos de redistribución del ingreso, sino unos transitorios que fomentan la lealtad política, y no la dignidad y estima de quienes la obtienen.

Perversos también porque, al lado de ese efecto redistributivo, se ha producido un efecto concentrador del ingreso, un impacto regresivo, que ha llevado a manos de unos pocos gran cantidad de dinero mal habido. Perversos además porque esa riqueza no se traduce en más producción y trabajo, quizá porque su vocación es rentista y parásita; esas fortunas no se han convertido en un factor dinamizador de la actividad productiva, sino en simple consumo suntuoso dentro o, más comúnmente, fuera del país.

En el caso que ha tenido un impacto redistributivo, y por lo tanto de inclusión social, el efecto ha sido perverso también, pues se ha usado como moneda de cambio político, como don que debe ser pagado con lealtad política, y esto mengua la dignidad de las personas y enturbia las relaciones sociales.

La conciencia ética de la obligatoriedad del reparto permite justificar muchos actos de corrupción, pues no se está robando, simplemente se está repartiendo. La idea de que el petróleo es de todos y que en consecuencia la riqueza petrolera es propiedad de todos, hace que se pueda justificar que uno intente tomar su porción de la torta, pues uno no se está apropiando de algo que es de otro, sino que es de uno mismo, pues todos somos «dueños» del petróleo y su provento ha debido repartirse.

Una sociedad democrática y verdaderamente inclusiva debe al mismo tiempo transformar tanto el dominio de la renta petrolera en la economía del país, como la corrupción como forma de reparto de la misma. No será posible eliminar la corrupción en una sociedad con un Estado que puede a su discrecionalidad e independencia disponer de inmensas sumas de dinero provenientes de la renta petrolera. Una sociedad que viva en la producción diversa y múltiple de la riqueza, y no de una renta que generan unos pocos y se realiza fuera de su territorio, será también capaz de establecer mecanismos de inclusión social más adecuados y permanentes que la corrupción, la dádiva o el «metemano».

Pero, sobre todo, esa sociedad podrá fomentar un bienestar social más sustentable y mayor dignidad en las personas, pues lo poco o mucho que se puede obtener en la vida, habrá de ser el producto del esfuerzo y el trabajo honrado, no del regalo, la limosna o la trampa.

## Referencias

ARTS, W. A. and J. Gelissen. «Welfare States, Solidarity and Justice Principles: Does the Type Really Matter?», *Acta Sociológica*, 44 (4), 2001, pp. 283-300.

BAPTISTA, A. *Teoría económica del capitalismo rentístico*. Caracas, IESA, 1997.

BASTIDAS, O. «Las falsas cooperativas venezolanas», *El Republicano Liberal*, <http://elrepublicanoliberal.blogspot.com/2013/10/oscar-bastidas-delgado-las-falsas.html>, 2013.

BRICEÑO-LEÓN, R. *Los efectos perversos del petróleo: renta petrolera y cambio social*. Caracas, Fondo Editorial Acta Científica Venezolana / Consorcio de Ediciones Capriles, 1991.

_____. *Venezuela: clases sociales e individuos.* Caracas, Fondo Editorial Acta Científica Venezolana / Consorcio de Ediciones Capriles, 1992.

BOUDON, R. and E. Betton. «Explaining the Feelings of Justice», *Ethical Theory and Moral Practice*, 2, 1999, pp. 365-398.

CAPRILES, R. *Diccionario de la corrupción en Venezuela, 1959-1979.* Caracas, Consorcio de Ediciones Capriles, 1989.

_____. *Diccionario de la corrupción en Venezuela, 1979-1984.* Caracas, Consorcio de Ediciones Capriles, 1990.

MARX, K. *El Capital.* México, Fondo de Cultura Económica, 1968.

MAUSS, M. *Sociologie et Anthropologie.* Paris, Press Universitaires de France, 1980.

McDOWELL, N. «Competitive Equality in Melanesia: An Exploratory Essay», *The Journal of the Polinesian Society*, vol. 99 N.º 2, 1990, pp. 179-204.

PÉREZ PERDOMO, R. «Las caras cambiantes de la corrupción en Venezuela», en Jesús María Casal, Alfredo Arismendi y Carlos Luis Carrillo (coords.), *Tendencias actuales del Derecho Constitucional: Homenaje a Jesús María Casal Montbrun.* Caracas, Universidad Católica Andrés Bello, 2008, vol. II, pp. 593-610.

PÉREZ PERDOMO, R. y R. Capriles (comps.). *Corrupción y control: una perspectiva comparada.* Caracas, Ediciones IESA, 1993.

TAX, Sol. *Penny Capitalism: A Guotemolan Indian Economy.* Washington, D. C., Smithsonian Institution (Institute of Social Anthropology, 16), 1953.

VELÁSQUEZ, R. J. Comunicación personal, 2003.

WOODBURN, J. «Egalitarian Societies», *Man*, 17, 1982, pp. 431-451.

# Igualitarismo y estado de necesidad

SE ACERCABA LA FINALIZACIÓN del semestre y la nubosidad de las lluvias de julio ocultaba el sol de la mañana y obligaba a los bedeles a prender las luces en los pasillos de la universidad.

—*Profesor, quisiéramos conversar un momento con usted* –me dijo uno de los tres estudiantes que habían cursado la materia que los preparaba para redactar su proyecto de tesis de grado. Me aguardaban a las puertas del cubículo y estaban un poco conmovidos, quizá algo apenados, pero sentían la obligación moral de plantearme los problemas de su amigo y compañero de curso.

—*Lo que pasa, profesor, es que a Reinaldo se le cayó una parte del rancho hace un mes, hubo una lluvia muy fuerte en el barrio, y usted entiende, él tiene una hija y no ha podido hacer el proyecto...*

La propuesta que hacían era sencilla: Reinaldo no era un irresponsable, solo que las circunstancias del medio ambiente y la vida, le habían impedido hacer el proyecto de tesis con el cual concluía ese seminario. El proyecto le abría la posibilidad de realizar su investigación, redactar su tesis y finalizar la carrera en el semestre siguiente. Si Reinaldo era víctima de las lluvias y las condiciones sociales adversas, no debía ser reprobado; él debía aprobar la materia, así no hubiese hecho su deber, ni demostrado su capacidad para avanzar en la carrera. No pedían una tregua, ni tampoco una extensión del límite temporal para la entrega del proyecto, sino un perdón y un premio basado en un estado de necesidad.

La propuesta me perturbó. Como era un profesor joven y novato, pues recién iniciaba mi carrera universitaria, pensé que mis dudas se alimentaban de mi inexperiencia. Pero, luego, comprendí que no era esa la razón, sino que yo también era susceptible al planteamiento, pues formaba parte de esa misma cultura, de una particular cultura que afecta la vida social venezolana.

En mis dudas, una idea me sostenía: si aprobaba a aquel estudiante, que no había realizado el trabajo que le correspondía y para el cual se había inscrito aquel semestre, que tampoco había demostrado los méritos, las destrezas ni las competencias requeridas por el pénsum de estudios, pues tenía otras urgencias familiares de las cuales ocuparse, yo como profesor debería también aprobar a todos aquellos que por razones similares ni siquiera habían llegado a matricularse en la carrera. Y la universidad debería graduarlos a todos por idénticas razones.

Reinaldo no aprobó la materia aquel semestre y nunca supe si construyó su rancho, ni tampoco si se graduó en la universidad...

## Compasión social y deber institucional

La historia del relato precedente nos muestra un dilema permanente con el cual se topa nuestra vida universitaria y, en gran medida, la vida social venezolana. Se trata del dilema que produce un sentimiento importante y valioso de compasión social y solidaridad que anima a los actores, quienes procuran comprender y hacer suyas las dificultades del otro en carencias o problemas, y los límites y obligaciones que impone la institucionalidad.

Este conflicto no es nuevo, ni tampoco exclusivo de la sociedad venezolana, pues se trata de un dilema universal. Lo singular es que en algunas sociedades, como la venezolana, existe un dispositivo cultural que le otorga mayor fuerza al componente de compasión social, mientras que en otras se refuerza el deber institucional.

La decisión a favor de cualquiera de las dos posiciones tiene consecuencias sociales, no existe una respuesta inocua al dilema. Lo que cambia es la disposición que tienen los individuos en esa sociedad para afrontar las consecuencias, para poder vivir con los resultados que derivan de asumir cualquiera de las dos posiciones, pues en el sustrato de esa decisión se encuentran las representaciones sociales, las imágenes que de nosotros mismos y de los demás nos hacemos, en fin, las de una cultura que nos inquieta y provoca insomnio, o que nos permite continuar durmiendo tranquilos con las decisiones que hemos debido tomar.

Esas decisiones tienen, además de las consecuencias personales que afectan a los individuos implicados como Reinaldo, unas consecuencias institucionales para la universidad y para el país. Por un lado, está el impacto en la vida del estudiante con nombre y apellido y por el otro el valor abstracto, pero no menos real, de las normas que rigen la promoción de los estudiantes. Al momento de tomar una decisión, las posturas que se asumen tienen también en su fundamento una forma cultural de esa sociedad que puede privilegiar los vínculos personales, o particularistas como los llamó Parsons (1971), o las razones abstractas o universalistas; se trata de escoger entre Reinaldo como persona o las normas y la calidad de la educación.

Este hecho social tiene –como en efecto ha tenido– importantes consecuencias sobre la democracia en el país y también sobre la democracia universitaria, pues si bien la igualdad es un valor relevante en la democracia, otros valores como la equidad y la justicia no lo son menos y, en ciertas condiciones, la dominancia del principio de la igualdad puede hacer muy injusta la vida social. Pensemos: ¿qué mensaje se le transmitía a los compañeros de clase de Reinaldo, que estudiaron y se esforzaron por entregar bien y a tiempo sus obligaciones, si este hubiese sido aprobado sin entregar el proyecto?

La democracia universitaria se ve afectada por una cultura igualitarista que está en la base de muchas de nuestras decisiones y que crea mucha confusión en la manera de organizar la vida académica, los planes de estudio y las supuestas metas de excelencia.

Esta cultura tiene su origen en el igualitarismo que domina la vida social venezolana y que M. Picón Salas describió como el mito que más conmovió y fascinó al pueblo venezolano después de la Revolución francesa (Picón Salas, 1988). Esa es la misma cultura que moldea la vida de los partidos políticos, de la burocracia y también de muchas empresas. Ese fue el sustento de los populismos y de la fascinación chavista.

Este igualitarismo confunde un principio básico, como es el de la igualdad de oportunidades, con el de la igualdad de los resultados. Inclusive, asume en su extremo, el tratamiento igual de los desiguales, con lo cual puede crear daños indebidos a los débiles, pero también –como demostraremos más adelante– ofrece beneficios ilegítimos a los fuertes. Y esto provoca una situación de inequidad, que no es considerada como el valor guía en la vida universitaria, cuando debiera ser el principio que domine la democracia universitaria, en lugar del igualitarismo que actualmente rige en la cultura. Hay más democracia cuando hay más equidad, no cuando hay más igualdad.

Presentaré brevemente algunos ejemplos de nuestra sociedad que pueden ilustrar el funcionamiento de esa cultura y sus consecuencias para la vida social. No se trata de un análisis de la institución universitaria, para eso remito al lector a la abundante y valiosa producción que sobre el tema ha publicado O. Albornoz (1991, 1994a, 1994b, 2005, 2006, 2013) y C. García Guadilla (2005), sino de la cultura que allí subyace y cómo esa cultura entra en conflicto con otros principios académicos como son la excelencia y la equidad.

## El mito de la privatización: la matrícula

Por años se ha discutido de manera más solapada que abierta la posibilidad de cobrar matrícula estudiantil a algún tipo de estudiante universitario. De manera alguna, se ha planteado la posibilidad de cobrarle los estudios a todos los cursantes universitarios, tal y como lo hacen las universidades privadas. Lo que se ha imaginado en algunos momentos, porque entiendo que nunca ha existido una propuesta formal, ya que quizá ninguna autoridad o candidato a tal función se haya atrevido a proponerla, es buscar una fórmula por la cual aquellos estudiantes que provienen de colegios privados, donde por años sus padres han debido cancelar una matrícula mensual, continúen pagando un monto similar cuando ingresen a la universidad. Y por la misma razón, los otros bachilleres, aquellos que se hayan graduado en liceos públicos o en colegios privados subsidiados o exonerados por una beca, no lo hagan.

Es sorprendente la barrera invisible contra la cual choca la posibilidad de una fórmula de esta naturaleza. Es la muralla de la cultura del igualitarismo. La reacción inmediata es la de acusar tal propuesta como una medida «privatizadora» o de desviar la atención hacia otros aspectos como los mecanismos de selección, que son importantes, pero no la esencia de esta discusión (Fuenmayor, 1995). Cuando uno explora la acusación de «privatizadores» que comúnmente se hace, no encuentra ningún fundamento para tal afirmación, pues no cambiaría nada relevante en la vida y estructura universitaria. Dos aspectos sí serían diferentes, por un lado la universidad tendría otros ingresos distintos a los del gobierno, que no tendría mayor importancia, pues los montos recolectados por matrícula serían una ínfima parte del presupuesto universitario, así que el Estado tendría que continuar financiando la universidad. Y por otro lado, y esto sí es importante, se introduciría la desigualdad entre los estudiantes, pues unos pagarían y otros no.

La medida efectivamente rompería con la igualdad de todos ante el pago de la matrícula, pero ¿sería menos justa o menos democrática la universidad por esta razón? Pareciera que lo contrario. Lo que sería más equitativo es que los estudiantes paguen de manera diferenciada, por la matrícula de bachillerato previa, o por la declaración de impuesto de los padres o por cualquier otro mecanismo. La equidad presume tratar desigualmente a los desiguales, no parejamente.

Los fondos recolectados por la matrícula pudieran destinarse a dar becas de alimentación, vivienda o libros a los estudiantes con menores recursos o cualquier otra iniciativa destinada a corregir la desigualdad. Su contribución al presupuesto universitario no es relevante, ni nos interesa en este análisis como una política de financiación de la educación superior, lo que deseamos destacar es que el igualitarismo es injusto, pues le da el mismo tratamiento al estudiante que es hijo de un adinerado empresario exitoso y al hijo de un modesto obrero fabril o de una madre soltera.

## El subsidio generalizado: el comedor

El comedor universitario forma parte de la fábula universitaria y debería estar en el libro de absurdos. Es sorprendente cómo por años los mismos estudiantes se han reído del ínfimo precio que les han cobrado por la comida. Cuando uno los interroga, en la larga espera del mediodía, sobre si los estudiantes tendrían capacidad para pagar un monto mayor, responden con sarcasmo señalando a sus compañeros de la fila, que ingresan con costosas bebidas refrescantes para acompañar el almuerzo. Sin embargo, esos mismos estudiantes, quienes pagan por la bebida acompañante, que equivale varias veces el valor de la comida, estarían prestos a protestar airadamente si alguien osara proponer un incremento en el pago de los alimentos.

El comedor es una típica fórmula de subsidio generalizado y como tal es profundamente igualitarista, pues trata por igual a quienes necesitan del subsidio como a los que no lo requieren. En ese sentido, no es nada diferente del subsidio que por décadas se ha aplicado a la gasolina para los automóviles en Venezuela. El precio irrisorio del combustible favorece por igual al transporte público, al transporte de alimentos, a los dueños de los modestos carros populares, así como a los grandes empresarios y embajadores, propietarios de flamantes camionetas de lujo.

Pero uno se pregunta nuevamente: ¿es acaso más justo y democrático el sistema porque todos paguen lo mismo por el comedor universitario o por la gasolina? Lo que indica la idea de la equidad es que sería más justo no cobrarles nada a los estudiantes universitarios que provienen de familias de bajos ingresos y exigirles un pago distinto y superior a los demás, cobrando un monto que no pretenda obtener ganancias, pero que tampoco dé pérdidas, y que permita al menos cubrir los costos de la comida que están recibiendo.

Con la política de precios del comedor se beneficia por igual al estudiante adinerado que al pobre. Alguien podrá responder: pero los estudiantes con muchos recursos no van al comedor universitario, pues es mucho sacrificio que implica la larga cola, y no lo compensa la calidad de la comida. Pero entonces, se está castigando a los débiles.

La política más acorde con la equidad no es el igualitarismo del subsidio generalizado, sino la política diferencial del subsidio focalizado. Se debe incrementar el apoyo a los comedores estudiantiles, inclusive ofrecerlos como servicio durante los fines de semana y los días festivos, pero cobrando diferencialmente.

Esta idea sencilla no es aceptada ni es popular en la universidad, porque en nuestra cultura, la democracia se relaciona con la igualdad y no con la equidad. La universidad democrática, se piensa, es aquella donde todos son iguales y por lo tanto es incorrecto establecer tratamientos desiguales entre las personas. Pero con esta ficción se pretende colocar un manto que oculta la realidad más evidente, y es que la universidad está formada por una población desigual y las metas democráticas deben procurar enmendar esa desigualdad, no cerrar los ojos ante ella y tratarlos a todos como si fuesen similares.

## El castigo al esfuerzo: la homologación salarial

Esta orientación social no afecta solo a los estudiantes, pues los profesores universitarios viven una situación similar con la política de sueldos que los unifica y que se llamó muy adecuadamente homologación, es decir, el igualitarismo del sueldo. Esta política hace iguales los sueldos de los profesores, vivan en Caracas o en Barinas, sean profesores destacados y esforzados o descuidados e improductivos. Lo importante es tratarlos como iguales, hacerlos idénticos, homologarlos.

Pero resulta que los costos de vivir en Caracas no son similares a los de otras ciudades del interior del país, ni tampoco los méritos laborales que muestran los docentes son similares. Algunos docentes se dedican a sus estudiantes con ardor pedagógico, otros investigan afanosamente y los menos se empeñan en la extensión, pero hay docentes que no hacen ni una cosa ni la otra. Es admirable observar la abnegada actitud de tantos profesores y empleados, quienes con enorme pasión noble por sus responsabilidades se dedican y esfuerzan por su universidad, cuando saben que a su lado hay otros tantos que no hacen el mayor esfuerzo adicional –y a veces tampoco el mínimo–, pero que al momento de aumentar el sueldo a todos les llegará por igual el incremento.

Cuando hace unas décadas se comenzó a discutir sobre un programa de estímulo al investigador que premiara la productividad real, no el estatus ni la fama, así fuese buena o mal habida, las reacciones en su contra fueron muy fuertes. Y era de esperarse, porque significaba un enfrentamiento a la cultura del igualitarismo. Algunas personas consideraron que el escozor que habría de producir el Programa de Promoción del Investigador (PPI) tenía su fundamento en un hecho individual, pues muchos supuestos investigadores, al verse obligados a exponer sobre la mesa los resultados públicos de su labor, de sus investigaciones, iban a quedar al descubierto, se iban a encontrar en el descampado de su improductividad. Y quizá podía ser así en algunos casos, pero, en nuestro criterio, la raíz de la oposición que suscitaba el programa no se hallaba allí, no era individual, sino colectiva, y se fundaba en la cultura igualitarista que nos afecta a todos y no solo a los que carecen de méritos. También muchos, quienes sí tenían méritos, y en abundancia, se opusieron al programa, pues como tal cultura nos arropa a todos, muchos de los meritorios y productivos investigadores funcionaban con el mismo igualitarismo y no entendían la valiosa fuerza transformadora que podía tener una política de heterologación de beneficios como la que significó el PPI en la comunidad universitaria.

La homologación salarial de los docentes es inequitativa, pues no toma en cuenta los costos de vida, y es injusta, pues no considera los esfuerzos ni los méritos individuales. Por eso, tratar como iguales a estos docentes desiguales se convierte en la práctica en una forma de castigar a quienes hacen un esfuerzo adicional, a quienes son productivos, a quienes tienen mayores costos de vida.

Y las consecuencias de este tipo de política son nefastas pues, en el comportamiento racional, si te van a pagar lo mismo por trabajar poco o mucho, lo sensato socialmente es trabajar poco, ya que al homologar los beneficios, las únicas diferencias posibles la establecen los costos. Y ese es el impacto que tiene en los empleados y profesores y por eso disminuye la productividad y la dedicación efectiva a la vida universitaria.

A pesar de su rostro justiciero, el igualitarismo provoca injusticias y daños institucionales. Afortunadamente para la institución universitaria, abunda la gente generosa, o dicho de otro modo, poco racional –en el sentido económico del comportamiento–. Son profesores y empleados que continúan apasionada y dadivosamente entregados a su trabajo, a sabiendas de que su recompensa y satisfacciones serán íntegramente simbólicas y personales, ya que la homologación no permite cualquier otro tipo de recompensa financiera.

## Tolerancia y pluralismo

La compasión social y la solidaridad que muestra el igualitarismo, ha sido expresado también en las formas múltiples que tiene la tolerancia universitaria. Uno de los aspectos más significativos de la vida universitaria es la incapacidad que tiene la institución de sancionar alguno de sus miembros, sean profesores, estudiantes o empleados. Esto ha sido destacado como un valor resultante del carácter comprensivo, solidario y bondadoso de la cotidianidad laboral, y algo de esto es menester reconocer que tiene. Aunque su verdadero rostro nos parece que se vincula más con los patrones culturales particularistas que favorecen más a las personas singulares que a las entidades abstractas o las normas de la institución. Se quiere el beneficio del estudiante Reinaldo, no el beneficio de los estudiantes en genérico o de la calidad de la educación en abstracto. El igualitarismo empareja a las personas y crea una situación donde, si todos somos iguales, nadie puede sancionar a nadie, ya que «tigre no come tigre».

La vida universitaria, como gran parte de la cultura venezolana, está marcada por una muy valiosa tolerancia, pero mucho de lo que ocurre en la universidad no es producto de la tolerancia, sino de la incapacidad cultural de aplicar sanciones que romperían con la cultura de la igualdad. Expresado en términos más sociológicos, pudiera decir que lo existente es más comparable con la anomia que con la tolerancia, pues en la tolerancia hay leyes y normas que se flexibilizan para reforzarlas, hay una identidad que respeta la alteridad, pero mantiene su ser. La tolerancia no ignora las normas, ni menosprecia al otro; las aplica con flexibilidad y comprensión.

Sin embargo, los estudiantes y profesores universitarios han sufrido por años una gran dosis de intolerancia por parte de algunos grupos políticos que defienden la igualdad, pero no respetan la diferencia ni el pluralismo. En la universidad, estos grupos –mutantes en el tiempo– han amenazado e impedido por la fuerza que muchos profesores o conferencistas invitados pudieran expresar sus puntos de vista, han quemado libros y han procedido a cerrar espacios o tomar por la fuerza las oficinas de las autoridades, porque pensaban distinto a ellos, porque eran desiguales. La fuerza física sustituyó a la fuerza de las ideas y pareciera que aquí también la libertad ha estado sometida a la igualdad. En estos casos no ha prevalecido la tolerancia, sino un igualitarismo que, con rostro fanático, se asume como identidad única y negación del otro. Algunos de ellos, años después, llegaron al gobierno nacional bolivariano y trasladaron a todo el país sus entuertos.

## La universidad y la misión bolivariana

La fuerza del igualitarismo tiene múltiples expresiones y su permanencia o cambio ha creado enfrentamientos en Venezuela. Las sociedades se mueven entre la permanencia y el cambio, pueden reforzar un valor cultural o intentar modificarlo, y aunque suena un tanto paradójico, algunos supuestos cambios en lugar de alterar lo previo, lo que conducen son a reforzar patrones del antiguo comportamiento. Y eso es lo que hemos podido encontrar en la Universidad Bolivariana y en la Misión Ribas.

La Universidad Bolivariana, así como la Misión Ribas, han sido la expresión más evidente de la cultura igualitarista y de la compasión social en Venezuela. El mensaje permanente es el siguiente: estas personas no tuvieron posibilidad de acceder a la educación por las limitaciones materiales que la desigualdad social les impuso, por lo tanto, hay que compensarlas y darles un título de educación media o superior, basado no en los saberes que aprendieron o las destrezas que desarrollaron, sino en su condición social, en su necesidad.

Por supuesto, en las políticas educativas hay una intencionalidad de manipulación política y un fuerte clientelismo que procura ganar lealtades y votos a través de la entrega de títulos de bachillerato o universitarios. Pero, lo que me interesa destacar, no es la bajeza de ese mercantilismo político, sino el fundamento cultural que subyace en esa práctica y que ha sido utilizado por el gobierno para reforzar el igualitarismo y el populismo. Por eso, en estas universidades creadas festinadamente por el gobierno o en los programas educativos paralelos de las misiones, está prácticamente prohibido reprobar a cualquier estudiante. Los profesores que han tenido la osadía de reprobar un estudiante, han recibido serias advertencias de sus superiores. Se les ha acusado de insensibles, «*hay que entender los problemas sociales que han tenido*», arguyen. Además, es necesario darles una y otra oportunidad de reparación, hasta el infinito, es decir, hasta que el sistema se canse y decida aprobar al estudiante que no ha aprendido lo pautado, para quitarse ese fastidio de encima.

El fundamento institucional de la Universidad Bolivariana no significa ninguna revolución, sino el refuerzo de patrones sociales y culturales tradicionales de la sociedad venezolana, muy hábilmente convertidos en mercadería política por el caudillo de turno. Este igualitarismo educativo no ha redundado en beneficios reales para los individuos, ni tampoco en una posibilidad objetiva de superar la desigualdad ni la exclusión.

En el fondo, lo que se ha planteado como dinámica en estas propuestas educativas rápidas y sin evaluación, es lo mismo que los estudiantes sugerían debía ofrecérsele a Reinaldo. Es el premio al estado de necesidad, la Universidad Bolivariana ha sido el reino de los Reinaldos.

### Los riesgos en la vivienda campesina

La situación que hemos descrito con la vida universitaria, se repite en otras dimensiones de la vida social en las cuales se privilegia la necesidad sobre el esfuerzo. Hay muchos de esos ejemplos en las políticas sociales que se han aplicado en el país.

Uno de esos casos lo encontramos en un estudio que hicimos sobre el mejoramiento de la vivienda campesina y el riesgo de contraer la enfermedad de Chagas en el estado Trujillo. Esta enfermedad parasitaria la transmite un pequeño insecto hematófago parecido a una cucaracha, llamado chipo o pito en Venezuela, y es el mismo que nombran vinchuca en Argentina o barbeiro en Brasil. El insecto chupa la sangre de los humanos mientras duermen y, al mismo tiempo, defeca y expulsa los parásitos que entran por la piel y se introducen en la sangre de la persona, infectándola y produciendo la enfermedad. Esta forma de transmisión vectorial se ha combatido aplicando insecticidas en las casas o mejorando su construcción, pues las paredes de bahareque sin frisar y los techos de palma, como los usa el rancho campesino, son lugares ideales para que se escondan los insectos durante el día y puedan salir a picar durante la noche.

La política de control de la enfermedad de Chagas ha usado entonces tanto el mejoramiento como la sustitución de la vivienda campesina como un medio eficiente y sustentable de prevenir la enfermedad, en Venezuela y en otros países de América Latina.

En el estado Trujillo se ejecutó uno de esos programas. En los llanos de Monay, donde se achican las montañas andinas para darle paso al camino que por las tierras planas conducen al lago de Maracaibo, realizamos un estudio social sobre su aplicación. Allí encontré a dos familias que tenían sus casas en vecindad y cuyos dueños eran compadres. Ambos eran agricultores y sus ingresos eran similares, uno tenía su casa arreglada y bonita, y el otro, en completo estado de abandono. Uno era ahorrador y dedicado a su familia; con lo que le sobraba de la venta de sus cosechas había comprado cemento para frisar las paredes y había cambiado el techo de palma por unas láminas de zinc. El otro campesino no había cambiado nada, la tenía como cuando la construyó, y sus ganancias las disfrutaba con su familia, o entre las apuestas de la gallera y el entusiasmo por el anís.

Cuando llegó el equipo del ministerio de salud encargado de ejecutar el programa de vivienda a realizar la encuesta sobre las condiciones sanitarias, se encontró con dos viviendas completamente distintas: en una podía vivir el vector, el peligroso chipo, y transmitir la enfermedad; en la otra no. Desde el punto de vista epidemiológico no había dudas, si se quería prevenir la enfermedad había que eliminar la casa descuidada y con techo de hojas de palma y paredes sin frisar, y dejar tranquila la casa vecina cuyo propietario había mejorado y cuidado, pues allí ni podía introducirse el vector ni transmitir la incurable enfermedad. Y así fue. A las pocas semanas llegaron unas cuadrillas de obreros y camiones plenos de materiales de construcción, quienes, en poco tiempo, le construyeron la nueva vivienda al campesino que tenía su casa en mal estado y que nunca le había invertido ni esfuerzo ni dinero.

A su lado el otro campesino, su vecino y compadre, veía con sorpresa como todo su esfuerzo y dedicación por tener una buena vivienda había sido su error, su castigo. Si hubiese tenido su casa abandonada, si se hubiese ido de farra con la cosecha, nos decía en la entrevista, el gobierno le hubiera construido una casa nueva, como se la habían edificado a su compadre.

Las razones que sustentaron la decisión eran todas válidas desde el punto de vista médico, tanto en lo entomológico –la posibilidad de que la vivienda fuera colonizada por el insecto–, como en lo epidemiológico –el riesgo de contraer la enfermedad–. Ahora bien, desde la perspectiva de construcción de una sociedad sana el mensaje que se da con este tipo de política es terriblemente dañino: si te esfuerzas y te ocupas de ti y de tu familia serás castigado. Al contrario, si te abandonas y no te esfuerzas, si permaneces en necesidad, serás premiado por el gobierno.

Lo que actúa como sustento, el telón de fondo de la política, es la orientación social que privilegia el estado de necesidad. Uno de los compadres tenía necesidad, el otro no. Y eso es lo que se toma en cuenta, sin considerar los otros efectos perversos, ni los otros riesgos sociales que esa decisión puede acarrear.

## Los controles del alquiler de la vivienda urbana

En las grandes ciudades ha ocurrido algo similar con la dotación de viviendas urbanas. Luego de varios desastres naturales, tormentas y copiosas lluvias que cayeron en el país, se produjeron en varias oportunidades inundaciones que anegaron las casas en las zonas planas o produjeron deslizamientos de tierras que fragilizaron o derrumbaron las viviendas construidas en las montañas. La respuesta oficial fue acoger a los damnificados en resguardos temporales construidos en estructuras provisorias o en edificios abandonados, escuelas, oficinas públicas o instalaciones diversas, tales como el hipódromo de la ciudad de Caracas. Pasadas varias semanas y disipado el riesgo inminente, muchas familias cuyas casas no habían sido completamente inutilizadas o destruidas, optaron por regresar a sus hogares para reparar los daños y reiniciar la vida. Otras familias, por el contrario, prefirieron quedarse en los «refugios» de damnificados, apostando a que les regalasen uno de los apartamentos que habían sido construidos por el gobierno. La razón de esta escogencia que podía dejarlos incómodos por mucho tiempo, meses o años, era que si ellos hacían el esfuerzo y buscaban cómo reparar o construirse otra casita, o inclusive alquilar una vivienda por ellos mismos, se quedaban fuera del programa, porque ya no tenían necesidad.

Las políticas de alquiler de vivienda han sido por décadas la expresión de este mismo razonamiento que castiga el esfuerzo y privilegia la necesidad. La Ley para la Regularización y Control del Arrendamiento de Viviendas que aprobó la Asamblea Nacional en el año 2011 llevó esos mismos principios al extremo. Todos los beneficios que se le dan al inquilino, y que incluso le permiten permanecer en la vivienda varios años después que haya dejado de pagar el canon de arrendamiento que se había comprometido a pagar, se sustentan en la idea de necesidad. Y, lo más interesante, es que los argumentos que debe utilizar el propietario para solicitar un desalojo son de la misma naturaleza: según el artículo 91 el propietario debe argumentar y demostrar la «necesidad justificada» que tiene de la vivienda para él mismo o para su familia directa en segundo grado.

Y es el mismo tipo de argumento que utilizan las personas cuando le van a cobrar un dinero que le han prestado a un familiar o amigo. El cobrador no dice *«págame el dinero que me debes, pues te comprometiste a devolvérmelo»*. No, ese argumento es socialmente inaceptable. El humilde argumento que debe utilizar el cobrador es: *«familia, amigo, panita, págame el dinero que me debes, pues lo necesito...»*.

Estas políticas de la necesidad, aunque utilizan para su sustento un argumento genérico de grupo social o de clase, en la realidad se concentran en individuos, en personas específicas. Se trata de evitar el desalojo de tal o cual familia, de Juanita o Domitila. Se trata de proteger a inquilinos singulares, pero la consecuencia que ha tenido este tipo de medidas y políticas es provocar un daño a los inquilinos en general, en abstracto. El inquilinato formal casi ha desaparecido en Venezuela, o se realiza en unas condiciones extremadamente personales, complejas y costosas.

Estos argumentos particularistas y basados en la necesidad no se corresponden, más bien son contrarios a las reglas que rigen la vida racional que formula la modernidad, basada en reglas universales y abstractas. En la práctica el particularismo remite a la igualdad de la necesidad, no del cumplimiento de las obligaciones legales o contractuales.

## Conclusiones

La política democrática debe procurar corregir las desigualdades que puedan significar diferencias injustas y evitables en la igualdad de oportunidades en el estudio, el salario o la vivienda. Es decir, debe forzar las condiciones para que las diferencias en el acceso y en el rendimiento de los estudiantes sean producto del esfuerzo, la dedicación y quizá de la inteligencia de las personas, y no de factores externos e impropios como serían la carencia de dinero para pagar la matrícula, la falta de alimentación o de libros. Que las diferencias de los salarios sean el resultado de la desigual dedicación y rendimiento, o de los diferentes costos de vida del lugar donde debe ejercerse el trabajo. Que la diferencia en el acceso a la vivienda sea el resultado del esfuerzo y la dedicación de las personas, no de segregaciones producto de su color de piel, religión o partido político. Pero para alcanzar eso, el principio social que debe regir las políticas no es la búsqueda de la igualdad, sino de la equidad.

Por eso es relevante la pregunta que hace Amartya Sen (1992) en su libro de la desigualdad: ¿desigualdad de qué? Una mejor sociedad no presupone la igualdad absoluta entre las personas, sino que es un sistema que abre las posibilidades para alcanzarla. La democracia es el sistema que permite corregir en libertad, y con mucho esfuerzo, las desigualdades existentes entre las personas. No se trata de presumir la igualdad entre las personas, sino asumirlas como desiguales en sus condiciones sociales de origen –unos tendrán recursos y otros no– y que serán también desiguales en los resultados –unos se graduarán y otros no–, pero que las razones que determinen esos resultados no sean las condiciones de origen, sino los desiguales esfuerzos, dedicación y capacidades que cada quien muestre durante sus estudios.

Una política universitaria basada en la equidad debe hacer que la universidad pueda ser más gratuita todavía, pues no solo es que no le cobre a quien lo necesita, sino que le ayude a financiar los otros múltiples gastos que involucran los estudios y le otorgue más y mejores becas para quien no tiene recursos. Debe mejorar la calidad de los comedores universitarios, tenerlos abiertos más tarde en la noche y ofrecerlos durante los fines de semana. Debe pagarles mejor a sus profesores de acuerdo a los costos de vida del lugar donde le toca trabajar y a su rendimiento y dedicación. Una gran política democrática en la universidad es tener mejor dotadas y más tiempo abiertas las bibliotecas, pues así todos tendrán acceso y no solo los que puedan comprarlos o pagar su fotocopiado.

Lo que sucede es que en nuestra manera de interpretar la democracia universitaria la igualdad ha sido el valor dominante, y esa cultura igualitarista ha impedido revisar con cordura los planes de cambio necesarios para la institución. Quizá lo que debe hacerse con la matrícula, el comedor, los sueldos o la biblioteca ha de ser algo distinto, no lo sé, no soy un especialista en ninguno de esos campos. Lo que me ha parecido importante destacar aquí no es un análisis técnico o financiero de cualquiera de esas propuestas, sino subrayar, desde una perspectiva sociológica, el papel del igualitarismo que como valor cultural existe entre nosotros e interviene silenciosa pero eficientemente torpedeando cualquier manera novedosa de abordar los problemas que implique diferencias y desigualdades. Ese igualitarismo se presenta como una medida de la democracia, cuando en realidad representa una fuente de injusticia individual y perversión institucional.

Esa cultura que nos convirtió en un «país de iguales», como decía Siso, o quizá sería mejor decir un país de «igualados», puede que tenga sus orígenes en las tradiciones indígenas, o en la forma como ocurrieron la colonización y el mestizaje, o en la influencia de la Revolución francesa en el pensamiento de la Independencia y en la cultura política posterior, sin embargo, es el carácter rentista que se desarrolla en la sociedad a partir de la exportación masiva de hidrocarburos lo que contribuye a construir esa representación de la vida social y de la relación esfuerzo-logro en los individuos (Briceño-León, 1992).

El igualitarismo es un patrón cultural que ha podido sobrevivir por esa terca persistencia que tienen los procesos culturales, pero el rentismo y el populismo que privilegia el estado de necesidad lo ha convertido en una fuerza invisible, más poderosa y difícil de combatir. El igualitarismo ha moldeado la modernidad para hacerla mestiza.

**Referencias**

ALBORNOZ, O. *La universidad que queremos.* Caracas, Ediciones de la Biblioteca de la Universidad Central, 1991.

_____. *Latin American University, Facing the 21$^{st}$ Century.* New Delhi, Wiley Eastern Limited, 1994a.

_____. *Venezuela Higher Education in the Nineties.* New Delhi, Wiley Eastern Limited, 1994b.

_____. *Academic Populism. Higher Education Policies Under State Control. Vols. I y II.* Caracas, Facultad de Ciencias Económicas y Sociales, Universidad Central de Venezuela, 2005.

_____. *La universidad latinoamericana entre Davos y Porto Alegre: error de origen, error de proceso.* Caracas, Los Libros de El Nacional, 2006.

_____. *La universidad ¿reforma o experimento? El discurso académico contemporáneo según las perspectivas de los organismos internacionales: los aprendizajes para la universidad venezolana y latinoamericana.* Caracas, Iesalc-Unesco, 2013.

BADER, J.-M. «Crise a l'Institute Pasteur: le directeur géneral s'en va», *Le Figaro* (Paris), 28 Juin, 2005, p. 12.

BAPTISTA, A. *Teoría económica del capitalismo rentístico.* Caracas, IESA, 1997.

_____. *El relevo del capitalismo rentístico: hacia un nuevo balance del poder.* Caracas, Fundación Polar, 2004.

BENKIMOUN, P. «Phillippe Kourilsky abandonne la direction de l'Institute Pasteur», *Le Monde* (Paris), 28 Juin, 2005, p. 9.

BRICEÑO-LEÓN, R. «Quien roba reparte: la corrupción como forma perversa de inclusión social», en M. Ramírez Ribes (comp.), *¿Cabemos todos? Los desafíos de la inclusión*. Caracas, El Club de Roma, 2004, pp. 329-340.

_____. *Los efectos perversos del petróleo: renta petrolera y cambio social*. Caracas, Fondo Editorial Acta Científica Venezolana / Consorcio de Ediciones Capriles, 1991.

_____. *Venezuela: clases sociales e individuos*. Caracas, Fondo Editorial Acta Científica Venezolana / Consorcio de Ediciones Capriles, 1992.

FUENMAYOR, L. *Universidad, poder y cambio*. Caracas, Fundapriu, Fapuv y Secretaría de la UCV, 1995.

GARCÍA GUADILLA, C. *Tensiones y transiciones. Educación superior latinoamericana en los albores del tercer milenio*. Caracas, Cendes / Nueva Sociedad, 2005.

_____. *Educación superior comparada. El protagonismo de la internacionalización*. Caracas, Iesalc-Unesco / Cendes / Bid&Co., 2010.

PARSONS, T. *The Social System*. New Cork, The Free Press of Glencoe, 1971.

PICÓN SALAS, M. *Suma de Venezuela*. Caracas, Monte Ávila, 1988.

SEN, A. *Inequality Rexamined*. Cambridge, Harvard University Press, 1992.

# II. Clase y raza en la modernidad

## Distintos e iguales

LA SOCIEDAD ESTÁ FORMADA por individuos que son iguales y distintos. Iguales en su humanidad, pero diferentes en las múltiples formas que las sociedades conciben para agrupar, incluir y excluir a las personas por algunos de sus rasgos, cualidades o lugares que ocupan en la vida social.

En la llanura venezolana, los trovadores del campo han encontrado unas fórmulas sencillas para expresar sus metáforas haciendo alusión a la naturaleza para referirse a las diferencias en sociedad. En unos versos de larga tradición, los cantores y poetas se refieren a la división social comparándola con las maderas que se utilizan para cocinar las carnes o calentar el agua para el café madrugador: dicen:

Hasta los palos del monte
tienen su separación.
Unos nacen para leña
y otros para hacer carbón.

En otra versión más antigua del mismo canto, citada por J. E. Machado en su recopilación de comienzos del siglo pasado (1922: 19), la tonada cambia en uno de los versos y la división se muta y pasa de lo funcional doméstico a lo sagrado, y aunque la referencia es más fuerte, continúa siendo funcional y tranquila, se

149

acepta y se naturaliza la división social de los destinos. El trovador exclama:

Hasta los palos del monte
tienen su separación;
unos sirven para santos,
y otros para hacer carbón.

En el pensamiento académico venezolano, se han visto también de distintas maneras esas divisiones sociales a lo largo del tiempo. Los modos de ser diferentes han cambiado como resultado de las transformaciones objetivas y materiales que han ocurrido en la sociedad, pero, también, por la manera cómo la sociedad ha interpretado esas diferencias. Los venezolanos, o los habitantes de ese territorio llamado Venezuela, constituyen una entidad global que para efectos de las prácticas sociales y del análisis es fragmentada y parcelada por el sexo, color de piel, lugar de nacimiento, religión, ocupación, educación, posesiones, poder, prestigio... De todas las formas posibles, a lo largo de dos siglos de historia republicana, el pensamiento venezolano ha privilegiado algunas modalidades de agrupación. La raza, la casta, la clase y el estrato son las formas que pensadores, escribanos, ensayistas y científicos han usado para describir como distintos a quienes son iguales.

**La división social**

Las categorías de raza, casta, clase y estrato son todas unas formas taxonómicas de clasificar la especie humana en sociedad. La diferencia fundamental entre una y otra categoría radica en su mutabilidad o inmutabilidad, es decir, en la posibilidad que tienen las personas de cambiar de un lugar a otro, de una calificación a otra; siendo la raza la cualidad inmutable y el estrato lo más cambiante.

Una persona que nació blanca o negra no puede dejar de serlo, a pesar de los muchos esfuerzos cosméticos de la ciencia aplicada a la estética en el mundo contemporáneo. Por lo tanto, la clasificación por el color de piel es la más poderosa que pueda existir, pues nunca se abandona tal condición. La casta es una clasificación social igualmente adscrita a los individuos, pero no necesariamente a su condición corporal, sino a su lugar de nacimiento, su oficio, religión o su idioma. La diferencia entre «peninsulares» y «criollos» en Venezuela colonial no se fundaba en la raza, sino en los privilegios derivados del lugar de nacimiento y de una suerte de «patria», en el sentido latino de la expresión, que luego llamaremos nacionalidad, a raíz del surgimiento de los Estados en el mundo moderno.

La categoría de clase ya no se encuentra ligada a los individuos, sino a su posición en la estructura social y por lo tanto es mutante, pues los lugares son intercambiables. La forma más difundida de la visión de las clases tiene su origen en la teoría marxista de la propiedad o posesión de los medios de producción, y las clases son entonces categorías económicas que no se refieren a las personas, sino a las condiciones que puedan caracterizar a los actores sociales. Por eso aunque los individuos puedan rellenar esas categorías de clase las personas son mutantes, pues pueden dejar de ser propietarios o proletarios, y este es un rasgo típico del capitalismo y de la sociedad llamada moderna. Una parte importante de los escritos sobre la estructura social venezolana ha estado marcada por la tradición marxista, pues el concepto de clase social es la piedra angular de dicha teoría, como una forma de explicar la historia y una propuesta política de cambio social.

Otra forma de pensar las clases sociales se relaciona con los múltiples estilos de vida que pueden llevar los individuos en la sociedad contemporánea, donde se desvanecen las adscripciones personales y son las posesiones, los hábitos o los consumos los que marcan las diferencias. La teoría sociológica contemporánea los llamó estratos y son el resultado de una combinación de factores: ingresos, educación, consumo de bienes materiales o culturales, con los cuales se construye una taxonomía donde grupos sociales o «*clusters*» forman la sociedad. Esta taxonomía es comúnmente presentada como una tópica donde hay un arriba y un abajo y, por supuesto, algo también en el medio.

El pensamiento venezolano ha hecho uso de esas categorías a lo largo de los años y es posible decir que todos esos componentes –color de piel, nacionalidad, propiedad–, se han combinado a lo largo de la historia y hoy todavía forman parte de la vida social. Aunque los pesos que a cada factor se le asignen sean distintos y las maneras de usarlos hayan sido diferentes, dependerán de la corriente teórica que asume cada autor y que cada texto deje traslucir. Uno puede encontrar, entre las líneas, reminiscencias de los textos de la «Declaración de los Derechos del Hombre», del pensamiento liberal inglés, del marxismo y el leninismo o de la teoría weberiana de los estratos sociales.

Un aspecto muy importante en el uso que se da a las categorías de clasificación social, así como en su modo de entenderlas y aplicarlas para la división social, tiene que ver con la interpretación que se ha hecho de la sociedad venezolana como un todo: ¿era la sociedad colonial esclavista, feudalista o capitalista? Si la respuesta fuese única y se afirmase, por ejemplo, solo esclavista o feudalista, las categorías sociales deberían corresponder a uno u otro tipo de formación social. Pero sucede que la conquista de América, el proceso de constitución de lo que Carrera Damas (1986) llama la «sociedad implantada», la emprendió una España feudal que comerciaba y guerreaba en una Europa donde se estaba gestando el surgimiento del capitalismo y usó en su proceso de explotación colonial formas esclavistas de trabajo. Entonces, no es posible trabajar las categorías sociales con la pureza que quisieran algunos autores, más empeñados en ser leales a la teoría que en interpretar adecuadamente nuestra híbrida realidad social.

Buena parte del pensamiento social venezolano pretende responder o dialogar con esa complejidad. Irazábal (1961), sostenía que Venezuela era esclava y feudal; mismo nombre por cierto que el de su libro. Acosta Saignes (1978), por su lado, afirmaba que era esclavista y pretendió con esto refutar la tesis de Sergio Bagú (1992), quien sostenía que en América ya existía capitalismo para ese entonces. Troconis de Veracochea (1970), demuestra cómo los esclavos podían ejercer trabajo libre y acumular, y por lo tanto eran distintos a los sometidos al modelo clásico de la esclavitud. Y si los pardos de la época colonial pudieron comprar privilegios y títulos nobiliarios ante la corona española, a través de la famosa real cédula de «Gracias al Sacar», lo hacían porque habían acumulado suficiente riqueza en un sistema mixto que permitía ciertas libertades económicas.

## Las primeras clasificaciones sociales

Las primeras clasificaciones sociales las podemos encontrar en los censos de Humboldt y de Codazzi, pues luego de sumar el total de la población se ven en la obligación de discriminarlos por las categorías sociales utilizadas en la sociedad de su tiempo. Humboldt (1807) dice que a comienzos del siglo XIX, la población de «*este país, que la corona española designa con los nombres de capitanía general de Caracas o de provincias de Venezuela... tiene un millón de habitantes, de los cuales 60 000 son esclavos*» (II: 297). Luego, al referirse a Caracas, dice que tiene unos 45 000 habitantes, de los cuales unos 12 000 son blancos y 27 000 pardos libres (II: 311). En el texto detalla los «indígenas cobrizos» y los manumisos o negros libres. En otro texto Humboldt (1811) se refiere a «*blancos nacidos en Europa, blancos hispanoamericanos, castas mixtas o gente de color, esclavos negros e indios puros de raza*». Como puede observarse, Humboldt utiliza tres criterios en su clasificación: uno es racial y dos de tipo jurídico. Con el racial se refiere a los rasgos corporales de las personas, son blancos, pardos, indios, negros. Con lo jurídico se refiere por un lado a la autonomía del sujeto, ya que estos podían ser esclavos o libres. Utiliza también una categoría de transición o mutación entre las dos condiciones, como eran los manumisos, quienes habían sido esclavos y no lo eran más, pero es interesante que el estigma de la esclavitud permanecía, pues a pesar de ser ya «libres» no se les clasificaba como tales. El otro criterio jurídico venía dado por los derechos que otorgaba su lugar de nacimiento, la idea de la «patria» que los distinguía en hispanoamericanos o extranjeros.

La segunda clasificación que podemos encontrar está en el *Atlas físico y político de la República de Venezuela*, de A. Codazzi, quien para 1839 describía que habían «*indios independientes, indios civilizados, indios sometidos, negros esclavos, blancos hispanoamericanos y extranjeros*», y por último «*individuos de razas mixtas*», en cuya categoría coloca casi la mitad de la población (414 151 de 945 344 habitantes) de Venezuela. Codazzi repite la taxonomía de Humboldt de raza, patria y autonomía del sujeto, pero añade una adicional de tipo cultural y de dominación referida a los indios, pues los divide en un gradiente que va de los *independientes*, quienes debían estar aislados del resto de la sociedad; los *sometidos*, quienes habían perdido su autonomía, no eran libres, pero tampoco habían adquirido la cultura del colonizador, su lengua y su modo de vida, como sí lo había hecho el tercer grupo que llama *civilizado*.

Es interesante destacar cómo, a pesar de esa gran variedad social que existía en su tiempo, y que reflejan muy bien tanto Humboldt como Codazzi, en la Proclama de F. de Miranda (1801) no aparecen sino dos grupos sociales. Miranda construye un sujeto de derecho, un nosotros que describe como «*nativos de América o como conquistadores, como indios o como españoles*», pero no menciona a los negros ni esclavos y los excluye como sujetos de derecho, pues para la constitución de la «patria» que proclamaba, los derechos que podían invocarse eran de los nativos o de los conquistadores, no de los esclavos.

El discurso de S. Bolívar ante el Congreso de Angostura (1819) tiene un tono diferente, pues hace una exaltación del mestizaje como un modo de ser que le permite luego justificar la singularidad que han de tener las leyes y la política: «*es imposible asignar con propiedad a qué familia humana pertenecemos. La mayor parte del indígena se ha aniquilado, el Europeo se ha mezclado con el Americano y con el Africano, y este se ha mezclado con el Indio y con el Europeo*» (1819, III: 682). Es interesante subrayar que en ese texto si bien Bolívar destaca que «*todos difieren visiblemente en la epidermis*», utiliza en la calificación los orígenes geográficos y omite la mención tanto de las caracterizaciones raciales y étnicas como de libertad individual, pues lo que quiere privilegiar es el suelo, la patria, para poder construir un nosotros político.

El estudio más completo que sobre la organización social se realizó en el siglo XIX, fue llevado a cabo por Rafael María Baralt quien, en 1850, escribió un texto donde se dedica a describir la población venezolana de la Colonia, y hasta los años previos a la Independencia dice que «*era tan heterogénea como sus leyes. Hallábase* (sic) *dividida en clases distintas, no por meros accidentes, sino por el alto valladar de las leyes y de las costumbres. Había españoles, criollos, gentes de color libres, esclavos e indios*» (Baralt, 1850: 47). Baralt repite los criterios de raza, patria y autonomía individual. Lo singular es que la condición jurídica la refiere para las gentes de «color», quienes pueden ser libres o esclavos.

Por ese mismo tiempo Cecilio Acosta (1847) escribió un texto en el cual criticaba el uso del término «pueblo», con el que afirmaba algunos individuos habían promovido «*planes negros e inicuos*», pues con su utilización «*quieren tomar tu nombre para engalanarse con él, embaucar con él*». Acosta muestra otra forma de clasificación dual que contrapone un sector poderoso, que puede considerarse el grupo élite, dirigente o privilegiado, con otro sector llamado «pueblo». Esta dualidad es construida como la contraposición entre «*Oligarquía*» y «*Pueblo*», o también como «*Élite*» y «*Masa*». Es la misma distinción que critica C. Irazábal cuando se refiere a la distinción entre «*Élite*» y «*Pueblo bajo*» (1961: 51). De este modo el «pueblo» no es entonces la totalidad de la población de sociedad, sino una parte, que tiene algunas características (mano de obra, pobreza, poca cultura) y que si bien puede ser mayoritaria en términos demográficos, no es el «todo» de la sociedad, pues hay otros sectores sociales que también merecen ser considerados pueblo. Esta categoría, que es una construcción de estrato, se ha usado desde el siglo XIX como mecanismo de discriminación social inversa, es decir, hacia los grupos minoritarios o las élites cultas, y de allí la respuesta airada de Cecilio Acosta y su defensa de otro sector social como el «verdadero pueblo de Venezuela».

### La sociedad colonial

Los estudios sobre los grupos sociales que integraban la sociedad colonial fueron retomados por varios autores hacia fines del siglo XIX y comienzos del siglo XX, en particular por J. Gil Fortoul y P. M. Arcaya, quienes trabajaron con las concepciones que dominaban la discusión en los inicios de la sociología. Gil Fortoul, quien fue miembro del Institute International de Sociologie y publicó sus trabajos en la *Revue Internacionale de Sociologie*, la primera y más importante revista de sociología de ese tiempo, tenía una concepción de la relación sociedad-naturaleza muy propia de su época y que derivó luego en lo que se llamó corriente de «ecología social» de la Escuela de Sociología de la Universidad de Chicago. Esta perspectiva toma en cuenta las condiciones de la naturaleza para su explicación de los fenómenos sociales y por ello ha sido criticada de una manera un tanto injusta como «determinismo geográfico» por una interpretación hipersocial de los hechos históricos que ignora las bases materiales de la vida humana (Briceño-León, 1987; Wrong, 1961).

156

Gil Fortoul hace un elogio de la raza en su texto sobre «El hombre y su tiempo» (1896) y plantea los grupos sociales de la Colonia; posteriormente afina esa visión en una perspectiva menos vinculada a la naturaleza y más a los procesos políticos, y en el primer tomo de su *Historial constitucional de Venezuela*, publicado en 1907, define más claramente las castas y las agrupa en tres grupos a los cuales les asigna pesos demográficos distintos: «*blancos peninsulares*» que dice son 12 000, los «*criollos*», que calcula en 200 000, y la «*gente de color*», que estima en 406 000. Inmediatamente después los describe y divide, estos últimos en *indios, negros y pardos* (1907, I: 110-111). Esta clasificación tiene un fuerte componente racial, pero para Gil Fortoul los criollos, aunque pudieran ser blancos, eran también mestizos y considera a este grupo de una manera más amplia como una casta: «*la casta mestiza que desde la independencia tiene en su mano la suerte de la nación venezolana*» (1907, I: 95). Es decir combina los criterios de patria y raza.

P. M. Arcaya escribió en 1908 un estudio sobre «Las clases sociales en la colonia», donde analiza los distintos grupos sociales y muy en particular los blancos, de quienes afirma heredaron las diferencias entre *nobles, hidalgos y plebeyos* de España. Esa previa división social proveniente del reino de España se expresa luego en el surgimiento de los «*mantuanos*» como sustitutos de los nobles. Introduce algunas categorías como «*ricos-hombres*», las «*capellanías*», pero que en definitiva considera que no había casi diferencias entre los blancos, pues ninguno era verdaderamente rico en una sociedad colectivamente pobre. Algunos conceptos resultan novedosos en su trabajo; el primero es que afirma que los mantuanos eran «*burguesía*» y que no puede afirmarse que los conflictos que existieron fueran «*lucha de clases*», pues no eran enfrentamiento de colectividades, sino de individualidades. Dos años después, en su Discurso de recepción en la Academia Nacional de la Historia en 1910, analiza los grupos sociales en Coro para poder explicar la «insurrección de los negros»; allí procura separarse de las distinciones formales que diferenciaban a los grupos sociales de la Colonia y darle una interpretación más social y menos racial, que pretendía captar la singularidad de la realidad social venezolana. Los blancos, dice, «*más que un indicativo de raza puramente de este color era una calificación legal que abarcaba, así a los individuos de casta europea, como a los mestizos*» (1910: 179), y cuando describe a los esclavos refiere como estos «*tenían sus propios conucos y siembras y que sus obligaciones para con sus amos se habían convertido en una especie de impuesto al trabajo*» (1910: 182) y los diferencia de los «*colonos libres*», quienes trabajan para sí mismos sin pagar impuestos a los amos.

Este es un punto muy interesante pues Arcaya considera que «*la esclavitud en esos lugares se transformó de hecho en una especie de servidumbre de la gleba*», con lo cual estaríamos hablando de una sociedad feudal y no esclavista (1910: 171). Sin embargo se mantenía la diferencia entre los esclavos y los «colonos libres», y atribuye a este hecho los conflictos generados por los esclavos quienes se negaban a aceptar esa distinción.

El texto de E. de Veracochea apunta que había un tipo de trabajo propio que los esclavos «*efectuaban en sus horas libres con el consentimiento de sus dueños*» (1970: 670), como un elemento importante para comprender las clases sociales y entender de una manera distinta la estructura social de la Colonia, pues adicional al trabajo esclavo o servil se encontraban formas de trabajo libre que apuntaban a una formación social distinta e incipientemente capitalista. Sin embargo, en esa polémica, Acosta Saignes (1978) se apega a la conceptualización del marxismo soviético y sostiene que el régimen debe considerarse esclavista. M. A. Rodríguez (1992) utiliza una diferencia entre «*pardos esclavos*» y «*pardos libres*», y se refiere a este grupo social como dedicado a oficios manuales (que se llamaban «mecánicos» en ese tiempo): eran artesanos urbanos que podían representar el origen de una «*clase media*» de ese tiempo. Y como una tópica, en un modo gráfico se puede entender así, pues Sosa Cárdenas se refiere a la composición social como una «pirámide» y considera que «debajo de los blancos estaban los hombres libres», y entre ellos estaban los pardos libres que era «el término con el que se englobaba a cualquier mezcla, producto del blanco, indio y negro; y los esclavos libertos o manumisos» (Sosa Cárdenas, 2010: 25).

I. Leal utiliza una metáfora geométrica de la estructura social y la llama el «*triángulo social*» colocando en el plano superior a los mantuanos, y habla de «*aristocracia criolla*» y de «*aristocrática burguesía criolla*». Leal destaca como era común que los blancos que se dedicaban al servicio doméstico eran cambiados en su condición racial y considerados como «*gente de color*» (1961: 65). Esta relación entre el estrato social y la raza es una reminiscencia de la división social tradicional y esclavista que se ha mantenido en la sociedad, por eso, en el caso citado por Leal, la servidumbre del oficio doméstico oscurece la piel, mientras que en otros casos, a la inversa, la riqueza la blanquea.

F. Brito Figueroa publicó en la *Revista de Historia* (1961) una serie de artículos sobre la «estructura social y demográfica de la colonia» que luego recogerá, con algunos cambios, en su libro sobre *Historia económica y social de Venezuela* (1966). En ese texto, formula lo que él considera la «*estratificación étnico-social de la Colonia*». Brito intenta con esa clasificación resolver el conflicto que se encontraba con la aplicación de las categorías marxistas, pues dice que la «*explicación de la estructura de clase se dificulta porque la diferenciación económica, basada en el monopolio de la riqueza social por un grupo y la condición de explotados por otros, se entrelaza con el estatus jurídico y elementos étnicos*» (1966: 159). Brito Figueroa formula entonces una clasificación en tres grandes grupos que luego subdivide: el primero son *los blancos* que dice representaban el 20,3 % de la población y a los cuales divide en dos grupos, los «*peninsulares y canarios*» (lo cual es singular, pues tenían condiciones sociales y de oficio muy distintas) y *los blancos criollos*. El segundo son *los pardos y negros* quienes constituyen la mayoría de la población, el 61,3 %. En este grupo, a los negros los subdivide a su vez en tres categorías: «*negros libres y manumisos, esclavos y cimarrones*». Y, finalmente, el tercer grupo eran *los indios*, quienes eran un 18,4 %, es decir un quinto de la población, y a los cuales clasifica en tres grupos: *tributarios, no tributarios e indígena marginal* (1966: 160-174).

Brito Figueroa introduce además otros dos grupos sociales que llama *mercaderes y comerciantes* que resultan bien interesantes en su descripción, pues representan el conflicto que permanecerá en la sociedad venezolana, entre los *productores y exportadores de bienes* y los *comerciantes importadores* (1961: 89-91).

Esta clasificación y el uso del concepto *categoría* son criticados por Acosta Saignes quien, apelando a la ortodoxia del «materialismo histórico», considera que las clases sociales de la Colonia no podían interpretarse con criterios étnicos, sino con el sentido estricto de «clase» y por lo tanto sostiene que, para fines de la Colonia, existían «*dos clases polares: propietarios de tierras y clases de esclavos*» (1978: 234). Esta tendencia a describir la sociedad con dos clases fundamentales y antagónicas, amo/esclavo, señor/siervo, burguesía/proletariado, se mantuvo en el pensamiento social marxista en el país, perdiendo, en este afán de ortodoxia, la variedad, multiplicidad y sutilezas que ha ofrecido la división social.

Una de esas importantes sutilezas del pensamiento social venezolano lo representa la categoría «*blancos de orilla*» que introduce Vallenilla Lanz (1920: 54-55) a partir de un texto colonial que describía la ubicación en la geografía urbana de un sector social compuesto por individuos blancos –canarios muchos–, que no tenían fortuna y se dedicaban a los oficios manuales o comercios menores. Estas personas vivían en las «orillas» de la ciudad, las cuales eran, como su nombre lo indica, las zonas más distantes del centro urbano de comercio y poder. Las orillas representaban el modo tradicional como crecía la ciudad, la cual se iba agrandando con el añadido de cuadra tras cuadra al damero tradicional que se había diseñado y se cumplió en toda la América hispana con la aplicación de las ordenanzas urbanas de Felipe II. Este concepto de «blancos de orilla» es interesante desde el punto de vista sociológico, pues combina el color de piel, el tipo de trabajo y propiedad y la ubicación territorial en un esfuerzo por captar la diversidad de la estructura social colonial.

Los escritos sobre clases o castas sociales en la Colonia se dedican con interés a estudiar la movilidad o el cerramiento de las clases sociales, pues eso permite entender la dinámica de la estructura social y no solo su descripción estática. El cerramiento social, la *soziale Schließung* que llamó Max Weber (1922), en tanto mecanismo de exclusión que usan los grupos sociales para mantener ciertos privilegios, era muy importante en la sociedad colonial; de allí el interés por conocer los mecanismos que eran usados para conservar las identidades que permitían el acceso a las prerrogativas de ese grupo social.

La «pureza» era un criterio de mucha relevancia en la definición social y de allí su relevancia en los «juicios sobre limpieza de sangre» de ese tiempo. Por estos procesos judiciales las personas se dedicaban a probar la «pureza» de su sangre bien sea para conservar o para cambiar de casta social. Es importante destacar que, a pesar de su nombre, no se trataba de un evento exclusivamente racial, sino de casta, de pertenencia a un grupo social con pureza religiosa, de oficio o de conducta social. En el juicio, no solo debía demostrarse que no se tenía sangre negra, sino tampoco de «moros o judíos»; que ninguno de sus antepasados había ejercido oficios «viles ni mecánicos»; y que no habían sido penados por un tribunal o la inquisición (Gil Fortoul, 1907: 1, 109).

Estos mismos rasgos nos sirven para entender los valores de esa sociedad y los mecanismos de inclusión y exclusión de los cerramientos sociales que definen los grupos sociales. Esa sociedad colonial era racista, sectaria religiosamente y despreciaba el trabajo. Por eso, era motivo de vergüenza, era un estigma que manchaba, tener dentro de sus ancestros alguno que tuviese esos rasgos, sangre de otra raza que no fuese la blanca, de otra religión monoteísta o que hubiese tenido que trabajar para poder subsistir. Para poder romper con las barreras del cerramiento, era necesario entonces mostrar la ausencia de cualquiera de estas impurezas y no solo en el presente, sino también en su pasado familiar, pues la impureza se heredaba.

Para ejemplificar ese cerramiento social y los conflictos de la sociedad colonial, Vallenilla Lanz (1920: 52-53) y Gil Fortoul destacan el juicio que llevó Sebastián Miranda, el padre de Francisco de Miranda ante la Corona en contra de una decisión del Ayuntamiento que le impedía usar el bastón y el uniforme militar, pues eran privilegios que estaban reservados a una casta y que se le negaban a él porque no era considerado «puro de sangre». Este suceso permite entender la dinámica social de exclusión que tenían las castas y los mecanismos de control del acceso a los privilegios simbólicos. Por disposición de las Leyes de Indias, «las mulatas y las negras libres o esclavas no podían llevar oro o seda, ni mantos ni perlas» (Sosa Cárdenas, 2010: 29).

Un ejemplo contrario, de inclusión y movilidad social, lo representa la real cédula de «Gracias al Sacar» de 1795, que permitía el cambio de estatus social (dispensa de la condición de pardo) y la posibilidad de acceder a los privilegios (uso de vestimenta o prendas) y honores (formas de titulación, como ser tratado como «don») reservados a una casta –los criollos–, a través de la compra de tales derechos por miembros de otra casta excluida, como los pardos, por un monto tarifado. Esta situación es importante para el estudio de los cambios en los mecanismos de estratificación social, pues, aunque el cerramiento que se desea franquear es típicamente de casta, pues se trataba de una sociedad donde el prestigio derivado del derecho de usar el «bastón» se debía autorizar, el establecimiento de un mecanismo «comercial» para la adquisición de los derechos de casta, muestra una transformación importante en la sociedad y los inicios de la sociedad moderna y capitalista donde los privilegios se compran.

Si algunos individuos podían pagar por tal privilegio, ese es un indicio importante de que la sociedad permitía acumular riqueza con independencia de los privilegios o exclusiones sociales de las castas, siendo el enriquecimiento un proceso relativamente independiente de la casta. Igualmente ilustrador, resulta la protesta que los tradicionales beneficiarios de esos privilegios dirigieron al rey en aquel momento, reclamando indignados la venta de los títulos nobiliarios, pues obviamente veían amenazadas no solo sus prebendas, sino la esencia misma de la estructura de castas que tenía esa sociedad. Lo cual era muy cierto, pues es muy difícil que se sostenga un sistema de castas si la gente puede comprar su posición social con dinero, ya que en ese caso la adscripción personal desaparece y con ello las castas propiamente dichas. Se empieza entonces a vivir la desigualdad social de un modo diferente, como una situación social transitoria y no adscrita a las personas, tal y como sucede en la sociedad capitalista moderna, donde es la capacidad o incapacidad de compra lo que marca la posibilidad de inclusión o exclusión de los individuos en los símbolos de distinción social.

**La sociedad posindependencia**

En sus estudios sobre la sociedad implantada, la ruptura del vínculo colonial y la constitución del proyecto nacional, G. Carrera Damas (1986) se ocupa de la estructura de poder interno y se distancia de las categorías que se venían utilizando en la historiografía. Adopta, para ello, una fórmula dicotómica sencilla y emplea las categorías «*clase dominante*» y «*clases dominadas*». Sobre la clase dominante aclara que ese concepto «supera y engloba el concepto de élite» (1986: 30) y luego se permite hablar de grupos y sectores dentro de la «clase dominante» que pugnan en el proceso de restablecimiento de la estructura de poder interno. Con relación a las «clases dominadas» las menciona en plural, es decir, no se refiere a grupos internos, sino a varias clases que no son especificadas y las cuales afirma son excluidas del proceso político después de 1864, cuando luego de la Guerra Federal se alcanza la unidad del proyecto nacional. Se establece una nueva Constitución que organiza, garantiza derechos y establece la libertad de culto en un gobierno federal. Y considera que a partir de 1870 se abre la posibilidad de que la clase dominante se transforme en una «*burguesía moderna*» a través de la inserción del país en el sistema capitalista mundial.

En una perspectiva marxista, S. de la Plaza (1964) plantea que coexistían distintos modos de producción en la sociedad venezolana —comunidad primitiva, esclavismo, asalariado— y que por eso daba la impresión de que la sociedad estaba compuesta en dos sectores contrapuestos: «oligarquía» y «pobres», pero él sostenía que en realidad había tres grupos: en primer lugar y en la cúspide estaban los «*propietarios de las tierras*» y «*los grandes comerciantes, prestamistas y alta burocracia*», y por el otro, abajo, los «*hombres libres*»; y en el medio «*los artesanos, pequeños comerciantes, pequeños propietarios agrícolas, de parcelas de tierra o de matas de cacao, de café*».

Para ese período, se utiliza de manera generalizada una clasificación social distinta, que aunque en su denominación se refiere a ideologías políticas, para algunos autores tenía una representación de clase social: eran los liberales y los conservadores. Sin embargo, para otros autores como Arcaya o Picón Salas, esta distinción no tiene sustento social, pues consideran que tanto los pobres como ricos, los propietarios y los trabajadores, militaron en uno u otro bando en la política y durante la Guerra Federal.

Arcaya (1941: 96-97) propone una clasificación distinta de la población venezolana basada en el oficio y el estatus social, y dice que la población se puede dividir en dos grupos: los *reclutables* y los *no reclutables*, es decir, los que pueden ser forzados a incorporarse al ejército y quienes no son susceptibles de tal acción, por tener un cierto nivel social y cultural; y cita, para apoyarse, una expresión común de su tiempo que decía: *«como viste saco ya no lo reclutan».* Es relevante que en la clasificación social que propone se sintetizan los privilegios de la riqueza cultural y el poder. El saco era la representación de una suerte de casta, era como el «bastón» que tanto ambicionó el padre de Francisco de Miranda.

Otra perspectiva interesante es la que enfatiza el papel del Estado en la formación de las clases sociales, por medio de la distribución de la riqueza. C. Irazábal (1961) considera que el reparto de tierras preconizado por el Libertador *fue más político que económico»* (1961: 136), y también lo fueron los repartos ofrecidos o dados por Boves y por Páez para consolidar su poder político. Irazábal plantea allí un conjunto de categorías para interpretar la estructura social venezolana y postula la existencia de tres grupos que conforman la independencia y la posindependencia: la *«nobleza territorial criolla»*, la *«burguesía comercial»* y la *«masa popular».* Añade, también, un cuarto actor colectivo a su análisis, pero lo trata con una categorización diferente, pues en ese caso es una nación, no una clase ni grupo social: se trataba de España. Irazábal utiliza unas combinaciones de conceptos interesantes pues, aunque tienen inspiración en el materialismo histórico marxista, se toma muchas libertades para poder comprender la realidad que analiza y sostiene que la sociedad era esclava y feudal, pero que además, *«la ideología predominante no era feudal sino burguesa, lo cual influyó poderosamente en el sentido de humanizar y liberalizar… las relaciones sociales»* (1961: 255).

Una interpretación igualmente compleja de las clases y de la heterogeneidad de las formas de producción la aporta A. Córdova (1967), cuando analiza la «burguesía comercial venezolana», pues considera que en tanto financista del latifundismo era una expresión de la sociedad feudal, pero que en tanto importadora de productos, manufacturados bajo el sistema capitalista, era un agente del capital extranjero (1967: 131).

Esta riqueza de interpretación social contrasta con la formulada por A. Blanco Muñoz, en su libro *Clases sociales y violencia en Venezuela*. Blanco Muñoz plantea su esquema de las clases sociales con la visión marxista más ortodoxa de su tiempo, y dice que en Venezuela ha habido solo «*dos grandes modos de explotación: el comunitario y el explotador*», los cuales se corresponden con dos períodos: «*la época primaria de libertad*», que transcurre desde el surgimiento de las primeras poblaciones hasta la llegada de los conquistadores; y «*la época de la explotación*», que va desde la llegada de los conquistadores españoles hasta nuestros días. Las clases son una resultante de las «modalidades productivas», y aunque ese modo explotador adquiere tres modalidades distintas, las referencias que se hacen son siempre dicotómicas: *mayorías y minorías, sectores dominantes y clases dominadas*, sin que se pueda saber exactamente a qué se refiere con esas categorías, pues en unos momentos menciona el *estrato* y en otros la *casta militar*, colocándolos entre paréntesis o en bastardillas. De manera más reciente, se refiere al surgimiento de la burguesía y el proletariado, como las clases de la «modalidad productiva petrolera industrial» (1976: 20-38).

## Las clases sociales y la guerra

El concepto de clases o la estructura social de la sociedad ha tenido un papel importante en las discusiones que a lo largo de un siglo se han suscitado sobre los dos grandes conflictos bélicos de la historia venezolana: la Guerra de Independencia y la Guerra Federal.

La polémica se inicia por una conferencia que Vallenilla Lanz dictó en 1911 y que luego pasa a ser el primer capítulo de su libro

*Cesarismo democrático*, y en la cual afirma que la independencia fue una «*guerra civil*» (1919: 11-39). Si es así, no fue entonces una guerra internacional, sino de grupos nacionales que debiéramos considerar clases sociales. Esta posición la discute ampliamente G. Carrera Damas en su texto sobre la «élite y la revolución», donde utiliza un análisis de clases y afirma que se trató de una revolución, donde la clase dominante quería más bien preservar, antes que alterar la estructura de poder interna (1986: 69-71).

Por otro lado, está la tesis de P. M. Arcaya, quien consideraba que la Guerra Federal no fue un resultado de la lucha de clases, puesto que «*ni por sus antecedentes ni por sus resultados puede considerarse a la guerra federal como una lucha del proletariado venezolano por su emancipación*», pues los partidos liberal y conservador «*no discrepaban en principios teóricos y tampoco encarnaban opuestos intereses de clases rivales*» (1941: 107). Irazábal, por el contrario, sí afirmó que la Guerra Federal se trató de una lucha de clases, pues para las «masas» era una guerra contra la propiedad y contra los propietarios, y como consecuencia de eso fue también contra los blancos, contra la minoría culta y contra la ciudad (1980: 256). La categoría de clases ha sido muy importante para explicar los conflictos históricos, y en ellos se nota la influencia de la tesis marxista de la historia como el resultado de la lucha de clases.

Esa misma perspectiva se puede encontrar en el libro *Latifundio* de M. Acosta Saignes y en el prólogo que R. Betancourt escribió para ese texto. El libro fue publicado por primera vez en México en 1938 y allí Acosta Saignes describe el campo venezolano con unas relaciones «*semifeudales, de servidumbre*», y plantea como el gran reto social y político la transformación de este sistema de producción y de las clases sociales que allí se generan y que correspondería a un sistema feudal de producción. Para esos años ya el petróleo domina la economía venezolana, pero su impacto en la estructura social y en las clases sociales todavía estaba por verse.

## La sociedad petrolera

Los estudios sobre la estratificación social en la sociedad petrolera podemos dividirlos en dos grupos, los elaborados por los ensayistas y los construidos por las investigaciones sociológicas de terreno.

La visión de los ensayistas pretende captar las transformaciones sociales que se produjeron en el país a partir de dos factores relevantes: por un lado, la expansión de la actividad petrolera y de su impacto en la composición del valor de la exportaciones en los años veinte; y por el otro, la generalización de las relaciones sociales basadas en el salario y la prohibición de su pago en formas de «vales» o «fichas» por el decreto que emitió el presidente E. López Contreras en 1936. Estos cambios producen transformaciones en la ocupación territorial, las migraciones internas y externas, las formas de trabajo y empleo y traen también modificaciones políticas importantes, sobre todo en la relación entre el Estado-gobierno y la sociedad civil. M. Picón Salas, A. Mijares, R. Díaz Sánchez y M. Briceño Iragorry describen esos cambios en múltiples escritos y, aunque sin tener ni pretender una visión sistemática de las clases sociales, muestran la estructura social que se va formando y logran captar y describir esos cambios con gran intuición y colorido.

Briceño Iragorry, en una novela escrita en 1957, muestra los cambios que se suceden en la estructura social desde los años previos a la explotación petrolera hasta el gran auge económico de la pos-Segunda Guerra Mundial, y lo hace a través del recorrido migratorio y financiero de un comerciante merideño. Alonso Ribera, como denomina al personaje, se inserta en los negocios del gobierno desde Gómez hasta Pérez Jiménez y muestra allí los cambios en la ciudad, en las costumbres y en los modos de hacer dinero en una presentación literaria de lo que pudiera ser un estudio sociológico. Esta novela dio lugar a un notable ensayo de G. Carrera Damas (1961) sobre el proceso de «formación de la burguesía venezolana».

Picón Salas describe en su libro *Comprensión de Venezuela* los procesos que llevan a la nueva estructura social, aunque sostenía que la idea de nación debe anteponerse a la idea de clases; se refiere al papel de *los militares* en la transformación del país y en la creación de las clases sociales, sea porque se alían y colocan al servicio de unas clases, sea porque ellos mismos se convierten en una nueva clase social. Hace énfasis en la conformación de la «*clase media*» y afirma que así como el cacao permitió la creación de una «*alta clase*», el café fue «*en nuestra historia un cultivo poblador, civilizador y mucho más democrático. Algo así como una clase media de conuqueros y minifundistas comenzó a albergarse a la sombra de las haciendas de café*» (1949: 37). La diferencia se fundaba en que el cacao se cosechaba en haciendas de gran extensión de terreno, que usaban mano de obra esclava, mientras el café se sembraba en parcelas pequeñas, donde el dueño permanecía vigilante y cercano. Veinte años más tarde, Picón Salas insiste en la idea de la creación de la clase media, pero ya no por el café ni a nivel rural, sino en las ciudades por el estudio y la picardía, y retrata una burocracia que llama una «*clase publicana que descubrió el arte de los más veloces negocios, de las compañías fantasmas, de venderle al gobierno a mil lo que le costó veinte...*» (1963: 15).

Una dimensión distinta son los tipos de relaciones sociales que se establecen entre las personas de los estratos o clases sociales en la sociedad capitalista, y que P. Bourdieu (1972) llamó *hábitus*, pues los cerramientos ya no tienen el carácter formal o legal de la distancia social que tenían las castas, pero que de igual modo funcionan alejando o acercando a las personas y creando formas de marcar privilegios para diferenciarse (Bourdieu, 1979). Augusto Mijares se refiere a uno de esos vínculos sociales que se establece entre las clases en Venezuela y que llamó del «tuteo no recíproco» que se da entre los grupos de edad y las clases sociales. El «tuteo no recíproco» es una forma de expresarse la asimetría social en una relación de lenguaje. En ese trato, se refleja la alta o dominante posición de unos y la baja o sometida posición de otros de forma asimétrica, y consistía en el derecho que tenía una persona de mayor edad de decirle «tú» a un joven, en lugar de usted que es la forma distante y respetuosa. O que tenía un patrón de tutear a un obrero o empleado. Pero ese mismo derecho no se podía ejercer a la inversa, no lo tenía el niño o el obrero, es decir, el niño no podía tutear al adulto, ni el obrero al patrón y de allí su carácter asimétrico que expresaba la diferenciación social.

Aunque esa asimetría se ha perdido, o tiene menos fuerza en unas regiones de Venezuela que en otras, todavía se mantiene en la vida social, pero su peso ha sido cada vez menor por el igualitarismo y la informalidad que se extendieron en la sociedad. El tema de la igualdad lo trata Mijares en sus escritos (1980: 303) y para ello retoma a Fermín Toro, quien le sirve para destacar cómo en la sociedad venezolana la igualdad se ha impuesto sobre la libertad. Este es un criterio que también comparte M. Picón Salas (1949: 100), quien sostiene que a partir de la Independencia «*nuestro proceso histórico es la lucha por la nivelación igualitaria. Igualdad más que libertad*».

En una perspectiva distinta encontramos los autores de inspiración marxista que entienden la estructura social como clases. En su ensayo sobre «La formación de las clases sociales en Venezuela», S. de la Plaza dice que con el petróleo se forman en el país dos grupos de clases: *la clase dominante*, que estaba integrada por un sector escaso de industriales y comerciantes nacionalistas y por un sector «parasitario y antinacional», y *las clases explotadas*, formadas por el campesinado y la clase obrera, y entre ellas «*una variedad de subclases que va desde la pequeña burguesía... hasta la amplia masa de los sin-trabajo*» (1964: 33-34).

Es importante observar que De la Plaza utiliza las categorías de clase, pero introduce la idea de patria o nación. Esto se explica porque seguía las teorías políticas de los partidos comunistas en América Latina, los cuales abogaban por una revolución que debía llevar a cabo la «burguesía nacional», pero no lograba que encajaran todas las singularidades que mostraba la sociedad venezolana. Algo similar se tiene en el texto de D. F. Maza Zavala, quien escribe un ensayo sobre las clases sociales, reproduce el esquema marxista de la burguesía y el proletariado, pero luego tiene que dar cuenta de una lista de inconsistencias y dudas que le quedan sobre cómo interpretar las clases en Venezuela: la clase media, la masa marginal, la clase gerencial (1981: 267). A. Córdova avanza en la interpretación de la burguesía comercial desde los tiempos coloniales hasta la explotación petrolera, y bajo la influencia del pensamiento marxista que significó la teoría de la dependencia y la heterogeneidad estructural, describe la «*burguesía comercial*» de un modo diferente con su singularidad y afirma que con la llegada del petróleo se transformó «de fundamentalmente exportadora... a fundamentalmente importadora» (1967: 147).

Los estudios sociológicos muestran una perspectiva radicalmente distinta en la manera de aproximarse a la construcción de las clases sociales en Venezuela. Aunque las perspectivas teóricas son variadas y permanecen de alguna forma las visiones marxistas y de estratificación social, el uso de referencias empíricas y el propósito analítico fue influenciado por la práctica de la investigación científica que produjo resultados diferentes.

Aranda se propuso establecer la estructura social en Venezuela entre 1950 y 1971; utiliza como fuente la información contenida en los censos nacionales y procura, con un reprocesamiento de la información, construir las clases sociales. Su perspectiva marxista lo lleva a formularse las clases en el esquema clásico y llega así a establecer cuatro clases: «asalariados, pequeña burguesía, burguesía y otros trabajadores independientes y no remunerados». Cada una de estas clases la divide en fracciones de clase o sectores por la rama de actividad donde se desempeñan, y establece magnitudes de población para cada una de estas fracciones de clase (Aranda, 1983: 67). Como podrá observarse, desaparecen la raza y la patria.

En los años sesenta, J. A. Silva Michelena coordinó desde el Cendes, de la Universidad Central de Venezuela, un estudio social muy ambicioso que se llamó «Conflicto y consenso» que luego publicó en un libro titulado *Crisis de la democracia*. El estudio quería conocer opiniones de los distintos grupos sociales de la población venezolana, y para eso requería de una muestra poblacional que pudiera representar las distintas clases sociales. La formación marxista del autor obligaba a una interpretación acorde con esos postulados, en particular a tomar el criterio de propiedad, pero la realidad operacional de los conceptos no se lo permitía, así que Silva Michelena abandonó el criterio de propiedad y apeló a su formación en la sociología norteamericana para construir los grupos sociales de la muestra. Para ello utiliza los tres criterios que consideraba debían usarse *«para dibujar el perfil de la pirámide social... el ingreso, la educación y el prestigio ocupacional»*. Es interesante que aun con estos criterios propiamente weberianos, no podía dar cuenta de la singularidad de la sociedad por el papel del petróleo y el proceso de urbanización, entonces construyó un «estatus socioeconómico» que incluía 23 categorías donde estaban los habitantes de los barrios, conuqueros, párrocos, líderes sindicales, líderes estudiantiles, ganaderos... Estos grupos de estatus socioeconómico tomaban entonces el lugar de las clases sociales y eran tratados como la «variable independiente» que explicaría las diferencias en las opiniones expresadas.

J. Abouhamad, en un estudio sobre la población de Amuay realizado en 1964, decidió no usar el concepto de clases ni de estratos, pues implicaban conciencia o solidaridad y plantea en su lugar la elaboración de *«sectores socio-económicos para describir la distribución diferencial... del prestigio, del poder y de los privilegios»* (1966: 61). Para hacer esta clasificación utiliza siete variables:

ingreso familiar mensual, posesión de instrumentos de producción, tenencia de la vivienda, tipo de vivienda, posesión de artefactos de confort, ocupación y nivel de instrucción. Cada una de las variables tenía entre dos a cuatro modalidades a las cuales se les atribuyó un valor y que permitió construir una tópica de tres clases con una escala invertida donde los que tenían menor puntuación (de 8 a 13 puntos) eran la *clase alta* y los que tenían la mayor puntuación (de 16 a 22 puntos) eran la *clase baja*.

Otra perspectiva reciente de clasificación de la sociedad venezolana en grupos lo representó la adaptación que del método Graffar hiciera H. Méndez Castellanos para el estudio de la situación de salud de la población venezolana. El método había sido elaborado por un profesor belga para el estudio de la salud en países europeos; se trataba de establecer una clasificación de la población en cinco estratos a partir de algunos criterios comunes. En Venezuela, Méndez Castellanos adaptó los criterios y planteó la construcción de estos cinco estratos de acuerdo a la profesión del jefe o jefa de familia, el nivel de instrucción de la madre, la principal fuente de ingreso y las condiciones de la vivienda. Como se trata de una tópica se puede entender los cinco grupos como dos clases altas y dos bajas con una clase media, o como lo hace el proyecto con dos clases medias. Para 1981 el estrato I (clase alta) tenía 1% de la población, el II (clase media alta) el 4,4%, el III (clase media) el 14%, el IV (pobreza relativa) el 42% y el V (pobreza crítica) el 38% (1985: 79). Esta metodología ha sido ampliamente usada en Venezuela por la sencillez de su utilización y por la facilidad para el análisis, pues permite discriminar muy bien entre los distintos niveles de vida, aunque no discrimina mucho entre los pobres, quienes resultan un sector muy abultado en el conjunto.

Desde una perspectiva pluri-paradigmática, R. Briceño-León realizó un estudio sobre *Las clases sociales e individuos en Venezuela* (1984), presentando de una manera abierta la posibilidad de conjugar la teoría marxista de las clases sociales con la teoría de la estratificación social. El estudio tenía como singular, que la construcción de las clases sociales no era un medio para otros propósitos sino el objetivo del estudio, y se fundaba en la recolección de información primaria especialmente preparada para estos fines. La investigación postula la existencia de dos tipos distintos de clases sociales: *la clase-categoría y la clase-situación*. Estos conceptos se corresponden con las dos grandes teorías de las clases, la marxista y la weberiana. La teoría marxista ve las clases como una categoría económica ligada a la producción y vacía de personas. La teoría weberiana que, por el contrario, se refiere a las personas y familias concretas y a su situación de consumo de bienes materiales y culturales. Para el establecimiento de la *clase-categoría* se despojó al concepto marxista de trabajo productivo del calificativo de «productivo», y se usó exclusivamente el concepto de trabajo. En la investigación se analizaron todas las posibles unidades productivas con las variables propiedad-posesión de los medios de producción, tipo de trabajo (manual-intelectual), control o no del proceso productivo y si la labor se ejerce como una función del capital o del trabajo. Cada una de esas variables tenía varias modalidades que se combinaban en un diagrama de árbol que permitió construir hipotéticamente 96 clases, de las cuales solo pudieron efectivamente encontrarse 18 clases en Venezuela, una visión mucho más compleja que la simple dicotomía burguesía-proletariado. Luego se utilizó la variable ingresos como una bisagra para darle unión con la *clase-situación* a partir del establecimiento de estilos de vida basados en el consumo y en el prestigio. Esto es muy particular en la sociedad moderna, pues un buen asalariado de la industria petrolera puede tener mayores ingresos y en consecuencia disfrutar de un mejor nivel de vida que un burgués propietario de una industria mediana. *Las clases-situación* fueron construidas con variables relativas al individuo (ocupación, educación, etc.), a sus posesiones (vivienda, medios de transporte, artefactos), hábitos (pertenencia a clubes sociales, comidas y bebidas, vacaciones), etnicidad (color de piel), habla y formas de titulación usadas. Con esas variables se construyeron seis clases-situación: los ricos (I), los nuevos ricos (II), la clase media en ascenso (III), la modesta clase media (IV), los pobres de la ciudad (V) y los pobres del campo (VI). Esta metodología ha sido replicada exitosamente en estudios llevados a cabo en Maracaibo y otras ciudades del país.

Más recientemente A. Grusón (1993) ha construido una clasificación de la población venezolana en tres estratos a partir de un reprocesamiento de la Encuesta de Hogares, que es la encuesta y la fuente de información más antigua y repetida de Venezuela. Su objetivo era poder conocer las «disparidades en las condiciones de vida», y para ello procura establecer «umbrales para distinguir niveles de vida de acuerdo con criterios cualitativos» y usa los ingresos solamente para «afinar niveles y medir distancias entre los estratos». Para construir los estratos usa cuatro variables a las cuales les asigna pesos diferentes y que se trabajan de manera dicotómica: Peso 1: servicios de la vivienda (tiene todos los servicios o falta uno o más); Peso 2: hacinamiento (con tres y más personas o con menos de tres personas por cuarto); Peso 3: educación de los ocupados (menos o más de seis años de estudios); y Peso 4: dependencia económica (menos o más de tres personas no ocupadas por una ocupada). Con esto se construye una escala que va del cero (insatisfacción total) al diez (satisfacción normal) y a partir de allí construye tres estratos: I. Los hogares más desfavorecidos (0 a 2 puntos); II. Hogares con restricciones más o menos severas (3 a 8 puntos); y III. Hogares en situación adecuada o normal (9 y 10 puntos). Esta es una tópica de tres grupos, pero uno pudiera pensar que es posible que el estrato II, que tiene seis puntos (del 3 al 8), puede ser dividido en dos y tener así un grupo que se ubique de 3 a 5 puntos y otro grupo con entre

6 a 8 puntos. Estas son las posibilidades que ofrece la utilización de los estratos, puesto que por un lado son siempre una construcción del analista y, por el otro, muestran la flexibilidad y apertura de la sociedad moderna.

El estudio de pobreza de la Universidad Católica Andrés Bello (2004) procedió a realizar una clasificación social de la población utilizando los recursos estadísticos de la técnica factoriales de análisis de datos. La singularidad de esta modalidad es que permite realizar una taxonomía de la población de manera automática, es decir, que a diferencia de los procedimientos clásicos donde el investigador define previamente las clases, en este caso estas son el resultado del procesamiento matemático con muy poca intervención del investigador. Los investigadores definieron un conjunto de variables: servicio de agua en la vivienda, servicio de aseo urbano, tipo de vivienda, nivel educativo del entrevistado, ingreso per cápita familiar y tamaño del centro poblado. Cada una de estas variables tenía entre cuatro y siete modalidades y con estos valores se realizaba el análisis estadístico que procuraba potenciar las semejanzas y reducir las diferencias entre los grupos que se formaban. Una vez realizado el análisis factorial se establecían los pesos que cada modalidad tenía en la formación de los grupos y una taxonomía como un árbol con subdivisiones en ramas que son las posibles clases. Allí el investigador debe decidirse observando la forma de las ramas donde puede producirse un corte y obtener dos, tres, cuatro o más clases. El equipo de la UCAB decidió hacer el corte en seis clases *muy parecidos entre sí pero muy diferentes entre ellos*» (2004: 219). Esas clases las denominaron así: I. Población en situación de miseria; II. Población en situación de pobreza extrema; III. Pobreza rural; IV. Clase popular o clase media baja; V. Clase acomodada y VI. Profesionales de Caracas. Y aclaran que «*estas clases son tipologías y no clasificaciones exhaustivas*» (2004: 226).

## Distintos e iguales

Las formas de división social que se han usado en el pensamiento venezolano han variado en el tiempo por los cambios en las teorías usadas y por las mutaciones de la sociedad misma. Por eso los conceptos se mezclan y adquieren unas formas distintas que deben adaptarse para poder aplicarlos y que sirvan al propósito de describir y entender las diferencias entre los iguales.

La presencia del componente étnico, de la raza, sigue estando presente en la división social en Venezuela, pero, como bien lo refirió Humboldt (1807) y más reciente Wright (1993), la sociedad venezolana es quizá la más abierta de América Latina y donde menor importancia tiene la separación racial por sí misma. Por eso, la categoría de raza se vincula cada vez más a la condición de clase; es la riqueza y no el color de piel, lo que marca la división social en Venezuela, y la presencia del dinero es un factor poderoso en blanquear a las personas, tanto como su ausencia puede oscurecerlas.

La riqueza que define las clases y los estratos ha sido muy cambiante, pues la movilidad social –colectiva e individual– que se experimentó en Venezuela en el siglo XX significó una transformación completa de la estructura social. Esta movilidad social generalizada es algo muy singular de Venezuela cuando se le compara con otros países de la región y, por supuesto, este es el resultado de la amplia, aunque desigual, distribución que se hizo del ingreso petrolero, que permitió alcanzar los efectos de movilidad de la modernidad sin tener los cambios sociales que en otras latitudes fueron su causa.

En Venezuela el ingreso petrolero fue el gran modernizador, pues permitió también la diferenciación social en el proceso de formación de las clases sociales. El Estado, como factor de enriquecimiento, ha sido un impulsor de la división del trabajo y de la movilidad social, dos rasgos singulares de la modernidad. Una modernidad que ha estado más vinculada al presupuesto público que a la plusvalía de los trabajadores.

Los conceptos de raza, casta, clase y estrato adquieren una perspectiva diferente en el mundo contemporáneo. Poco nos queda de las castas, quizá la nacionalidad es uno de los pocos elementos que pueden estar adscritos a las personas y actuar discriminatoriamente en los procesos de inclusión/exclusión social contemporáneos.

Clase y estrato se confunden y se diferencian de acuerdo a los propósitos del analista; clase y estrato se parecen y confunden o se diferencian en la estructura social dependiendo de la mirada del analista. El análisis de la división social se parece a uno de esos cuadros *trompe l'oeil* del pintor holandés M. C. Escher donde, dependiendo de cómo se los mire, de cómo se enfoque la pupila de los ojos, los personajes suben o bajan las escaleras, o las aguas ascienden o descienden de las cascadas. Así, en la sociedad, podemos observar con cualquiera de estos cristales –la raza, la casta, la clase o el estrato– la vida social, y agrupar de modos distintos a quienes siempre son iguales, pues el trovador campesino tenía razón, *todos somos palos del mismo monte.*

## Referencias

ABOUHAMAD, J. «Amuay: un pueblo olvidado», en J. Abouhamad y Graziano Gasparini, *Amuay 1964. Su gente, su vivienda*. Caracas, Facultad de Arquitectura y Urbanismo, Universidad Central de Venezuela, 1966, pp. 61-67.

ACOSTA, C. (1847). *Pensamiento político conservador del siglo XIX*. Caracas, Monte Ávila Editores, 1992.

ACOSTA SAIGNES, M. (1938). *Latifundio*. Caracas, Ediciones de la Procuraduría Agraria Nacional, 1987.

_____. *Vida de los esclavos negros en Venezuela*. La Habana, Ediciones Casa de las Américas, 1978.

ARANDA, S. *Las clases sociales y el Estado en Venezuela*. Caracas, Editorial Pomaire, 1983.

ARCAYA, P. M. (1908). «Las clases sociales en la Colonia», *Estudios de sociología venezolana*. Caracas, Editorial Cecilio Acosta, 1941, pp. 48-82.

_____. (1910). «La insurrección de los negros de la Serranía de Coro», *Estudios de sociología venezolana*. Caracas, Editorial Cecilio Acosta, 1941, pp. 155-216.

ARCILA FARÍAS, E. *Economía colonial de Venezuela*. Caracas, Italgráfica, 1973.

BARALT, R. M. (1850). *Antología*. Caracas, Monte Ávila Editores, 1991.

BAGÚ, S. *Economía de la sociedad colonial. Ensayo de historia comparada de América Latina*. México, FCE, 1992.

BLANCO MUÑOZ, A. *Clases sociales y violencia en Venezuela*. Caracas, Faces-UCV, 1976.

BOLÍVAR, S. (1819). *Obras completas, tomo III*. Caracas, Editorial Lisama, 1966.

BOURDIEU, P. *Esquise d'une théorie de la pratique*. Geneve, Librarie Droz, 1972.

_____. *La Distinction. Critique sociales du jugement*. Paris, Les éditions de minuit, 1979.

BRICEÑO IRAGORRY, M. *Los Riberas*. Madrid, Ediciones Independencia, 1957.

BRICEÑO-LEÓN, R. (1983). *Venezuela, clases sociales e individuos*. Caracas, Fondo Editorial Acta Científica Venezolana / Consorcio de Ediciones Capriles, 1992.

_____. En M. Acosta y R. Briceño-León, *Ciudad y capitalismo*. Caracas, EBUC, 1987.

BRITO FIGUEROA, F. (1966). *Historia económica y social de Venezuela, tomo I*. Caracas, EBUC, 1975.

_____. «La estructura social y demográfica de la Venezuela colonial III», *Revista de Historia*, N.º 7-8, 1961, pp. 47-91.

CARRERA DAMAS, G. *Venezuela: proyecto nacional y poder social*. Barcelona, España, Editorial Crítica-Grijalbo, 1986.

_____. «Proceso a la formación de la burguesía venezolana», *Tres temas de historia*. Caracas, EBUC, 1961, pp. 11-85.

CÓRDOVA, A. «La estructura económica tradicional y el impacto petrolero en Venezuela», en A. Córdova y H. Silva Michelena, *Aspectos teóricos del subdesarrollo*. Guadalajara, Editorial Novamex, 1982, pp. 129-154.

DE LA PLAZA, S. (1964). *La formación de las clases sociales en Venezuela*. Caracas, Cuadernos Rocinante, s. f.

GIL FORTOUL, J. (1896). *El hombre y la historia y otros ensayos*. Caracas, Editorial Cecilio Acosta, 1941.

_____. (1907). *Historia constitucional de Venezuela, tomo I*. Caracas, Ministerio de Educación (Obras completas de José Gil Fortoul, II), 1954.

GRUSÓN, A. «Las disparidades en las condiciones de vida de la población de Venezuela: un acercamiento sintético a partir de un procesamiento directo de la encuesta de hogares, 1990», *Socioscopio*, N.º 1, 1993, pp. 25-62.

HUMBOLDT, A. (1807). *Viaje a las regiones equinocciales del nuevo continente, tomo II*. Caracas, Ediciones del Ministerio de Educación Nacional / Biblioteca Venezolana de Cultura, 1941.

IRAZÁBAL, C. (1961). *Venezuela esclava y feudal*. Caracas, Editorial Ateneo de Caracas, 1980.

LEAL, I. «La aristocracia criolla venezolana y el código negrero de 1789», *Revista de Historia*, N.º 6, 1961, pp. 61-81.

MACHADO, J. E. (1922). *Cancionero popular venezolano. Cantares y Corridos, Galerones y Glosas*. 2.ª ed. aum. y corr. Caracas, L. Puig Ros y Parra Almenar Sucesores, Librería Española-Caracas.

MAZA ZAVALA, D. F. «Clases sociales en Venezuela», *Ensayos sobre la dominación y la desigualdad, vol. II*. Bogotá, Tiempo Americano Editores, 1981, pp. 257-268.

MÉNDEZ CASTELLANOS, H. *Método Graffar modificado para Venezuela*. Caracas, s. d.

MÉNDEZ CASTELLANOS, H. *et al. Aproximación a la salud de la Venezuela del siglo XXI*. Caracas, Lagoven, 1985.

MIJARES, A. *Lo afirmativo venezolano*. Caracas, Editorial Dimensiones, 1980.

MIRANDA, F. (1801). *La aventura de la libertad*. Caracas, Monte Ávila, 1991.

PÉREZ VILA, M. «El artesanado: la formación de una clase media propiamente americana 1500-1800», *Boletín de la Academia Nacional de la Historia* (Caracas), N.º 274, abril-junio, 1986, pp. 325-344.

PICÓN SALAS, M. (1949). «Comprensión de Venezuela», *Suma de Venezuela*. Caracas, Monte Ávila (Biblioteca Mariano Picón Salas, II), 1988.

_____. (1963). «La aventura venezolana», *Suma de Venezuela*. Caracas, Monte Ávila (Biblioteca Mariano Picón Salas, II), 1988.

RODRÍGUEZ, M. A. «Los pardos libres en la Colonia e Independencia», *Boletín de la Academia Nacional de la Historia*, N.º 299, julio-sept., 1992, pp. 33-62.

SILVA MICHELENA, J. A. *Crisis de la democracia*. Caracas, Cendes, 1970.

SISO, C. (1939). *La formación del pueblo venezolano. Estudios sociológicos*. Barcelona, España, Producciones Editoriales, 1982.

SOSA CÁRDENAS, M. *Los pardos. Caracas en las postrimerías de la Colonia*. Caracas, Universidad Católica Andrés Bello, 2010.

TROCONIS DE VERACOCHEA, E. «El trabajo libre de esclavos en Venezuela», *Boletín de la Academia Nacional de la Historia*, N.º 212, oct.-dic., 1970, pp. 671-681.

UGALDE, L., P. L. España, T. Lacruz, M. de Viana, L. González, N. L. Luengo, M. G. Ponce. *Detrás de la pobreza. Percepciones, creencias, apreciaciones.* Caracas, UCAB, 2004.

VALLENILLA LANZ, L. (1919). *Cesarismo democrático.* Caracas, Tipografía Garrido, 1961.

WEBER, M. (1922). *Economía y sociedad.* México, FCE, 1977.

WRIGHT, W. *«Café con leche»: Race, Class and National Image in Venezuela.* Austin, University of Texas Press, 1993.

WRONG, D. «The Oversocialized Conception of Modern Man», *Pleasures of Sociology.* New York, Penguin Books, 1961.

## Estructura social y modernidad

CUANDO EN EL AÑO 1901 llegó a Trujillo la noticia de la muerte de Giuseppe Verdi, ya el abuelo Ceferino había decidido mudar su tienda para Valera. El negocio del café prosperaba en Trujillo pues, si bien el cultivo se daba en las pequeñas parcelas de las montañas, el comercio podía hacerse más fácilmente desde las tierras llanas.

Muy cerca de Valera partía el Gran Ferrocarril de La Ceiba, el cual recorría lentamente sus ochenta y cinco kilómetros hasta llegar al puerto del sur del lago que le daba el nombre. Allí embarcaban los sacos con el grano de café hacia Maracaibo, donde se hacía el trasbordo a un barco de mayor calado que los llevaría a Europa. Las casas exportadoras operaban desde Maracaibo, y por el mismo ferrocarril llegaban a los Andes los pocos productos importados que se vendían en el país.

Valera tenía un clima caliente y aunque los poetas del parnaso local se afanaban en compararla con Roma, pues estaba también rodeada de siete colinas, era apenas un pequeño pueblo con una calle que subía y otra que bajaba. Pero el abuelo tenía otras ambiciones, y a pesar de haber sido maestro de escuela en San Lázaro, decidió que debía adaptarse a los cambios del mundo y se marchó a la encrucijada comercial donde montó su negocio y se hizo un «afortunado comerciante» (Briceño Iragorry, 1954: XI). Era un hombre de progreso, construyó la primera casa de dos pisos de Valera, en cuyos balcones se fotografió con la familia para la posteridad. Sin embargo, no podía imaginarse los grandes cambios que se iban a dar en el siglo que se iniciaba.

Durante el siglo XIX la sociedad venezolana había logrado construir una precaria estabilidad económica fundada en la exportación de cacao, café, pieles secas y plumas de garza. La independencia había roto el nexo colonial y el país buscaba insertarse en la economía capitalista mundial; con la paz precaria hubo una bonanza que permitió un modesto crecimiento urbano y el surgimiento de un Estado moderno y secular. Con la prosperidad, los productores y el Estado contrajeron deudas que luego no resultaron sencillas de pagar. Las ansias libertarias e igualitarias que habían encendido los distintos discursos independentistas y federalistas, unidos a los conflictos de una élite que no lograba ponerse de acuerdo sobre cómo insertarse en el capitalismo mundial, llevaron a una guerra social que diezmó la producción del llano. Fue una guerra antimoderna que se enfrentaba al poder de una élite y sus propuestas urbanas y capitalistas (Carrera Damas, 1980; Lombardi, 1986; Picón Salas, 1987). Pero, una vez finalizada la Guerra Federal, la sociedad volvió a recomponerse y se construyó un proyecto de república, con sus poderes, sus desigualdades y sus ansias de modernidad.

### La teoría de la estructura social

Lo que une a los individuos de una sociedad es lo mismo que los diferencia. Los nexos que se establecen en el trabajo, en la familia y en la política, los acoplan y los diversifican en sus roles, esfuerzos, beneficios, privilegios, prestigios. La división social les depara sueños y destinos distintos, las más de las veces, desiguales. Esa forma que articula y distingue a los individuos es lo que llamamos estructura social. Y el rasgo dominante en la modernidad es que esos roles y funciones se diversifican, se hacen múltiples y complejos.

El más relevante de esos nexos se encuentra ligado al mundo del trabajo, a la forma como una sociedad se organiza para producir sus riquezas, a su modo de vivir. En términos de la estructura social, el cómo se produce llega a ser más importante del qué se produce, aunque ambos aspectos son muchas veces inseparables, pues uno puede determinar el otro, bien sea porque el cómo determine lo que pueda producirse, bien sea porque el tipo de producto que se produce obligue a una determinada organización del trabajo.

Las relaciones sociales que se establecen alrededor de la producción tienen entonces dos vertientes: la manera cómo se diferencian las funciones que cada uno realiza en el proceso de producción y la manera cómo se distribuye el producto, cómo se reparten los beneficios entre los distintos actores del proceso. Esa fue una de las grandes contribuciones de K. Marx (1968) y de É. Durkheim (1967) a la comprensión de la división del trabajo en la modernidad. La distribución de los beneficios facilita, y muchas veces también obliga, unos estilos de vida que según M. Weber (1977) construyen la fachada de la categorización social, pues permiten mostrar las diferencias en poder y en prestigio, lo que los incluye y lo que los excluye. Las regulaciones sociales que pautan la producción y distribución se les imponen a los individuos más allá de su voluntad, existen con independencia de ellos como personas, y por eso el investigador puede construir agrupaciones y formas que llamamos estructuras.

A los grupos sociales que pueden construirse alrededor de los modos diferenciados de participación en el trabajo, los llamamos *clases-categorías*; y a los estilos de vida que pueden derivarse como resultado de la clasificación anterior, los llamamos *clases-situaciones* (Briceño-León, 1992). Por lo regular los mismos individuos tienden a coincidir en ambas agrupaciones, pero no es necesariamente así, pues un individuo puede ser un propietario que obtenga mucho dinero y vivir como un pobre de solemnidad, es el caso de los avaros o «pichirres». Y al contrario también puede ocurrir, aunque es más complicado, que alguien lleve una vida de riqueza y ostentación que obligue a clasificarlo en una clase-situación distinta de la que justifican sus ingresos. Es el caso de los ricos venidos a menos, de las personas que tuvieron riqueza y conservan los símbolos del prestigio, habitan en lujosas mansiones pero viven con sofocones para pagar las deudas, pues no tienen ingresos suficientes para mantener el estilo de vida que aparentan. Es también el caso de los nuevos ricos corruptos, quienes no logran explicar su estilo de vida ostentoso de su *clase-situación* con los pocos ingresos que declaran según su *clase-categoría*; no es fácil entender cómo un modesto empleado de gobierno puede disponer de aviones privados que cuestan millones de dólares.

### La estructura social antes del petróleo

La estructura social que se encontraba en el país durante el primer cuarto de siglo era muy similar a la que había existido en el siglo XIX. El cambio cercano más importante había ocurrido durante la Guerra Federal, en el conjunto habían cambiado los actores, se había movilizado la población, pero la sociedad era sustancialmente la misma (Brito Figueroa, 1951; Díaz Sánchez, 1968; Velásquez, 1973). Sin embargo, los estragos de la guerra en las zonas centrales habían hecho prosperar el cultivo del café en las montañas andinas y se había fortalecido la mediana y pequeña propiedad.

La estructura social de comienzos del siglo XX se fundaba en la producción rural. Los cultivos se hacían bajo tres modalidades principales: la hacienda con un trabajo semifeudal en forma de medianería o tercería, el hato de peones y la finca familiar. Estas formas de producción agrícola definían el grueso de las clases sociales existentes en Venezuela (Acosta Saignes, 1931; De la Plaza, 1976; Irazábal, 1980, Lozada Aldana, 1976).

*En la hacienda* se podían encontrar varios grupos sociales: en primer lugar los campesinos, quienes trabajaban la tierra de manera familiar y con diversas formas de cooperación entre ellos. Los campesinos le pagaban al dueño de la tierra por el derecho a usar el terreno ajeno, la tercera parte o la mitad de su cosecha. Por lo regular se pagaba en especies con el producto que se cultivaba, y los dueños se encargaban de la comercialización del producto. La hacienda estaba bajo el control de un encargado, el cual, además de tener don de mando, debía saber leer y escribir para poder llevar las cuentas del negocio y reportar o recibir las órdenes del propietario.

En algunas haciendas podían encontrarse también los peones, quienes eran jornaleros que trabajaban por un salario que se pagaba en fichas o en dinero. Pero, como generalmente esas faenas no eran permanentes sino estacionales, esta modalidad de trabajo no les proporcionaba medios para sobrevivir y en consecuencia debían dedicarse a la agricultura de subsistencia del conuco. En este caso los peones no estaban obligados a pagarle renta de la tierra al dueño, como lo hacía el medianero.

Dependiendo del tamaño de su familia y de su ambición, el medianero podía sembrar y cosechar extensiones de tierra mayores de las necesarias para la subsistencia y el pago al dueño. Con esas tierras sembradas en exceso el campesino podía además percibir mayores ingresos. En estos casos el medianero podía, inclusive, emplear a otros trabajadores en la producción de sus tierras, pagándoles con dinero o especies, y no con el tradicional trabajo recíproco de la llamada «tarea vuelta». Esto le permitía al medianero emprendedor acumular y poder invertir en ganado o en bestias para el transporte, y entrar así, modestamente, en un circuito de atesoramiento que lo diferenciaría socialmente del resto de campesinos, sobre todo en los años malos, tanto por su capacidad de sobrevivir o crecer en las crisis, como por tener la posibilidad de no endeudarse con el dueño de la tierra.

*El hato ganadero* no tenía como base la medianería, sino el peonazgo, que era una forma precaria de trabajo asalariado; ante la ausencia de moneda o por control social, era pagado con fichas. Los peones podían tener su cultivo para el consumo familiar, y quizá podían comercializar algunos productos, pero sus funciones principales estaban alrededor de las faenas del ganado que se concentraban al comenzar y finalizar la época de lluvias, en las «entradas y salidas de aguas» para el conteo, herraje y venta de las reses. También eran necesarios los peones para cumplir con ciertas labores permanentes de mantenimiento, como la reparación de cercas, y, sobre todo, de vigilancia de las tierras para evitar el abigeato. La presencia familiar de los peones y de los vegueros, quienes desde su conuco proveían las vituallas diarias, era una garantía del cuido del ganado. Los dueños de la tierra delegaban sus funciones en un capataz o encargado del hato, con lo cual podían estar ausentes y trasladarse a vivir a la ciudad, donde consumían las ganancias que recibían de sus hatos.

*La finca familiar* representaba un esquema completamente distinto, aunque en el fondo era el mismo sistema de medianería sin dueño de la tierra. La familia extendida trabajaba las tierras y comercializaba el producto directamente. Con esto podía atesorar una parte importante de su producción, de hecho, disponía del doble del medianero, quien estaba obligado a desprenderse de la mitad del fruto de su trabajo. Por lo tanto, podía utilizar este excedente para mejorar su producción o para dedicarlo a otras actividades como el comercio, o la prestación de algún servicio, como el muy requerido en ese tiempo, de alquiler de bestias de carga para el transporte de bienes o personas, e, inclusive, hasta para la educación de sus hijos. En un lenguaje más actual, esta finca familiar, como en menor grado la medianería próspera, constituían la clase media rural (Bartra, 1969).

*Un comercio* muy restringido y desigual estaba unido a estas formas de producción. El gran comercio era controlado por algunas pocas firmas comerciales que, desde Caracas, Maracaibo, Cumaná o Ciudad Bolívar, y con nombres extranjeros, otorgaban créditos a los propietarios y compraban por adelantado el producto que luego, y desde esos mismos puertos donde estaban asentados, enviarían a Europa y Estados Unidos. Este comercio generaba dos grupos sociales: el de los propietarios, quienes estaban en la cúspide de la estructura social por sus ingresos, su nivel de vida y el prestigio que les daba ser representantes de empresas y países extranjeros; y el de los trabajadores, quienes eran pocos y asalariados, aunque muchas veces la relación era más servil que salarial.

El otro comercio tenía un ámbito más restringido y su existencia dependía de las formas de propiedad y de pago a la fuerza de trabajo. En aquellos lugares en los cuales se pagaba con fichas a los peones, el comercio estaba monopolizado por el propietario de la tierra o el encargado, y por lo tanto no se permitía la existencia del comercio libre y la competencia. El control del comercio dentro de la hacienda o el hato, no permitió el surgimiento ni la consolidación de las ciudades en las zonas llaneras, pues el comercio en gran escala lo hacía directamente el dueño de la tierra con las casas comerciales y el pequeño estaba monopolizado por la tienda de las fichas. Algo distinto ocurrió en los Andes, pues la pequeña y mediana propiedad requerían de intermediación; como no podían darse el lujo de negociar directamente en Caracas o Maracaibo las pequeñas cantidades que producían, entonces prosperó el comercio urbano que compraba café y vendía los utensilios, herramientas y aperos requeridos en la vida diaria del productor y su familia. Y como no podían trasladarse muy lejos, sino a unas distancias prudentes pautadas por la geografía y los medios de comunicación existentes, se establecieron pequeños pueblos que recorrían los representantes de las casas comerciales buscando los intermediarios del lugar para comprar el café y vender sus importaciones.

Una *clase media urbana* fue posible que se desarrollara alrededor de ese comercio y esa propiedad en los Andes, los hijos de los comerciantes pudieron disfrutar de recursos para obtener educación. Pero no ocurrió así en el llano, donde la sociedad se hizo dominantemente biclasista, sin clase media comerciante o productiva, y por eso hubo menores oportunidades de educación para los que no eran propiamente ricos.

Las ciudades congregaban cerca del 10 % de la población total a comienzos del siglo XX. Casi toda la población del país vivía en el campo y ocupada de las faenas agrícolas y pecuarias. El bajo porcentaje que habitaba en las urbes lo hacía en poblaciones pequeñas, pues para 1926 solo cuatro ciudades tenían más de 20 000 habitantes. Y las otras ciudades que superaban los 10 000 habitantes estaban en la zona costera-montañosa del norte y en los Andes; no había ninguna en el llano.

Las ciudades eran el lugar de residencia de los propietarios y de los comerciantes. Estos eran pocos y no tenían dinero como para pagarse grandes servicios, ni eran mercado suficiente para que existieran muchos artesanos. La ciudad fue el lugar donde se gastaba el modesto excedente de la producción rural, el punto de contacto con los mercados europeos y el escenario del poder político.

La ciudad se organizaba y crecía lentamente en la misma forma de damero que habían instituido las ordenanzas de Felipe II de España. En su centro estaba la plaza con funciones ceremoniales y de mercado y los símbolos del poder: su Iglesia y su Concejo Municipal. Allí se encontraban las casas de los grandes propietarios y los comerciantes. En las afueras del casco central, a las orillas y extendiendo la cuadrícula, vivían los artesanos, los comerciantes menores y los encargados de los servicios urbanos, una suerte de modesta clase media. Los más pobres en la estructura social urbana no tenían casas en la ciudad, pues eran sirvientes y por lo regular vivían en las casas donde laboraban. Y, si se quiere ver de una manera más contundente, tampoco tenían derecho a vivir en la ciudad. Algunos deambulaban entre los campos y la ciudad, pero siempre tenían que andarse cuidando, pues los municipios habían dictado muchas resoluciones para reprimir a los vagos y «malentretenidos» que llegaban a los pueblos, así como para impedir –so pena de multa– que anduvieran bestias sueltas por las calles y plazas.

En las pocas ciudades grandes se habían instalado algunas industrias hacia fines del siglo XIX y comienzos del XX: fábricas de textiles, de fósforos, de velas, vidrios, cervecerías, pastas vegetales, tenerías. Es muy difícil pensar que a partir de esta incipiente industria pudieran derivarse grupos sociales, y que existiera en ese tiempo una clase obrera o una burguesía industrial, pues eran escasas las industrias manufactureras (se contaban menos de 200 para 1913), y muy poco empleadoras de personal, ya que solo algunas tenían más de cien trabajadores. Todavía para 1926, luego del crecimiento que había tenido el sector, impulsado por la restricción a las importaciones que trajo la Primera Guerra Mundial, los estimados colocaban alrededor de 20 000 trabajadores en la industria, siendo muchos de ellos, en la realidad, más artesanos que laboraban en pequeños talleres, que obreros industriales.

Los procesos sociales propios de la modernización en tanto división del trabajo y racionalización de los procesos productivos no habían llegado a Venezuela a inicios del siglo XX. No había ocurrido la industrialización capitalista de la economía, pues la producción seguía siendo agrícola y semifeudal. El proceso de diferenciación social era muy restringido, ya que la división del trabajo y de las clases sociales era muy simple y no existía casi movilidad social. Las ciudades seguían siendo más la urbe colonial, con sus rasgos de ciudad feudal, en tanto sede y lugar de gasto del excedente rural de los propietarios, que la ciudad industrial moderna productora de riqueza. Y la secularización era muy poca, pues si bien con la Constitución de 1864 se había decretado la libertad de culto y en los años siguientes, durante el gobierno de Guzmán Blanco, se habían dado pasos hacia el laicismo, al imponer el registro civil y el matrimonio civil por encima del bautismo y el matrimonio religioso, el impacto de este proceso estaba limitado a un pequeño grupo de personas en la sociedad y el catolicismo seguía siendo la religión oficial.

## El efecto modernizador del petróleo en la estructura social

Tres procesos se conjugan en el primer tercio del siglo XX para dar al traste con la estructura de sociedad agraria tradicional: el impacto de la exploración y explotación petrolera, la gran crisis del capitalismo mundial y los mecanismos de utilización de la renta petrolera. La suma de estos factores dará como resultado una nueva estructura social en Venezuela, la cual se consolidará en los años cincuenta y permanecerá hasta fines del siglo.

Paralelo a la tradicional producción rural de café y cacao, se inició un proceso de exploración y explotación de la industria petrolera. La industria petrolera nunca ha sido gran empleadora de mano de obra, pero, en su fase de exploración, requería de muchos trabajadores para las faenas del campo y para la instalación de los primeros campamentos petroleros. Es así que atrajo a miles de trabajadores de los Andes, del oriente o de la isla de Margarita, quienes abandonan sus tareas de agricultura o de pesca para irse a laborar en las faenas de limpieza de terrenos, apertura de caminos, construcción de viviendas e instalación de los equipos necesarios para la exploración o para el inicio de la explotación petrolera.

En este proceso se constituye el primer «proletariado» propiamente dicho en el país, pues esos trabajadores eran propiamente asalariados, tenían una magnitud importante, pues se contaban por miles y estaban dotados de una identidad de clase al ser clasificados como tales por el sistema de segregación impuesto por las compañías. Eran la nómina menor, vivían en campamentos distintos y compraban sus alimentos y bienes en tiendas o comisariatos diferentes a las que usaban los gerentes o los extranjeros. De allí surgieron los primeros sindicatos modernos.

Simultáneamente a esta actividad se generó otra corriente migratoria que construyó una ciudad paralela, aledaña a los campamentos petroleros. Se trataba de personas que no eran empleadas de manera directa por la industria petrolera, sino que prestaban servicio a sus trabajadores. El trabajo de estos migrantes dependía de los gastos que realizaban los trabajadores petroleros, y abarcaba desde comerciantes y cocineros hasta tahúres, rufianes y prostitutas.

No obstante el impacto que ya tenía la actividad petrolera en la economía, el café mantuvo su expansión productiva durante esos años y en el año 1919 se realizó la exportación del mayor volumen del grano en la historia del país. Sin embargo, pese a que el volumen de exportación de café aumentaba, el valor de los ingresos petroleros era mayor. El petróleo comenzaba a tener un papel relevante en las exportaciones y para 1926 el valor de los ingresos petroleros superó el de las exportaciones de café y así se mantuvo por el resto del siglo.

A partir de 1929 la situación cambia, pues no fue solo que la actividad petrolera crecía y proporcionaba mayores ingresos, sino que el mercado del café sufrió una gran caída. Los precios descendieron hasta llegar a un cuarto de su valor anterior, poniendo en gran aprieto a los propietarios, quienes no tenían cómo pagar sus deudas. Y, para completar el drama de los productores de café, cuando en 1934 el gobierno de Estados Unidos de América decidió devaluar el dólar en un 40 %, la moneda venezolana no acompañó la caída de la moneda estadounidense, como lo hicieron otros países latinoamericanos para proteger su mercado, sino que al contrario se sobrevaluó, con lo cual se encareció el producto y perdió competitividad, así que fue prácticamente imposible continuar con las exportaciones de café por razones cambiarias (Adriani, 1937; Mayobre, 1982).

Este fue el fin de la estructura social tradicional en el país, no porque desapareciera completamente, sino porque ya nunca más tendrá la misma relevancia. La consecuencia inmediata repercutió en el tipo de relaciones semifeudales, pues donde se cobraba la renta de la tierra en especies comienza a cobrarse en dinero. El propietario no quería estar en el aprieto de tener los productos y no encontrar a quién vendérselos. La consecuencia posterior fue la quiebra de muchos propietarios, quienes al no poder cancelar sus deudas, se vieron obligados a entregar sus tierras (Mieres, 1962). Se produjo entonces la concentración de la propiedad territorial en manos de las casas comerciales y de los favoritos políticos del régimen, se impulsó el cambio de la producción agrícola a la ganadera, y se favoreció la eclosión de otros grupos sociales: los comerciantes importadores, la burocracia estatal y los trabajadores urbanos.

El proceso que se aprecia a partir de entonces es una sociedad que se diversifica, donde coexisten las clases sociales provenientes de la estructura social anterior, venida a menos pero aún existente, con los de una sociedad que todavía no llega a ser capitalista industrial, sino apenas rentista importadora.

Si a los factores anteriores les añadimos que el ingreso petrolero se empieza a distribuir en el país en forma de empleo público, que se ocupa en la construcción de edificaciones y carreteras, en pago de empleados y espías de la burocracia, en salarios y gastos militares de un ejército que se inicia, se produce entonces una expansión de la demanda en el mercado interno, sin que exista un aumento de la producción nacional capaz de satisfacerla (Córdova, 1963). El resultado inevitable fue un incremento de las importaciones, con lo cual se fortaleció el grupo social de los comerciantes. Las casas exportadoras se convierten en importadoras, y la clase social que representaban se modifica en sus funciones, aunque muchas veces no en sus nombres (Rangel, 1968). Simplemente cambian el énfasis de su actividad: ya no exportan café, sino importan todo lo demás y casi cualquier cosa.

El movimiento poblacional que se había generado con la exploración petrolera va a continuar por motivos distintos en las décadas siguientes. El proceso migratorio del campo, que se había iniciado de una manera puntual por la demanda de mano de obra para la exploración del petróleo (Briceño Parilli, 1947), se acentuará con la crisis de la agricultura de los años treinta y será apuntalado con las ofertas de empleo urbano y público que le permite el ingreso petrolero al gobierno. Es decir, se da una combinación de factores de atracción y expulsión completamente nuevos. A partir de entonces podemos dividir el país en dos zonas que hemos clasificado así: las *zonas de inclusión* en el circuito de distribución de la renta petrolera, donde hay actividades petroleras o donde se gasta el ingreso petrolero y las cuales atraen a los inmigrantes pues hay empleo y servicios. Y las *zonas de exclusión*, donde también llega el ingreso petrolero, pero en mucha menor cuantía, donde domina el abandono y la incuria y que se convierten en zonas de expulsión de población (Briceño-León, 1991).

Este proceso de migración, más los cambios en la estructura productiva, crean un nuevo grupo social totalmente novedoso y que se ha llamado los «marginales». Así como surgió también de la industria petrolera y de la incipiente manufactura lo que pudiera llamarse un proletariado, se trata de un sector social distinto que creció con la expansión notable que tuvo la industria de la construcción. Aunque pudiéramos considerarlos simplemente como «obreros» que trabajan en la construcción, y por lo tanto una suerte de proletariado, la transitoriedad de los empleos en los procesos de construcción les proporciona roles inestables y mutantes, pues al acabar una edificación y quedar desempleados, se convierten en trabajadores de servicios o por cuenta propia, y entonces su identidad se disuelve y se vuelve polisémica.

Grupos como este, son los nuevos habitantes urbanos. Una mezcla de obreros industriales, empleados de servicios, trabajadores por cuenta propia o subempleados, que en la literatura sociológica se han denominado de manera tan diversa como marginales, sobrepoblación relativa, ejército industrial de reserva y más recientemente informales. Las conceptualizaciones han sido muchas, y ninguna totalmente satisfactoria, por la multifuncionalidad y diversidad identitaria que tienen como sector social. Aunque, sin lugar a dudas, son un actor fundamental tanto en la apropiación del territorio, en la construcción de la ciudad, como en la política.

Los cambios que ocurren en el país a partir de los años treinta diversifican la cúspide de la estructura social. Muchos de los tradicionales propietarios de la tierra permanecen, otros son sustituidos por nuevos nombres, pero, a su lado, empiezan a descollar los comerciantes importadores, los constructores y los financistas. Hasta ese momento tuvo vigencia la hegemonía de los propietarios de la tierra en la estructura social y política de Venezuela. De allí en adelante el poder de los productores rurales será más simbólico que real, pues crecerán el poder y la independencia del gobierno central. Los ingresos del Estado no dependerán de la producción de café, ni de los impuestos que paguen los productores por las exportaciones agrícolas. Los hacendados ya no contarán con ejércitos privados, pues estos serán arrollados por el poderío del ejército nacional que logra enlistar soldados y comprar armamento con las finanzas petroleras del gobierno. A partir de allí, los nuevos grupos económicos urbanos empezarán a competir y apoderarse del poder, desplazando de la escena política a los propietarios rurales (Rangel, 1965).

Lo importante de esta transformación es que la fuente del poder que los encumbraba dejó de ser el dinero rural y agrícola, y pasó a ser urbano y petrolero. La extracción del excedente agrícola a los campesinos se extinguió como fuente fundamental del enriquecimiento tal y como lo había sido por siglos, y comenzó a sustituirla la competencia de los actores económicos por obtener un pedazo de la renta petrolera: un contrato, una licitación, un préstamo del Estado.

Este proceso de transformación de la estructura social adquiere su mayor fuerza entre los años treinta y cincuenta (Maza Zavala,

1976). El crecimiento urbano fue muy notable, Caracas creció de una manera vertiginosa, aparecieron las urbanizaciones que ocupan el valle central y le dan forma a la ciudad actual: las quintas de grandes parcelas de Altamira y Los Palos Grandes; las casas modestas para la clase media en San Agustín del Norte, las cuales mantenían la volumetría de la cuadra tradicional, adosándose unas a otras y manteniendo el patio interior, con un pequeño retiro en la fachada, para que apareciera un porche que las hacía más acordes al nuevo modelo de las quintas; pero también los barrios para los pobres, en la montaña de La Charneca, en la zona sur de San Agustín y en algunas zonas de Catia.

Con la pérdida del poder tradicional de los propietarios de la tierra, el crecimiento de la población urbana y la irrupción de los nuevos actores sociales, se echan las bases para la transformación política, surgen los nuevos partidos políticos, los sindicatos y las modificaciones en el sistema electoral, que permitieron un acceso universal al voto de la población, sin importar el sexo o el nivel de instrucción del votante.

A partir de allí, el Estado venezolano se convirtió en el gran creador de las clases sociales en Venezuela. Los ricos y los pobres, los empresarios y los obreros, todos los estratos sociales crecerán a su abrigo: se impulsarán fortunas, se crearán empleos y se darán ayudas con las políticas sociales. Y así, más rápida que lentamente, aparecerán nuevos grupos y se producirá un ascenso social generalizado.

Un estrato social importante que surgirá en este proceso es el de los empleados del Estado. Los funcionarios públicos han existido en toda la historia de la República, pero la flaqueza económica del Estado no se podía permitir pagar muchos empleados, por eso con la llegada abundante del ingreso petrolero al gobierno central, se decidió ampliar los servicios públicos y con ellos se incrementó el empleo urbano. Este sector será la base para la creación de la clase media urbana (Briceño Iragorry, 1957). Al aumentar este sector burocrático, conjuntamente con el incremento de los trabajadores en las obras públicas, se expandirá el mercado urbano y aparecerán nuevas empresas para prestar servicios, las cuales a su vez ofrecerán nuevos empleos, y así se conformará una clase media que luego estudiará, se hará profesional, ascenderá socialmente y, al final del siglo, se encontrará desempleada.

Entre los años cuarenta y cincuenta se produjeron varios procesos económicos y demográficos que van a expresarse directamente en la estructura social y que le dará los rasgos modernos que desde entonces detenta. La Segunda Guerra Mundial convirtió al petróleo venezolano en un factor estratégico de vital importancia, Venezuela recibía abundantes recursos por la exportación, pero sufría la restricción de las importaciones que imponía la economía de guerra. Algunos productos llegaban al país, pero al estar controlados por cuotas que imponían los exportadores, era el gobierno central quien podía decidir a quién se le entregaban esos bienes para su comercialización interna. De este modo, el gobierno pudo favorecer a unos grupos comerciales y reforzar el poder de los comerciantes importadores en su conjunto (Carrera Damas, 1974). La guerra también hace que se expandan los trabajadores petroleros y aunque en 1915 ya había habido un conato de huelga petrolera, es en este período donde se constituye el sindicalismo, aparece la idea política de la clase obrera y, entonces sí, ocurre la primera gran huelga petrolera.

Desde el punto de vista demográfico se presentan dos factores importantes. La guerra había arruinado a Europa y, ante la miseria de la posguerra, muchos individuos con algunas destrezas en algún oficio deciden emigrar y escogen a Venezuela como destino, pues había crecimiento, flexibilidad social y buena paga. Es así que el país recibió un flujo migratorio de magnitudes importantes, el cual va a constituir una clase media de mano de obra calificada, que era profesional por tener un oficio probado y no un título académico. Los trabajadores inmigrantes van a sostener la expansión de la industria de la construcción y la creación de los servicios urbanos. Este grupo representa un sector novedoso, pues venía de sociedades capitalistas y urbanas y estaban conformados por trabajadores calificados, algunos con mentalidad de proletarios, en el sentido político de «conciencia de clase obrera», que deseaban construir organizaciones sindicales; otros tenía una mentalidad empresarial y ambiciones de riqueza. Su novedad estriba en que provienen de un medio social donde la modernidad se había implantado, y aunque la guerra había destruido esas economías, ellos venían con la cultura que les daba un modo distinto de relacionarse con la empresa y con la ciudad. Estaban acostumbrados a vivir en apartamentos y a la disciplina del trabajo en cuanto a horarios y jerarquía. Pensaban en el ahorro para la acumulación y su posterior inversión en negocios, no para el disfrute. Era un modo de vida diferente al de los pobres venezolanos, quienes aún no terminaban de salir de un sistema rural y semifeudal. Estos migrantes serán un puntal importante en la constitución de la clase media.

Paralelo a esto se produce la campaña antimalárica que reduce radicalmente la mortalidad por paludismo en los escasos tres años que van desde 1945 hasta 1948. Esto fue posible por la aplicación del insecticida Dicloro Difenil Tricloroetano (DDT) con fines civiles que se hizo por primera vez en Venezuela. El DDT, que es un insecticida de efectos residuales que se aplica a las paredes de las casas, había sido usado por el ejército norteamericano durante la guerra del Pacífico para proteger a sus tropas de la malaria. Hasta ese momento no se había comercializado para fines civiles, pues se consideraba una herramienta de guerra. Venezuela pudo acceder al producto una vez concluidas las hostilidades tanto por haber sido un aliado importante de los EE. UU. en la guerra como por tener dinero para pagarlo. El resultado fue, según relata A. Gabaldón (1965), el de una notable expansión del territorio nacional, pues abrió las posibilidades de sembrar y habitar en áreas que previamente no podían ser utilizadas a cabalidad por los riesgos de contraer la enfermedad. Desde el punto de vista económico, se pensaba que la liberación del yugo de la malaria, aunado a la expansión de la red de carreteras, podía permitir a su vez una expansión económica de estos territorios, un repoblamiento de las zonas rurales, una migración masiva hacia el campo; se imaginaba que se podía desarrollar una economía de expansión de las fronteras civilizatorias, como había ocurrido con la conquista del oeste norteamericano (Gabaldón, 1969). Lo que en realidad ocurrió fue lo contrario, las personas migraron hacia el centro del país. Las carreteras que conectaban a Caracas con el resto del territorio nacional no llevaron a nadie a la provincia, sino que trajeron los campesinos hacia los lugares donde se distribuía el ingreso petrolero.

A partir de los años cincuenta del siglo pasado y durante treinta años, se dio un proceso de mudanzas que trastocó la sociedad rural y feudal y abrió las puertas al capitalismo y la vida urbana. En ese cambio la sociedad tradicional no desapareció del todo, ni la moderna se instaló completamente, sino que se mezclaron los rasgos del pasado y del futuro, pues como fueron tan rápidos los cambios, no hubo tiempo para que se consolidaran las transformaciones. En esos años Venezuela tuvo un importante crecimiento y diversificación económica, una expansión urbana y una movilidad social que durará hasta 1983. Esos pueden decirse que fueron los «treinta años gloriosos» de Venezuela. En ese período se crea y consolida lo que será la estructura social característica del siglo XX venezolano y empieza a encontrar su rostro de modernidad mestiza.

El censo que se realizó a comienzos de los años cincuenta mostró que más de la mitad de la población ya vivía en ciudades. La estructura social se había vuelto fuertemente urbana, ya no solo vivían en la urbe los propietarios de la tierra y sus sirvientes, sino los nuevos ricos, los funcionarios del gobierno, los empleados de las empresas, los trabajadores de servicios, los obreros de la construcción, los artesanos, los profesionales libres, los trabajadores por cuenta propia, los desempleados.

En los años cincuenta se consolidó también el lugar del negocio petrolero y de la economía del país como exportadora de petróleo (Carrillo Batalla, 1965). Venezuela se había transformado en el primer exportador mundial de petróleo. Los Estados Unidos, quienes antes detentaban ese lugar, habían terminado con su rol de exportador de crudo. El incremento de la demanda interna de combustible en Estados Unidos, propiciado por el crecimiento económico y el consumo asociado al bienestar de las familias y de la vida urbana, había convertido al país en importador neto después de la guerra.

Venezuela vivía una creciente bonanza, los altos ingresos petroleros y la poca mano de obra calificada, hicieron que los salarios que se pagaban en el país durante los años cincuenta fueran más altos que en Alemania, como lo constató el economista C. Furtado (1957) en un análisis de la economía venezolana de ese tiempo. Estos ingresos reforzarán la corriente migratoria de españoles, italianos, portugueses y colombianos que llegaban al país. Estos migrantes formaron grupos sociales importantes, pues van a constituir colonias y con su inserción en el mundo del trabajo promoverán una nueva actividad económica en la ciudad y en el campo.

Las campañas de saneamiento ambiental, así como la expansión de los servicios de salud, redujeron significativamente la mortalidad general del país, y en particular la mortalidad infantil. Pero como esta disminución de la mortalidad no estuvo acompañada de un descenso en la natalidad, se produjo un fenómeno nuevo en la sociedad, pues, al combinarse la alta natalidad con la baja mortalidad, se generó una verdadera explosión demográfica. La población del país creció vertiginosamente y si bien este crecimiento poblacional ocurrió en todos los sectores, su mayor impacto fue entre los más pobres, quienes por tener menos acceso a la información, o por inercia cultural, conservaron por mucho más tiempo un patrón de alta fecundidad apropiado para las circunstancias anteriores, de alta mortalidad infantil, cuando era necesario tener muchos hijos para que algunos sobrevivieran, pero innecesario cuando la mortalidad se reduce.

La pobreza del país, que siempre había existido, se hizo más evidente porque aumentaron en número los pobres y se vinieron y mostraron en las ciudades. La concentración de la distribución del ingreso en ciertas áreas reforzaba el patrón migratorio hacia las ciudades.

### La siembra del petróleo y la modernización

Desde que Uslar Pietri publicó en 1936 su editorial sobre el petróleo, se instaló en el imaginario colectivo venezolano la idea de que el petróleo debía «sembrarse». La frase, que titulaba el breve artículo de opinión, ha tenido dos diferentes connotaciones en la representación social de la siembra. La primera ha sido la de utilizar el petróleo en la economía no petrolera, en la producción de formas paralelas o sustitutas a la industria petrolera. La otra, muy poderosa, aunque menos explícita, ha sido la de sembrar el ingreso petrolero en la gente, en su alimentación, su educación o su vivienda.

La siembra en la economía se le concibe como un medio para crear empleos y «desarrollar» el país. Esto se expresó con mucha fuerza en dos áreas distintas: una ha sido la construcción de obras públicas y la otra el proceso de sustitución de importaciones. En la práctica esto ha significado la creación de un mercado de empleo más diverso y en consecuencia la aparición o refuerzo de ciertos grupos sociales. Las obras públicas han permitido el impulso de un *empresariado* como grupo social, pues con los grandes contratos que ofreció el gobierno, fue posible durante varias décadas amasar importantes riquezas. Permitió, también, el crecimiento de un estrato laboral de *obreros de la construcción*, formado por algunos trabajadores calificados y muchos trabajadores no calificados.

También es posible decir que, de manera indirecta y oculta, posibilitó la creación de otro grupo adinerado no empresario, el de los *funcionarios públicos*, quienes en el gobierno se han enriquecido por ese reparto *sui géneris* de los contratos y la ganancia que significa la corrupción. Desde los gobiernos de Pérez Jiménez hasta el de Chávez, la construcción de autopistas, represas, puentes o viviendas ha sido una fuente de enriquecimiento de un sector social amplio que cubre, con montos distintos, desde los ministros y generales, hasta las secretarias.

Las obras públicas han demandado y generado también una expansión de los servicios y, en consecuencia, la aparición de *pequeños empresarios*, encargados del comercio de bienes o de la prestación de servicios personales. Y han implicado también los movimientos poblaciones en las migraciones temporales o permanentes que han modificado la ocupación territorial y la formación de nuevos grupos sociales. Cuando se iniciaron las labores de construcción de la gran represa de Calabozo, a comienzos de los años cincuenta del siglo pasado, esta ciudad contaba por cientos sus habitantes, pero las labores de movimiento de tierra y construcción requerían de mucho personal, así que debía traerse de otros lugares, pues se llegaron a emplear más de 5000 trabajadores. El pueblo, ni en sueños daba abasto para albergar a tantos recién llegados, así que fue necesario crear campamentos para alojarlos. A su alrededor se instalaron los restaurantes y los prostíbulos, y eran tantos estos últimos que, según cuentan los aldeanos, en los corrillos los clasificaban por la nacionalidad de las trabajadoras: el bar de las alemanas, el de las italianas, el de las cubanas...

La siembra en obras públicas como las represas o las carreteras y autopistas, daban las bases para que se desarrollase privadamente la industria manufacturera en las ciudades, como Valencia o Maracay, o la agroindustria, como sería el caso de la producción de arroz en Calabozo.

Posteriormente, la siembra del petróleo fue más directa en la industrialización manufacturera, y con el proceso de sustitución de importaciones se pretendía tanto la creación de fuentes de empleo más permanentes que con la industria de la construcción, como de empresas con mayores posibilidades de contribuir al crecimiento económico (Silva Michelena, 1970).

El proceso de industrialización no fue muy distinto al que describíamos para la construcción: un grupo adinerado conseguía un crédito para instalar la industria y la prohibición de importar el bien que se iba a sustituir; luego un grupo de funcionarios que se enriquecía a su sombra y calladamente por la corrupción; esto permitía el surgimiento de un grupo de profesionales y trabajadores calificados y el de unos obreros no calificados.

Desde el punto de vista de la estructura social, el proceso de sustitución de importaciones llevado a cabo en Venezuela para sembrar el ingreso petrolero fomenta de manera indirecta la marginalidad o *el sector informal*, pues fue un proceso industrial notablemente ahorrador de mano de obra. Es decir, en el proceso de sustitución de importaciones, en una economía petrolera con abundantes divisas, el dinero resultaba mucho más barato que la fuerza de trabajo, y en consecuencia, era racional comprar sofisticadas maquinarias ahorradoras de mano de obra. Cuando la industria no era simplemente una fachada, sino una fantochada diseñada para embolsillarse el crédito recibido por el gobierno, se volvía altamente tecnificada y por lo tanto ahorradora de mano de obra (Araujo, 1964). Las industrias, y todo el proceso de gasto del dinero petrolero, ilusionaban y atraían a muchos individuos a la ciudad, pero las empresas no tenían cómo emplearlos, por lo que pasaban a engrosar el desempleo o el sector informal.

Como la industria no generaba suficientes empleos, era el Estado quien debía cumplir funciones de gran empleador, y esta es la segunda interpretación que se le ha dado a la frase de Uslar: sembrar el petróleo en la gente a través de políticas sociales.

Cuando en 1947 Pérez Alfonzo presentó su Memoria como ministro de Fomento, en las primeras páginas afirmaba, como economista racional, que el dinero petrolero debía reservarse para invertirlo en planes especiales de la industria. Pero, unas líneas después, como político, dudaba y se preguntaba si era acaso posible usar el dinero proveniente del petróleo exclusivamente para generar trabajo y más riqueza en el futuro, cuando se tenía por delante un país lleno de hambre, enfermedad y analfabetismo en el presente (Pérez Alfonzo, 1962).

Por décadas la respuesta de los gobiernos nacionales ha sido sembrar el petróleo en la gente, creando empleos, muchas veces innecesarios, invirtiendo en educación y salud gratuita, construyendo viviendas regaladas y ofreciendo alimentación subsidiada.

Los altos salarios y las políticas sociales antes señaladas provocaron lo que podemos denominar un ascenso social generalizado, una mejoría colectiva donde el resultado no era una consecuencia del esfuerzo propio e individual, sino de los cambios globales que se daban en el país como consecuencia del gasto del ingreso petrolero. Eso ocurrió de manera notoria durante el primer gobierno de Carlos Andrés Pérez después de 1974, y durante los mandatos de Hugo Chávez después de 2004, pero ha sido una dinámica común a todos los gobiernos.

### La reforma agraria y las clases sociales en el campo

Los cambios en la estructura social del campo tienen su origen en la reforma agraria de 1961. La reforma agraria fue más una política social que una política económica, es decir, con la reforma agraria no se procuraba hacer más productivo el campo y en consecuencia impulsar la creación de riqueza, sino fue un modo más de gastar la riqueza petrolera y cambiar las condiciones de vida.

La reforma agraria pretendió cambiar al campesino desde su condición de «Juan Bimba» en alpargatas y sin tierra, hacia un trabajador moderno del campo, autónomo, propietario y tecnificado. Los resultados económicos, al pasar el tiempo, fueron lamentables, no se logró detener el éxodo de abandono del campo ni crear una economía campesina productiva. Ahora bien, la intervención del Estado sí logró transformar la estructura social del campo al crear otros sectores de medianos y bajos ingresos, los cuales, amalgamados a los previamente existentes, ofrecieron una variedad de estratos que expresaban tiempos históricos diferentes.

Por el temor a los derechos que la legislación de la reforma agraria le otorgaba a los pisatarios, los *dueños de la tierra*, medianos o grandes, comenzaron a ingeniárselas con fórmulas legales e ilegales para sacar a los campesinos remanentes de sus tierras, pero al hacerlo se quedaron sin mano de obra que necesitaban para las faenas del campo. El descenso de la población campesina fomentó y fue al mismo tiempo causa de la poca inversión y la baja productividad del campo.

La agroindustria logró revertir este proceso en algunos lugares, y, al hacerlo, permitió crear un nuevo sector social en el campo: *los obreros agrícolas* (Domínguez, 1978). Ya no se trataba de campesinos conuqueros o medianeros, ni tampoco de jornaleros para la zafra en tiempos de cosecha, sino de obreros simples, con horario y derechos laborales, solo que vivían y laboraban en el campo y no en la ciudad. Hizo posible también la aparición de una *clase media rural*, parecida al *farmer* americano, que pudo vivir bien y acumular cierta riqueza a partir de su negocio rural de producción avícola, porcina, de frutales y algunos cereales.

Al lado de los medianos propietarios hubo también grandes inversiones en el campo para la producción agrícola o pecuaria de gran escala, que constituyeron lo que en una tópica serían la clase alta o *los ricos del campo*. Lo notable de estos casos es que mayoritariamente se trataba de un capital de origen urbano que fue invertido en el campo, para la compra y modernización de las haciendas y hatos, con una propuesta de organización de la producción estrictamente capitalista. En estos casos se fomentaba también una *clase media profesional* que laboraba en el campo y acompañaba a los obreros agrícolas.

Entre los campesinos que permanecieron en las zonas rurales se formaron tres grupos de pobres. El factor que los ha diferenciado, y que nos permite colocarlos en un gradiente, es la regularidad con la cual obtenían ingresos en dinero. Los más pobres eran los *campesinos conuqueros*, quienes trabajaban su parcela sembrando maíz, menestras y yuca, y solo recibían ingresos monetarios cuando vendían la cosecha. Como cultivo mixto, el conuco les proporcionaba al campesino y su familia los productos necesarios para subsistir durante el año; adicionalmente podía vender entre las cosechas algunas tortas de casabe o algunas frutas, con lo cual obtenía algo de efectivo. Pero los ingresos importantes en dinero solo los recibía una o dos veces al año, por lo cual, para poder adquirir los productos comerciales debía endeudarse. Era el único medio que tenía para comprar los fósforos, el azúcar, la sal; o unas medicinas o las baterías para el radio.

En un nivel intermedio ubicamos a los *campesinos jornaleros*, que lograban combinar el cultivo familiar con algunos trabajos a destajo, sea por día o por tarea en alguna finca o hato de la zona donde habitaban, o inclusive en las zonas urbanas cercanas. Los días de trabajo podían ser unos pocos al mes, pero ese ingreso monetario, por pequeño que fuese, representaba una diferencia importante y le permitía un nivel de vida superior al del campesino conuquero. En una entrevista que le hice a uno de estos campesinos, él justificaba y agradecía al cielo tener su doble trabajo, como conuquero y como peón, diciendo que con ese trabajo extra podía tener un poco más de ingreso en dinero para así comprar unos paquetes de espaguetis y su familia comer completo.

Los que mejor se encontraban entre los pobres del campo eran *los asalariados*, pues recibían ingresos regularmente. El salario mínimo rural podía ser muy bajo, pero la regularidad de su recepción representaba un gran aporte para la escasa calidad de vida. Estos obreros del campo podían a su vez cultivar algún pequeño conuco con su familia y así comer de esa cosecha y utilizar el dinero para comprar productos industriales –como el aceite, las sardinas, la ropa–, o pagar servicios como el transporte. Cuando hicimos estudios sobre las condiciones de vida de los campesinos en los llanos y el piedemonte andino, era evidente que las casas de los asalariados estaban en mejor estado, sus hijos se vestían mejor y todos podían ir al pueblo de compras o para consultar al médico.

## Las clases sociales a fines del siglo XX

A fines del siglo XX, un ingeniero experimentado requería disponer en su cuenta bancaria de al menos cincuenta salarios completos para poder dar la cuota inicial de un apartamento de cien metros cuadrados en una zona modesta. Si lograba hacer la negociación se enfrentaba a otra realidad: con todo su sueldo profesional no podía pagar el crédito, más aún, su sueldo ni siquiera le permitía pagar los intereses de la deuda.

Treinta años antes, a comienzos de los años setenta, un ingeniero recién graduado podía comprarse un apartamento similar y nuevo, con los mismos cien metros cuadrados, si lograba reunir el equivalente a cuatro de sus sueldos mensuales. Con ese dinero cancelaba la cuota inicial, y el resto de la deuda la pagaba con una tercera parte de su sueldo durante los siguientes veinte años.

En ese mismo período, un obrero manufacturero lograba transformar su rancho de cartón y zinc en una casa sólida en un lapso de entre tres y cinco años. A fines de siglo podía requerir de unos diez a quince años para alcanzarlo.

Tampoco al finalizar el siglo la educación universitaria se mantuvo como un mecanismo seguro de ascenso social. Muchos jóvenes se preguntaban ¿para qué ir a la universidad, si luego voy a ser un empleado mal pagado?

Estos cambios abismales se desencadenaron en el país desde la caída del ingreso petrolero, ocurrida en los inicios de los años ochenta y que se hace evidente en la sociedad a partir del control de cambio impuesto en los carnavales de 1982 durante el conocido «Viernes Negro», el cual representó el quiebre del modelo petrolero que se expresa con el control. Sin embargo, hasta fines de siglo no se habían dado modificaciones importantes en la estructura social, apenas un deterioro de las condiciones de vida de casi todos los grupos y clases sociales.

Para estratificar las clases sociales a fines de siglo, podemos utilizar la clasificación tópica que ha usado la sociología en casi todas las sociedades. Como es un asunto de lugares, parece que son casi siempre las mismas, pues lo que puede variar es la cantidad de clases que el investigador decida utilizar para construirla en dos, tres, seis, nueve grupos. Pero esto es engañoso en cuanto a su contenido específico, pues no es lo mismo formar parte del grupo de los ricos de Sanaré que de los amos del valle de Caracas o de la élite mundial que vive frente al Central Park de Nueva York. Tampoco es igual ser un pobre en Caracas que en Bamako o Mumbay, aunque en cualquiera de esos lugares unos estén y sean reconocidos como tales en el tope y otros en la base de la tópica de la estructura social.

La estructura social se puede fraccionar en tres clases: dos en los extremos, los ricos y los pobres, y una entre ambos, los que no son ni tan ricos ni tan pobres. Esta clasificación es la que utilizó Aristóteles, para referirse a la sociedad de su tiempo. Pero también puede fraccionarse en seis o en nueve clases. Yo he preferido utilizar una división en seis clases, para guardar una cierta armonía en la construcción de la diferencia. De manera sucinta a fines del siglo XX eran las siguientes:

En el tope de la pirámide estaban los poderosos, allí había que diferenciar entre *los grandes ricos y los nuevos o medianos ricos*. La clasificación no es fácil, pues el grupo es restringido en tamaño, son pocos, y no hay muchas distinciones visibles en el consumo. Lo que sí hay son diferencias en cuanto a los mecanismos de poder y a ciertos rasgos de los modos de vida. Los grandes ricos lo son porque pueden ser considerados como tales en cualquier parte de la Tierra: son ricos en Caracas, en Nueva York o en Madrid. En un mundo globalizado, los de este grupo han tenido negocios y propiedades dentro y fuera del país, y se codean y son considerados pares de los propietarios o de los ejecutivos de las grandes corporaciones multinacionales. En cambio, los ricos medianos o nuevos ricos solo han sido ricos en Venezuela. Esto no es poca cosa y en nada desdice de su poder y lujoso modo de vida. En la práctica pueden no encontrarse mayores diferencias visibles al común de los ciudadanos, de las personas de las otras clases, pero sí existen, solo que no son perceptibles para las otras clases. Tales diferencias de estatus y riqueza solo pueden reconocerlas y añorarlas los miembros de esas mismas clases, quienes las observan y resienten en objetos fetiches como sus barcos y aviones, por el tamaño y las horas de autonomía de vuelo de su jet privado, o por los pies de longitud que tiene la eslora de su yate y la cantidad de invitados que puede recibir en él.

*A la clase media* la podemos diferenciar entre un grupo que estuvo en ascenso y otra que se mantuvo igual durante ese período; la hemos denominado la modesta clase media. Por su lugar central, por su ubicación en el medio del sándwich, la clase media está siempre en movimiento, aspirando a subir y aterrorizada de caer. Por eso uno encuentra siempre cambios continuos: un grupo de familias en mejoría social y económica, que luego se estancan porque muere el padre o la madre, que era quien producía ingresos importantes, y luego la herencia se divide y fragmenta y la siguiente generación pasa a llevar una vida modesta. O, al contrario, con ese capital inicial, la familia logra invertir en negocios productivos y pasa a convertirse en un nuevo rico. Este último proceso de enriquecimiento fue posible y generalizado entre los años cincuenta y ochenta, y fue más difícil y restringido, pero no imposible, entre los ochenta y fines del siglo XX.

La *clase media en ascenso* fue un sector que mostró alta movilidad; fueron profesionales jóvenes, quienes ejercieron exitosamente de manera liberal o como nuevos empresarios se orientaron hacia áreas de punta o servicios y lograron importantes ingresos. Estos individuos fueron calificados en el país como «*yuppies*», mostraron gran afán por el consumo y tenían todos los rasgos externos de la movilidad social ascendente.

La *modesta clase media* estaba integrada hasta fines de siglo por los profesionales empleados del gobierno o la empresa privada. Este fue el lugar que en la primera parte del siglo habían ocupado los «bachilleres», los comerciantes detallistas y pequeños empresarios. Este sector sufrió en su calidad de vida el deterioro de la economía de los años noventa, de una manera muy especial los empleados, quienes no lograron adecuar sus ingresos a la tasa de inflación, que llegó a superar el 100 % anual, produciéndose un deterioro del salario real que alteró su modo de vida. Este sector, al empobrecerse, fue desplazando a otros grupos, al ocupar algunos espacios que antes estaban destinados a los pobres. Un caso muy palpable de este proceso de empobrecimiento y gentrificación urbana lo representa la urbanización Caricuao en Caracas. Caricuao fue construida por el llamado Banco Obrero, que había sido la entidad gubernamental encargada de la construcción de viviendas sociales durante casi todo el siglo XX, y estaba destinada a satisfacer la demanda de vivienda de empleados y obreros bien pagados. A finales de siglo sufrió un proceso de gentrificación por el cual cambió el grupo social que la habitaba, y de ser un lugar de obreros y empleados, pasó a ser un lugar de vivienda de clase media, integrada por parejas de profesionales universitarios.

En sus inicios, en los años sesenta, ningún graduado universitario hubiera pensado en adquirir un apartamento allí; en los noventa era una de las pocas opciones que tenía para poder comprar una vivienda en Caracas.

*Los pobres* constituían la gran mayoría. Algunos afirmaban que podían representar hasta el 80 % de los venezolanos. Significan el grueso de la población que tenía más semejanzas que diferencias entre ellos, dado que eran los pobres del campo y de la ciudad. Utilizando ciertas clasificaciones de servicios y tipo de vivienda, los pobres rurales aparecen como más pobres que los de la ciudad. Esto era solo parcialmente cierto, pues en el campo había familias que vivían realmente en pobreza extrema, sobre todo los ancianos y las mujeres solas llenas de hijos (Márquez, 1995), de resto, muchas de esas familias en el campo logran llevar una vida pobre, sin ninguno de los oropeles de la modernidad, pero no eran necesariamente miserable.

Aunque pueden parecer un grupo homogéneo, *los pobres urbanos* se diferenciaban tanto por el tamaño y la regularidad de los ingresos familiares, como por el tiempo que tenían viviendo en la ciudad y los nexos sociales y familiares que los mantienen vinculados. El factor de dependencia económica era muy importante en la diferenciación social entre los pobres, es decir, el número de personas que trabajaban en una familia en relación con las que no lo hacían y vivían de lo que ganaban los demás. Lo que cada uno cobraba podía ser poco, pero si trabajan varios miembros de la familia y se sumaba lo que cada quien aportaba, podían conseguir juntos una cifra importante que les permitiera un mejor nivel de vida. Por esta misma razón era muy adversa la situación de las mujeres solas y con hijos pequeños, pues era una sola persona la que producía ingresos y en condiciones muy precarias, por su nivel de calificación y las restricciones de tiempo al tener que ocuparse de sus hijos. El segundo factor era el tiempo que tienen viviendo en la ciudad, lo cual determinaba el lugar donde vivían y significaba una mejor o peor dotación de los servicios públicos y del estado de la vivienda. Este segundo factor se puede confundir con el primero, pues si tienen más años en la ciudad, los hijos también estarían más crecidos y con edad de trabajar podían aportar al ingreso familiar.

El tercer factor importante lo constituía el tipo de nexos que mantenían en la zona donde habitaban, en el barrio o en la ciudad, pues si tenían amigos y familiares, podían contar con una red de solidaridad que los ayudaba a mejorar o a no empobrecerse. La regla de reciprocidad del «hoy por ti y mañana por mí», regulaba las relaciones entre muchos pobres y hacía que el bienestar de una familia ampliada estuviera condicionado por la situación de bienestar de todos sus componentes. Una familia podía tener muy buenos ingresos, pero, si el resto de la red familiar está desempleado, esa familia debía distribuir sus ingresos entre todos. Esa solidaridad favorece la convivencia pero imposibilita cualquier tipo de inversión en mejoría de la vivienda, en educación o incluso en los negocios, si este fuera el caso.

A fines del siglo XX la mayoría de los pobres urbanos tenía más educación formal que en los años cincuenta o setenta, pero esta educación quizá le servía menos que a los anteriores para su ascenso en la estructura social. Las nuevas generaciones de los pobres podían tener estudios incompletos de primaria o de bachillerato, pero esa educación no representaba una ventaja mayor al momento de insertarse en el mercado de trabajo, pues era muy similar cuando se trataba de ocuparse como obrero. La educación solo podía ofrecer diferencias importantes entre la calidad de vida de los pobres cuando llegaban a culminar los estudios universitarios, y esto implicaba que el individuo y las familias superaran un sinnúmero de obstáculos, no siempre fáciles de vencer.

En los años noventa, la población que habitaba en las zonas urbanas no planificadas, lo que llamamos barrios de ranchos, representaba entre el 35 % y el 80 % de la población de las ciudades

(Villanueva y Baldó, 1994). Pero, a pesar del nombre, la mayoría de las viviendas de los barrios no eran ranchos, podían ser viviendas autoconstruidas o modestas, pero no ranchos de zinc o de cartón (Bolívar *et al.*, 1994). Adicionalmente, en los denominados barrios había muchas familias que pudiéramos considerar como parte de la modesta clase media y ese porcentaje fue creciendo con el tiempo. Estas familias, aunque tenían su casa en zonas que se originaron como una invasión urbana, vivían en edificaciones que eran de buena calidad, incluso se trataba de edificios de varios pisos que habitaban sus dueños o que los alquilaban a familias con ingresos medios (Camacho y Tarhan, 1991). Los únicos rasgos distintivos eran que esas viviendas no tenían permisos municipales de construcción y por lo regular tampoco tenían propiedad legal de la tierra donde estaban edificadas.

Por varias décadas los barrios de ranchos de Venezuela vivieron un proceso de mejora continua: las casas se iban transformando con la sustitución de materiales originales de desecho o deleznables, los cuales eran reemplazados por materiales sólidos de bloque y cemento. Al mismo tiempo, se instalaban y ampliaban las redes de servicios públicos. El hábitat urbano se hacía cada día mejor. Por esta razón nos opusimos sistemáticamente a la calificación de «zonas deterioradas» que alguna sociología y arquitectura de influencia norteamericana pretendió utilizar en los años sesenta y setenta. Casi hasta finales de siglo los barrios no se deterioraban, sino que mejoraban cada día. En el nuevo siglo el proceso se revirtió y fue posible hablar con propiedad del daño de las viviendas y el hábitat en muchas zonas de barrios. La poca inversión en servicios públicos, debido a las limitaciones financieras del Estado, la desaparición o disminución drástica del excedente del ingreso familiar que podía ser destinado a la vivienda, y la creciente densificación de los barrios, aunado a un mensaje político que acentuaba la división y el conflicto, propició una dinámica social y ambiental diferente a inicios del siglo XXI.

Los pobres rurales, como ya hemos descrito, eran de tres tipos, dependiendo su nivel de vida de la regularidad de su ingreso y de la distancia que tenían de los centros poblados. El aislamiento o cercanía ha sido un factor que ha contribuido a que sus condiciones de vida sean mejores o peores, tanto por las dificultades y costos implicados en la venta de sus cosechas, como por las limitaciones y costos que deben pagar para tener acceso a los servicios. El cultivar en tierras privadas o públicas de la reforma agraria podía dar diferencias en sus ingresos y niveles de vida, pero no necesariamente los que vivían y trabajaban en parcelas públicas tenían mejores condiciones que quienes lo hacían en terrenos privados. El nivel educativo de los campesinos fue un factor de mejoría social para muchos, pues los diferenciaba de los analfabetos, y con esas destrezas se les facilitaba el desempeño en el comercio, el poder tener acceso al crédito público o solicitar un mejor trabajo asalariado.

Al finalizar el siglo XX, la estructura social de Venezuela seguía siendo la misma, pero mostraba ya un notable deterioro. Los factores que podían moldear la nueva estructura social posrentista no llegaron a consolidarse, ni como ruta, ni como poder. El nuevo siglo se inició lleno de esperanzas.

## Pobreza y riqueza a inicios del siglo XXI

Las esperanzas que se abrigaron al inicio del nuevo siglo tenían motivos diferentes para dos grupos sociales distintos. Para un grupo, compuesto por la mayoría de la población, existía la expectativa de una calidad de vida mejor que ofrecía el nuevo presidente: más ingresos, menos pobreza, menos inseguridad. Para el otro grupo social, más reflexivo, académico o político, la esperanza estaba en la promoción de una economía nacional y productiva, que superara la dependencia del petróleo y fortaleciera las exportaciones no tradicionales.

215

El recién inaugurado presidente Chávez fomentaba, con gran habilidad, ambas esperanzas. En su discurso de toma de posesión en 1999 había expresado abiertamente que el país no podía seguir viviendo del ingreso petrolero, pues el barril que se vendía se estaba cotizando en menos de diez dólares y que por lo tanto había que avanzar hacia una economía que superara el rentismo, que no dependiera de las importaciones de insumos para las industrias ni de alimentos para la población. Adicionalmente, se dirigía al otro grupo social y desarrollaba su argumento que explicaba la pobreza y la desigualdad como el resultado de una inequitativa distribución de la riqueza nacional, de la renta petrolera. La tesis era que la renta petrolera se había distribuido de manera desigual entre los grupos sociales, pues, en el reparto de la torta petrolera, unos pocos se habían apoderado de mucho, de la tajada mayor, y no habían dejado nada para los demás y por eso eran pobres o se habían empobrecido. No se mencionaba en esta oportunidad ni la economía rentista y poco productiva, ni la caída de los precios en el mercado internacional del petróleo.

En los años siguientes, la situación del mercado petrolero cambió positivamente y así lo hizo el ingreso del gobierno nacional. En menos de diez años, el precio del barril de petróleo se multiplicó por ocho, pasó de un promedio de 10,5 dólares al inicio de 1999 a 86,4 dólares en el año 2008. Eso significó que los ingresos del gobierno central se multiplicaron también por ocho veces durante ese lapso. Los ingresos del gobierno central entre los años del gobierno de H. Chávez entre 1999 y 2010 sumaron la exorbitante cifra de 516 280 millones de dólares; en un período de tiempo similar, durante los gobiernos de los presidentes Lusinchi, Pérez-Velásquez y Caldera, entre 1986 y 1998 los ingresos habían sido cuatro veces menores, de 149 600 millones de dólares. En promedio esos gobiernos tuvieron un ingreso de 11,5 mil millones de dólares, mientras que durante el gobierno de H. Chávez el promedio de ingreso fue de 43 mil millones, cuatro veces más. La mayor riqueza que hemos tenido en la historia del país.

Este cambio en el ingreso nacional, aunado a unos criterios de control político, permitieron que se concretara una de las esperanzas y se defraudara otra. Con esa inmensa cantidad de divisas el gobierno nacional fue capaz de distribuir a manos llenas dinero y bienes entre la población, pero no de construir una economía diferente; al contrario, la llevó a reforzar el modelo rentista previamente existente.

La pobreza y la desigualdad disminuyeron entre 1999 y el año 2010 como consecuencia de la distribución del ingreso petrolero. La pobreza, que se estimaba en el 49,4 % en 1999, se redujo al 27,8 % en el año 2010. La desigualdad existente entre el grupo de mayores y menores, usando el Índice de Gini, que para el año 1999 era de 0,640, una de las más bajas en América Latina, se recortó hasta el 0,576 en el año 2010.

Esos cambios no estuvieron fundados en una economía nacional más productiva y diversificada, sino en las importaciones y en la distribución del dinero efectivo y las múltiples formas de subsidio que se dieron en el país, desde los alimentos hasta los dólares que entregaba el gobierno a los venezolanos en las tarjetas de crédito para compras en el exterior, no en el país. Las importaciones que realizó el gobierno nacional y las empresas públicas se incrementaron de 1641 millones de dólares en 1999 a 10 627 dólares en el año 2008. Un ejemplo muy particular fue el intercambio comercial con Colombia, pues para 1998 era de alrededor de mil millones de dólares que se importaban y una cifra muy similar que se exportaba. Diez años después las exportaciones de Venezuela hacia Colombia se habían reducido, mientras que las importaciones de Colombia se habían incrementado a 7572 millones de dólares, siete veces y media más (BCV, 2010).

Esto tuvo un impacto en la estructura social, la pobreza bajó en Venezuela, pero los empleos se crearon en Colombia, la producción se incrementó en los países que le vendían alimentos al nuestro. La fragilidad y la dependencia del país del dinero petrolero y de las importaciones no disminuyó, sino que se acentuó, como muy trágicamente se pondrá en evidencia una década más tarde.

La distribución de riqueza importada ofreció un incremento generalizado del bienestar en la población de medianos y bajos recursos y un cambio en la élite económica. Los sectores empresariales tradicionales fueron relegados del poder o arruinados y expropiados, y en su lugar apareció un nuevo grupo social que hizo fortunas muy rápidas basadas en las importaciones y en la corrupción que facilitaba el mucho dinero y los pocos mecanismos institucionales de control del gasto público. Fue el grupo que el lenguaje popular llamó la burguesía bolivariana o boliburguesía por haber surgido, una vez más, a la sombra del Estado.

Los precios petroleros se mantuvieron en alza hasta el año 2008 cuando luego de alcanzar los 140 dólares por barril, sufren una importante pero corta caída en su valor, para luego estabilizarse alrededor de los 100 dólares hasta fines de 2015, cuando súbitamente descienden hasta los 35 dólares y se mantienen cercanos a los 40 durante los dos años siguientes, generando un efecto devastador en la estructura social y la calidad de vida de los venezolanos.

En el Cuadro 1 se muestran los cambios en la situación de pobreza medida por ingresos en los años 2014 a 2016. La clasificación en tres grupos sociales ha sido utilizada por muchos años en Venezuela y en otros países. En primer lugar, se divide a la población entre pobres y *no pobres*. Luego a los pobres se les subdivide en dos grupos, los *pobres extremos*, quienes no logran con sus ingresos satisfacer las necesidades básicas de alimentación familiar, y los *pobres* a secas, quienes sí pueden cubrir sus gastos de comida en la familia, pero no así las otras necesidades de vestido, transporte, educación...

## Cuadro 1
## Venezuela 2014-2016

| Situación de pobreza | | | |
|---|---|---|---|
| | 2014 | 2015 | 2016 |
| No pobres | 51,6 | 27 | 18,2 |
| Pobres | 24,8 | 23,1 | 30,2 |
| Pobres extremos | 23,6 | 49,9 | 51,5 |

**Fuente:** Encovi 2014, 2015, 2016.

En el año 2014 la mitad de la población se encontraba en el estrato de los no pobres, dos años después en esta categoría solo se podía ubicar el 18,2 %, menos de una quinta parte de la población. En una tendencia totalmente invertida se encontraban los hogares en pobreza extrema, quienes en 2014 eran poco más de una quinta parte de la población, el 23,6 %; un par de años después habían aumentado tanto que representaban algo más de la mitad de las familias del país. Los pobres en su conjunto parecía que habían sido el 48 % en 2014, el 73 % en 2015, y parecían haber llegado a su «techo» de 81,8 % en el año 2016 (España, 2017). Sin embargo, en 2017 el tamaño de la población en situación de pobreza continuó creciendo, no obstante el mayor impacto se registró en el traspaso de familias que se encontraban como pobres y que pasaron a formar parte de la pobreza extrema por la reducción de sus ingresos reales y su incapacidad de adquirir los bienes necesarios para su subsistencia. Y de repente, después de grandes ilusiones, el país se encontró con la mayor pobreza de su historia.

## La representación social de la estructura de clases

Este subir y bajar de la calidad de vida de los estratos sociales, este péndulo de riqueza ostentosa y pobreza vergonzosa que ha vivido la población venezolana en tan cortos períodos de tiempo, ha impactado la imagen gráfica que de la estructura social se han hecho los venezolanos.

Las representaciones gráficas son una manera de entender la ubicación de los distintos grupos en la totalidad de la sociedad, lo cual le permite a cada persona saber dónde se ubica en esa totalidad. Los estratos sociales son, entonces, lugares que se definen por su relación con los demás lugares, por eso en su descripción se usan continuamente las expresiones de ubicación que implican jerarquía y que se ubica en un continuo vertical que sugieren las comunes denominaciones de clase alta o clase baja.

Aunque en algunas sociedades de castas se sostiene que esa relación puede no tener implicaciones jerárquicas, sino que son apenas los lugares diferenciados, pues las castas no son superiores o inferiores sino distintas, y por lo tanto la forma gráfica es la de una esfera que gira continuamente y donde los grupos, las castas, pudieran estar en unos momentos abajo y en otros arriba, unas veces a la izquierda y otras a la derecha, en la mayoría de las sociedades las representaciones gráficas toman la forma de una pirámide o pera.

La razón de la preferencia por el uso de la pirámide es que esta forma geométrica no solo implica un abajo y un arriba, sino que introduce en la representación gráfica la magnitud de la población que está contenida en cada estrato o peldaño de la pirámide. Se asume entonces que la cúspide es angosta, ya que después del último rellano está la élite, que, por definición, está conformada por pocos: los ricos, los gobernantes, los dirigentes del partido o la cúpula de la jerarquía religiosa. Y la base de la pirámide es ancha, pues allí se congregan más personas, está el común de la gente: los pobres, los trabajadores, los miembros del partido, los feligreses.

En el año 2011 quisimos conocer cómo la población venezolana se imaginaba la forma gráfica de la estructura social y para ello hicimos una encuesta de muestreo con representación nacional.

En ese estudio establecimos cinco modelos diferentes de forma social, que eran cinco variaciones de la pirámide, unas veces agrandándola en los extremos, otras haciéndola crecer en el medio o en otra invirtiéndola. Estos cinco tipos fueron los siguientes:

Tipo A: este es el modelo de los extremos, hay mucha gente en la base y un grupo importante en la cúspide, pero hay muy poca gente en el medio, prácticamente no tenía la forma de la pirámide, sino de una sociedad con una desigualdad extrema.

Tipo B: es la representación de la forma de pirámide progresiva normal, donde hay mucha gente en la base, y va disminuyendo poco a poco, de escalón en escalón, hasta llegar al vértice que son los menos.

Tipo C: esta es la representación de pera que coloca al sector social mayoritario no en la base, sino en el segundo escalón. De manera simple se entiende que los más pobres o los más excluidos son menos que otro grupo social que, aun estando en la parte baja, está en mejores condiciones. Sería como la diferencia entre pobreza extrema en la base y pobreza un escalón más arriba. A partir de ese segundo rellano comienza de nuevo una pirámide progresiva, igual al tipo B.

Tipo D: en esta figura la mayoría de la población está en el medio y por lo tanto la estructura social adquiere la forma de un rombo. Esta representación divide la sociedad en dos partes iguales, el grupo más grande es la clase media y hay la misma cantidad de clases y personas ubicadas hacia arriba que abajo. En este paralelogramo, de la mitad hacia arriba se encuentra una pirámide progresiva y de la mitad hacia abajo una pirámide regresiva, con lo cual los muy ricos y los muy pobres son los menos numerosos en la estructura social.

Tipo E: aparece con la forma de una pirámide invertida, pero cuando se observa bien se reconoce que no es la forma inversa del tipo B, sino del tipo C. Es decir, se trata más de una pera invertida, donde los ricos serían muchos; de hecho, tienen la mayor magnitud de todas las cinco figuras presentadas, pero son algo menos que una suerte de clase media alta que estaría en el segundo lugar. A partir de allí la pirámide es regresiva y descienden en magnitud los otros grupos sociales. Es una sociedad donde los ricos son más que los pobres.

La encuesta consistía en dos preguntas que se le realizaban al entrevistado personalmente; el encuestador le mostraba una hoja con las figuras geométricas y al mismo tiempo le leía el breve texto que describía cada una de las formas. Luego le preguntaba: «*¿Cómo cree usted que es la sociedad venezolana?*». La persona podía señalar con su dedo o expresar la letra del tipo descrito que se encontraba en la hoja. Una vez obtenida y registrada la respuesta, se le volvía a preguntar: «*¿Y cómo cree usted que debería ser la sociedad venezolana?*».

Los resultados fueron que las dos terceras partes de la población afirmaron que la sociedad venezolana era como las dos primeras figuras (A y B), y las dos terceras partes afirmaron que debería ser como las dos últimas figuras (C y D). Los resultados así como los dibujos originales y las descripciones pueden verse en el Cuadro 2.

La pirámide progresiva del tipo B fue la que obtuvo mayor porcentaje (36 %) en la selección de cómo era la estructura social. Lo sorprendente fue que una cantidad muy parecida, el 31,5 % de los entrevistados, escogiera la forma tipo A que convertía la sociedad en dos grupos extremos y distantes. Es sorprendente porque en 2011 todavía era un período de bonanza en la distribución petrolera y cuando se había registrado, según las cifras oficiales, una disminución de la desigualdad social de acuerdo al Índice de Gini. La explicación puede estar en el discurso oficial de lucha de clases y de polarización que sostenían el gobierno y el presidente Chávez, o en la sensación de esa parte de la población que todos se estaban volviendo igual de pobres, pues las mejorías sociales prometidas no se alcanzaban y ya en ese momento el promedio del salario que recibían los venezolanos era cercano al salario mínimo, es decir, se estaba dando una igualación por abajo.

Los deseos de los entrevistados sobre cómo debería ser la sociedad se expresaron de manera similar en las figuras D y E, pero iban en otra dirección, anhelaban una sociedad sin extremos, donde disminuía la pobreza y aumentaba la clase media. A una tercera parte de la población le gustaría una sociedad donde la mayoría fueran ricos, una expresión del sueño petrolero y del imaginario del país rico. Otra tercera parte quería una sociedad más igualitaria, sin más ricos que pobres ni más pobres que ricos, y donde la mayoría estuviese en el medio, que fuese ni tan rico ni tan pobre.

Sorprende también que el tipo C obtuviese tan poco porcentaje de identificación como lo real y presente, y tan baja aprobación como aspiración de futuro. En la hoja que se presentaba en la entrevista era la alternativa del medio en una secuencia que podía parecer una escala, y eso podía hacer que muchos entrevistados tendieran a ubicarse en el lugar central por moderación. Además, esa es la forma de estructura piramidal que tiende a ser la más generalizada en la sociedad moderna, pero no fue así.

En los años 2015 y 2016 realizamos dos encuestas nacionales con unas muestras semiprobabilísticas grandes a nivel nacional (N = 3550 y N = 6000). En esas encuestas les preguntamos a los entrevistados si ellos creían que los venezolanos éramos más iguales que diez años antes (2015) o que un año antes de la entrevista (2016). Los resultados fueron que el 82 % en el año 2015 nos respondió que no era verdad que fuésemos más iguales que diez años atrás. Y a fines de 2016, nueve de cada diez entrevistados, el 92 %, dijo que los venezolanos no éramos más iguales que el año anterior (Encovi, 2017; Lacso, 2016).

## Cuadro 2
## Representaciones gráficas de la estructura social
## Venezuela 2011

| Tipo A | Tipo B | Tipo C | Tipo D | Tipo E |
|---|---|---|---|---|
| Una pequeña élite en la cima, muy poca gente en el medio y la gran masa de gente abajo, en el fondo. | Una sociedad como una pirámide, con una pequeña élite arriba, más gente en el medio y la mayoría en la base, abajo. | Una pirámide excepto que solo unos pocos están en la base, en la parte de abajo. | Una sociedad con la mayoría de la gente en el medio. | Mucha gente arriba, cerca de la cima, y solo unos pocos cerca de la base, de la parte de abajo. |
| ¿Cómo es la sociedad venezolana? | | | | |
| | | | | |
| 12,5 | 9,1 | 12,2 | 33,6 | 32,5 |
| ¿Cómo debería ser la sociedad venezolana? | | | | |

**Fuente:** Lacso. *Estudio de desigualdad social*, 2011.

## La modernización mestiza de la estructura social

En el proceso de transformación que sufrió Venezuela durante el siglo XX se pueden encontrar los procesos clásicamente descritos en la literatura como modernidad. Sin embargo, la forma cómo ocurren, las fuerzas que lo han empujado, las persistencias del pasado en el presente, las asincronías relevantes y la extrema fragilidad de lo alcanzado, lo convierten en una modernidad singular que hemos llamado mestiza.

El proceso de urbanización ha sido un factor clave en las modificaciones de la estructura social, los cambios de roles y de oficios, la inserción en un modo de vida diferente, que fue urbano pero mantuvo por mucho tiempo reminiscencias rurales, y que al final creó una ciudad dividida. Una parte de la ciudad con un rostro formal, creado en los patrones legales por actores sometidos a la regulación de la modernidad funcional, estética y sanitaria, con propiedad, bancos, arquitectos e ingenieros, y otra parte de la ciudad creada por la gente, sin propiedad, ni financistas, ni profesionales.

El proceso de industrialización ocurrió, pero no previo, sino posterior a la urbanización. La industria petrolera, petroquímica, siderúrgica, así como la industria de la manufactura crecieron y formaron unos importantes estratos sociales de obreros, de empleados y profesionales. Pero la proporción de su tamaño en total del empleo nacional fue reducida, porque el empleo público y los servicios ofrecieron más puestos de trabajo. Con todos esos aportes, de todos modos, el empleo formal no fue suficiente y a su lado creció enormemente el autoempleo, los trabajadores por cuenta propia, quienes llegaron a representar la mitad de la población ocupada.

La secularización de la sociedad se impuso a lo largo del siglo, si bien desde finales del siglo XIX ya los ritos fundamentales ligados al nacimiento, matrimonio y muerte habían dejado de estar bajo el dominio religioso y pasados a la esfera pública. Esa orientación modernizante se sostuvo y el Estado dejó de tener religión oficial y se le retiró la obligación de ser católico a las autoridades. La religión se fue transformando en un asunto privado y allí ha mantenido su fuerza. El catolicismo sigue siendo la religión mayoritaria de todos los estratos sociales, pero se ha dado un incremento de las religiones protestantes entre los sectores de menores ingresos en la ciudad y en el campo.

Y así hemos entrado en el nuevo siglo XXI, con unas fuerzas contrarias enfrentándose, con unos sectores sociales empujando y otros oponiéndose a una mayor modernización. Las políticas y los mensajes expresados en el discurso del presidente Chávez, tenían un alto componente antimoderno, que propiciaba la ruralización del país y la implantación del trueque para sustituir la moneda, que llevó a la desindustrialización con la expropiación, el cierre de empresas y las importaciones masivas. Llevó además a traer el discurso religioso de vuelta a la política, con lo cual provocó un mayor involucramiento de las organizaciones religiosas en el debate partidista. Una propuesta opuesta a las tendencias modernas de la urbanización, la industrialización, la diferenciación social y la secularización.

Ya nadie se acuerda del ferrocarril de La Ceiba. De la casa de dos pisos de Valera y su patio de café, solo queda el recuerdo de una foto. Las ciudades se llenaron de edificios y de barrios de ranchos que con el tiempo se hicieron casas modestas. Los migrantes llegaron y se devolvieron; ellos mismos se regresaron con sus hijos o sus nietos, se fueron a otras tierras tras la modernidad que sus antepasados habían venido a buscar en Venezuela.

## Referencias

ABOUHAMAD, J. *Los hombres de Venezuela: sus necesidades y sus aspiraciones*. Caracas, UCV, 1980.

ACOSTA SAIGNES, M. *Latifundio*. México, Editorial Popular, 1938.

ADRIANI, A. *Labor venezolanista*. Caracas, Tipografía La Nación, 1937.

ARAUJO, O. «Caracterización histórica de la industrialización en Venezuela», *Revista de Economía y Ciencias Sociales*, año VI, N.º 4, octubre-diciembre, 1964.

BAPTISTA, A. «Gasto público, ingreso petrolero y distribución del ingreso», *El Trimestre Económico*, vol. XLVII (2), N.º 186, 1980.

_____. *Teoría económica del capitalismo rentístico*. Caracas, Ediciones IESA, 1997.

BARTRA, R. *Agro andino venezolano*. Mérida, ULA, 1969.

BCV. *Información estadística*. Caracas, BCV, 2010.

BOLÍVAR, T. *et al. Densificación y vivienda de los barrios caraqueños*. Caracas, Consejo Nacional de la Vivienda, 1994.

BRICEÑO IRAGORRY, M. *Obras selectas*. Madrid-Caracas, Ediciones Edime, 1954.

_____. *Los Riberas*. Madrid, Ediciones Independencia, 1957.

BRICEÑO-LEÓN, R. *Los efectos perversos del petróleo*. Caracas, Fondo Editorial Acta Científica Venezolana / Consorcio de Ediciones Capriles, 1991.

_____. *Venezuela: clases sociales e individuos*. Caracas, Fondo Editorial Acta Científica Venezolana / Consorcio de Ediciones Capriles, 1992.

BRICEÑO PARILLI, A. J. *Las migraciones internas y los municipios petroleros*. Caracas, Tipografía ABC, 1947.

BRITO FIGUEROA, F. *Ezequiel Zamora, un capítulo de la historia nacional*. Caracas, Ávila Gráfica, 1951.

CAMACHO, O. y A. Tarhan. *Alquiler y propiedad en barrios de Caracas*. Caracas, IDRC-UCV, 1991.

CARRERA DAMAS, G. «Proceso a la formación de la burguesía venezolana», *Tres temas de historia*. Caracas, UCV, 1974.

_____. *Una nación llamada Venezuela*. Caracas, UCV, 1980.

CARRILLO BATALLA, T. E. «La dinámica del desarrollo económico venezolano», *Revista de Economía Latinoamericana*, N.º 17, 1965, pp. 45-68.

CENDES (Equipo Sociohistórico). *Formación histórico-social de Venezuela*. Caracas, Ediciones de la Biblioteca de la UCV, 1981.

CEPAL. *Panorama social*. Santiago de Chile, Cepal, 1995.

_____. *Balance preliminar de las economías de América Latina y el Caribe 2011*. Santiago de Chile, División de Desarrollo

Económico - Comisión Económica para América Latina y el Caribe (Cepal), 2011.

CÓRDOVA, A. «La estructura económica tradicional y el impacto petrolero en Venezuela», *Revista Economía y Ciencias Sociales*, año V, N.º 1, enero-marzo, 1963, pp. 7-28.

DÍAZ SÁNCHEZ, R. «Evolución social», *Venezuela independiente*. Caracas, Fundación Eugenio Mendoza, 1960.

_____. *Guzmán: elipse de una ambición de poder*. Caracas, Editorial Mediterráneo, 1968.

DOMÍNGUEZ, R. «Apuntes sobre el desarrollo del capitalismo en el campo en la Venezuela contemporánea», *Revista Economía y Ciencias Sociales*, N.º 1, 1978, pp. 69-90.

DURKHEIM, É. *De la division du travail social*. Paris, Press Universitaires de France, 1967.

ENCOVI (Encuesta de Condiciones de Vida del Venezolano). Caracas, UCAB / UCV / USB, 2017.

FURTADO, C. (1957). «El desarrollo reciente de la economía venezolana», en H. Valecillos y O. Bello (comps.), *La economía contemporánea de Venezuela*. Caracas, Banco Central de Venezuela, 1990, pp. 165-206.

GABALDÓN, A. «Significado económico de la erradicación de la malaria», *Una política sanitaria*. Caracas, MSAS, 1965, pp. 325-335.

_____. «Health Services and Socioeconomic Development in Latin America», *The Lancet*, vol. I, 7598, 12 April, 1969, pp. 793-794.

IRAZÁBAL, C. *Venezuela esclava y feudal*. Caracas, Ateneo de Caracas, 1980.

LACSO. *Estudio de desigualdad social*. Lacso, 2011.

_____. *Estudio de cohesión social*. Caracas, Lacso, 2016.

LOMBARDI, J. V. «The Patterns of Venezuela's Past», *Venezuela, The Democratic Experience*. New York, Praeger, 1986, pp. 3-31.

LOZADA ALDANA, R. *Venezuela: latifundio y subdesarrollo.* Caracas, UCV, 1980.

MÁRQUEZ, G. «Venezuela: Poverty and Social Policies in the 80ˢ», *Coping with Austerity, Poverty and Inequality in Latin America.* Washington, The Brooking Institution, 1995.

MARX, K. *Elementos fundamentales para la Crítica de la economía política (Borrador) 1857-1858.* Buenos Aires, Siglo XXI Editores, tomo I, 1971.

MAYOBRE, J. A. *Obras escogidas.* Caracas, Banco Central de Venezuela, 1982.

MAZA ZAVALA, D. F. «Historia de medio siglo en Venezuela: 1925-1975», *América Latina, historia de medio siglo.* México, Siglo XXI Editores, 1976.

PÉREZ ALFONZO, J. P. *Política petrolera.* Caracas, Imprenta Nacional, 1962.

PICÓN SALAS, M. *Suma de Venezuela.* Caracas, Monte Ávila Editores, 1988.

POLLAK ELTZ, A. *La religiosidad popular en Venezuela.* Caracas, San Pablo, 1994.

RANGEL, D. A. *Los andinos en el poder.* Caracas, Vadell Hermanos, 1965.

——————. *El proceso del capitalismo contemporáneo de Venezuela.* Caracas, Dirección de Cultura, UCV, 1968.

SANTOS, M. A. «12 años: Los números de la Revolución», *El Universal,* 6 de enero de 2011, <http://miguelangelsantos.blogspot.com/2011/01/la-revolucion-en-cifras-12-anos-despues.html>.

SILVA MICHELENA, J. A. *Crisis de la democracia.* Caracas, UCV-Cendes, 1970.

USLAR PIETRI, A. «Sembrar el petróleo», *Ahora* (martes, 14 de julio de 1936).

——————. *De una o otra Venezuela.* Caracas, Monte Ávila Editores, 1980.

VELÁSQUEZ, R. J. *La caída del liberalismo amarillo: tiempo y drama de Antonio Paredes*. Caracas, Cromotip, 1973.

_____. *Venezuela moderna. Medio siglo de historia, 1926-1976*. Caracas, Fundación Eugenio Mendoza, 1976.

VILLANUEVA, F. y J. Baldó. *Plan sectorial de incorporación a la estructura urbana de los barrios del Área Metropolitana de Caracas y la Región Capital*. Caracas, FAU-UCV, 1994.

WEBER, M. (1922). *Economía y sociedad*. México, Fondo de Cultura Económica, 1977.

# Migraciones europeas y modernidad

LAS MIGRACIONES EUROPEAS que llegaron a Venezuela a partir de la Segunda Guerra Mundial fueron un factor fundamental en el complejo proceso de modernización que ocurrió en el país durante la segunda mitad del siglo XX. Las migraciones fueron atraídas por el proceso de transformación que comenzaba en nuestro territorio con los inicios de la actividad petrolera. Y a su vez, con su experiencia, esfuerzo e imaginación, los inmigrantes contribuyeron a potenciar los mismos cambios que los habían traído a estas tierras.

No es posible entender adecuadamente la sociedad venezolana que entra en el siglo XXI sin tomar en cuenta las migraciones europeas. Tampoco es posible entender el proceso migratorio que se da a partir de los años cuarenta del siglo XX sin considerar la fuerza de atracción que tuvo la economía petrolera. Ambos factores, petróleo e inmigración, tuvieron una gran incidencia tanto en la estructura material de la sociedad, como en la población y su cultura. A partir de allí, se construye buena parte de la singularidad de la modernidad mestiza.

## La presencia europea en Venezuela

La población venezolana se había caracterizado durante varios siglos por ser de tamaño reducido en todos sus componentes sociales. La población nativa que habitaba en estas tierras antes de la llegada de los españoles era poca; los españoles que llegaron y colonizaron la capitanía de Venezuela fueron pocos y los esclavos negros que se importaron para el trabajo de las haciendas y plantaciones fueron también pocos. Esta suma de pocos dio ese total modesto y mestizo de menos de tres millones de habitantes que era Venezuela cuando comenzó la explotación petrolera.

La presencia española había sido contundente: la lengua, los dioses, las instituciones y el color de piel venían de la península ibérica y de las Islas Canarias. Pero el lenguaje se había adaptado a estas tierras; los dioses se superponían e intercambiaban con los que secreta o públicamente adoraban los indígenas y los africanos; las instituciones no tenían la misma fuerza o se les torcía y aplicaba el «se acata pero no se cumple»; y el color de piel había adquirido unos marrones y bronceados más fuertes que el de los moros que siglos atrás habían poblado las tierras de Andalucía.

La presencia europea en Venezuela se sostuvo durante casi todo el período colonial y permaneció hasta luego de la independencia cuando, en el siglo XIX, se hicieron notables esfuerzos por atraer a los inmigrantes. Pero los inmigrantes no llegaron, y no solo no llegaban sino que apenas desembarcaban por unos días en el puerto de La Guaira, como amargamente relatan los cronistas del momento y los añorantes discursos sobre la «transmigración» en el Congreso de la República. Se quejaban que luego de haber cruzado el Atlántico, los migrantes procuraban seguir raudos su camino hacia el sur de América: Brasil, Argentina, Chile.

Había pocos motivos para que los inmigrantes se quedaran en Venezuela: el país era pobre, mantenía una estructura latifundista en la producción, no había una política de entrega de tierras baldías y, además, estaba lleno de malaria y otras enfermedades transmisibles.

Así que, durante varias décadas, apenas llegaron unos pocos inmigrantes de Europa, y se fueron a las montañas eludiendo las enfermedades y los rigores del trópico (Bolívar, 2008). Se recuerdan como excepción, los alemanes que se dirigieron a la Colonia Tovar, y los italianos y corsos que llegaron a los Andes para el cultivo del café. Pero la Guerra Federal primero, con sus embates racistas, y luego la crisis del bloqueo de los puertos en 1902, tampoco ayudaron a crear un clima propicio para atraer las corrientes migratorias europeas durante el cambio de siglo.

**Las transformaciones de Venezuela**

La situación cambió a partir de los años treinta, pues el incremento de la producción petrolera y la crisis capitalista mundial de esos años, trastocó la estructura productiva tradicional venezolana e impulsó una manera diferente de organizar el Estado. A fines de los años veinte, el petróleo sustituyó al café como principal producto de exportación y principal fuente de ingresos del gobierno central. El gobierno ya no necesitaba fomentar ni apoyar las exportaciones agrícolas para cobrar sus impuestos, pues estos provenían, y de manera abundante, de las exportaciones del hidrocarburo. Por lo tanto, no era necesario devaluar la moneda venezolana –como hicieron el resto de países agroexportadores de la región–, sino que por el contrario el bolívar fue revaluado, con lo cual se facilitaron las importaciones y se entorpecieron las exportaciones al hacerlas menos competitivas.

Esto produjo una crisis entre los propietarios rurales quienes se vieron obligados a realizar cambios importantes en la manera de producir y cobrar la renta de la tierra. A su vez, la subsistencia de los campesinos se vio en serias dificultades, y pronto se sintieron atraídos por los empleos de la exploración y explotación petrolera y se inició la migración interna de las áreas rurales a los campos petroleros o las ciudades.

A partir de los años treinta, estos factores de economía política coinciden con otro estrictamente político, como fue la muerte de J. V. Gómez y la apertura que esto significó con la llegada de E. López Contreras a la presidencia de la República. Desde ese momento, se inicia un acelerado proceso de modernización en Venezuela, que se sostendrá sin tropiezos durante todo el siglo y que dio lugar a lo que M. Picón Salas calificó como el momento cuando el país se incorporó al siglo XX.

## Modernidad y modernización

La modernización es un largo proceso social que se inicia entre los siglos XVI y XVII en Europa y que produjo cambios importantes en la organización de la sociedad y la economía (Martinelli, 1998). Estos cambios llevaron al establecimiento de la sociedad contemporánea, que también llamamos moderna, pues muestra unos rasgos singulares y distintos de las épocas previas, como ser una sociedad industrial, urbana, secular, con diferenciación de roles y poderes, con una libre y amplia movilidad social, una estructura de clases compleja y unos valores propios del individualismo y la racionalización del comportamiento (Boudon y Bourricaud, 1990).

En América Latina se ha interpretado la modernización de un modo más específico, pues se le considera como un factor o un rasgo de un proceso social más amplio que llevaría al desarrollo de las sociedades tradicionales, y que sirvió de sustento a las teorías del desarrollo (Germani, 1971). Esta perspectiva fue ampliamente criticada por los obstáculos que tenía para seguir los pasos establecidos en la teoría y las falencias para alcanzar las metas propuestas (Cardoso, 1968). Ahora bien, con desarrollo o sin desarrollo, en América Latina y en Venezuela ha ocurrido un conjunto de cambios sociales que se corresponden con los descritos para sociedades distintas y momentos históricos diferentes como proceso de modernización. En América Latina, este proceso no ha logrado completarse plenamente, por eso en una oportunidad lo llamamos una modernidad inconclusa, y como no se completan y vuelven a recomenzar continuamente, otros autores han considerado a la región como un «mausoleo» de modernidades (Whitehead, 2006). Realmente sus rasgos, más que de inconclusión o mausoleo, son de hibridación, y por eso preferimos el concepto de modernidad mestiza.

La modernización es entendida como un proceso que lleva a una economía agrícola a transformarse en industrial, y a la población que vive fundamentalmente en las zonas rurales a convertirse en urbana. Una sociedad donde el comportamiento se rige por la racionalidad y el dominio de la ciencia y la tecnología, y en cuya organización política están separadas la Iglesia y los poderes religiosos de las funciones del Estado (Giddens, 1990). El proceso de modernización es entonces, un proceso de movilización social donde los viejos nexos sociales y políticos se desgastan o se rompen y las personas quedan libres para asumir unos nuevos patrones de conducta, de socialización y de organización social (Deutsch, 1961).

Ese proceso adquiere fuerza en Venezuela a mitad del siglo pasado, cuando se conjuga una variedad de factores tanto internos como externos que permitieron una rápida expansión de la modernidad. Estos factores fueron la expansión del petróleo como actividad productiva, el incremento y la autonomía del ingreso del gobierno central, y las migraciones nacionales e internacionales que ocurrieron en el país.

Los años cuarenta y cincuenta del siglo XX fueron al mismo tiempo una fase de gran crecimiento y expansión de la economía mundial, que fue denominada por Hobsbawm (1996) como su «época de oro» del capitalismo. Fueron, al mismo tiempo, las décadas de mayor llegada de inmigrantes europeos a Venezuela. Al concluir la Segunda Guerra Mundial, los países europeos habían quedado destruidos por las batallas y los bombardeos, con una inmensa población hambrienta y desempleada, y Venezuela representaba una economía en expansión con altos ingresos, pues se había convertido en el primer exportador mundial de petróleo (Briceño-León, 1991).

## La migración europea y Venezuela

Los procesos migratorios se alimentan de dos tipos de fuerzas diferentes y, cuando en algunos momentos históricos llegan a ser complementarias, desencadenan las grandes corrientes migratorias. Por un lado, están las fuerzas que pueden llevar a unas personas a querer abandonar el lugar donde viven –su pueblo, región o país– y, por el otro, las fuerzas que le harían atractiva y deseable la vida en otro lugar. Las primeras, que son las razones para irse del lugar donde la persona vive, en sociología las llamamos los motivos de expulsión; y las segundas, las que le orientan el rumbo hacia dónde ir, las denominamos las fuerzas de atracción.

La migración europea que llegó a Venezuela a mitad del siglo XX fue el producto de una conjunción de fuerzas de esa naturaleza: múltiples razones de expulsión y algunas de atracción (Berglund y Hernández Calimán, 1985; Sequera Tamayo y Crazut, 1992). Dos eventos en particular merecen destacarse: la Guerra Civil de España y la Segunda Guerra Mundial que implicó a casi toda Europa.

En la segunda mitad de los años treinta se desencadenó la guerra civil española (1936-1939) que ocasionó varias centenas de miles de muertos y que forzó la salida de muchas personas, primero por el miedo a ser víctima de la guerra, o por el hambre y la miseria que la misma guerra había generado. Y luego, por la salida en desbandada de los partidarios del sector perdedor de la guerra, lo que se llamó el exilio de los republicanos o autonomistas españoles, quienes se vinieron a América. Una situación similar, aunque peor en sus dimensiones, lo representó la Segunda Guerra Mundial (1939-1945), donde se calcula que murieron unos sesenta millones de personas, la mayoría civiles, y que llevó a la emigración a gran cantidad de trabajadores desempleados, o de soldados dados de baja, quienes, al finalizar la guerra, se encontraron sin empleo y con sus países destruidos. Ese fue el caso de los italianos y de las migraciones centroeuropeas que se vinieron a Venezuela en la posguerra.

Adicionalmente, a dos años de finalizar la guerra, se creó el Estado de Israel en un territorio que estaba bajo dominio británico desde 1920 y que fue entregado a las Naciones Unidas. En ese territorio habitaban palestinos y un número creciente de judíos, pero la creación del Estado de Israel motivó la declaración de guerra de cinco países árabes y la salida de esos países de muchos judíos, quienes optaron por emigrar al nuevo Estado de Israel o a otros lugares del mundo, entre ellos Venezuela. Algo similar sucedió, casi una década después, cuando en 1956 se declaró la independencia de Marruecos y se instaló la monarquía; muchos judíos decidieron abandonar el país que había quedado bajo control de los musulmanes sunitas y venirse a Venezuela, donde ya existía una comunidad judía proveniente de esos territorios que habían sido parte del protectorado español.

Por motivos diferentes, pero principalmente de tipo económico, españoles y también portugueses continuaron emigrando a Venezuela durante los años cincuenta. Sin embago, el retorno de la paz y la recuperación económica que propició el Plan Marshall, llevado a cabo por los Estados Unidos de América para la reconstrucción de Europa después de la guerra, aminoraron notablemente las emigraciones hacia Venezuela.

La única excepción fue la nueva oleada de inmigrantes portugueses provenientes de de las antiguas colonias portuguesas de África a fines de los años setenta. Estos migrantes habían sido expulsados de Angola o Mozambique luego de la declaración de independencia en 1975, y la guerra civil que se desató en el contexto de la Guerra Fría con la presencia de tropas cubanas y el apoyo de la Unión Soviética. El retorno de miles de soldados, funcionarios públicos y empresarios a Portugal, impulsó una nueva corriente migratoria hacia Venezuela, empuje que se veía estimulado por la bonanza económica que vivía el país en ese momento, apoyada en el incremento notable de los precios del petróleo ocurrido después de 1974.

Si bien las razones que tenían los emigrantes para salir de sus países eran muchas, las razones para venirse a Venezuela tenían todas un mismo origen: el notable ingreso petrolero que percibía el país durante esos años y el acelerado proceso de transformación económica que, como consecuencia del gasto de la renta petrolera, se estaba dando en el país y que requería de mano de obra especializada y con experiencia en la vida urbana. De allí que entre los censos de 1941 y 1950 se cuadruplicará la población nacida en Europa que residía en Venezuela, y entre 1941 y 1961 la población nacida en España que vivía en Venezuela aumentó 24 veces, pasando de 7000 a 167000 personas; los nacidos en Italia crecieron en 36 veces pasando de 3 000 a 121 000 individuos. En el caso de los portugueses el crecimiento fue mucho mayor, pues pasaron de ser 650 en 1941 a 43 000 en 1961, es decir 66 veces (véase Cuadro 1).

### Cuadro 1
#### Distribución de la población de Venezuela nacida en Europa
#### (1941-1990) según el país de nacimiento y los censos de la población
(Números absolutos y porcentajes)

| País de nacimiento | Año censal | | | | | |
|---|---|---|---|---|---|---|
| | 1941 | 1950 | 1961 | 1971 | 1981 | 1990 |
| España | 6959 (13,9) | 37 990 (18,2) | 166 801 (25,1) | 149 747 (25,1) | 145 008 (13,5) | 103 616 (10,1) |
| Italia | 3407 (6,8) | 44 403 (21,1) | 121 852 (22,5) | 88 249 (14,8) | 80 560 (7,5) | 61 554 (6,0) |
| Portugal | 650 (1,3) | 11 130 (5,3) | 42 973 (7,9) | 60 430 (10,1) | 93 450 (8,7) | 68 735 (6,7) |
| Resto de Europa | 13 922 (27,9) | 41 174 (19,7) | 30 671 (5,7) | 31 424 (5,3) | 31 581 (2,9) | 21 785 (2,1) |
| Total nacidos en el exterior | 49 928 (100) | 208 731 (100) | 541 563 (100) | 596 455 (100) | 1 074 629 (100) | 1 025 894 (100) |

**Fuente:** Censos nacionales, construcción de M. Bolívar Chollet (2008).

Las actividades de exploración y explotación de la industria petrolera propiciaron fuertes corrientes migratorias internas, pero muy pocas a nivel internacional. Si bien durante la fase de explotación había un importante número de «ingleses» trabajando como inmigrantes en los campamentos petroleros, estos eran realmente oriundos de las islas británicas del Caribe, quienes venían a ocuparse como mano de obra y eran bien aceptados, pues tenían la ventaja de poder comunicarse en inglés con los técnicos estadounidenses, holandeses o británicos de las compañías petroleras.

El impacto real del petróleo en las inmigraciones se relaciona con el gasto del ingreso petrolero que llegaba al gobierno central, con cómo ese ingreso que venía en forma de divisas se transformaba en productos, bienes y servicios y se generaba entonces esa transformación acelerada del medio ambiente construido, de las relaciones de trabajo y de los modos de pensar que llamamos modernización.

Pero hay dos factores adicionales que facilitaron que la inmigración europea llegara a Venezuela: uno fue el control de las enfermedades transmisibles y el otro el cambio en la política migratoria.

El programa de erradicación de la malaria que se dio entre 1945 y 1948, con la aplicación masiva del insecticida DDT, logró bajar de una manera gigantesca la tasa de mortalidad y morbilidad de esa enfermedad y, como afirmaba Arnoldo Gabaldón (1995), ofreció una parte importante del territorio nacional para el progreso económico. El control de la malaria contribuyó de dos maneras al proceso de modernización: primero, hizo que el país fuera más atractivo, pues era menos riesgoso en términos sanitarios, y estimuló la confianza de las migraciones internacionales. Segundo, al reducir la tasa de mortalidad infantil, desencadenó un proceso de transición demográfica que produjo un altísimo crecimiento poblacional, el más alto que ha tenido Venezuela en su historia, pues se mantuvo una alta tasa de natalidad, y se redujo la de mortalidad.

El cambio de las políticas migratorias en los años cincuenta fue muy importante, pues previo a esa fecha las migraciones eran selectivas y requerían de un conjunto de normas y programas de apoyo a los inmigrantes, a veces dándole hasta más derechos que a los propios nacionales. Estas normas fueron cambiadas por una política de requisitos mínimos que se aplicó primero a una persona que viniera de España, Portugal e Italia, y luego se extendió a todos los países de Europa. Las nuevas condiciones indicaban que el inmigrante solo debía tener menos de 35 años y presentar un certificado de buena salud y otro de buena conducta para viajar al país y ser aceptado como residente. El resultado fue que para los años cincuenta el 5 % de la población de Venezuela había nacido en Europa (Bolívar Chollet, 2004).

## El impacto de la inmigración en la modernización

En ese contexto social e histórico se produce la gran contribución que las migraciones europeas dieron al proceso de modernización de Venezuela. Como afirma Rey González «el arribo de cada individuo a Venezuela no supuso únicamente la llegada de una persona, también implicó el ingreso de sus equipajes. Pero esos equipajes no eran tanto los bienes materiales, sino los humanos, sociales y culturales. Fue así como el país se vio enriquecido por una mayor fuerza de trabajo, pero también por nuevos conocimientos especializados y nuevas maneras de hacer las cosas» (Rey González, 2011: 282). El impacto de esos equipajes podemos ubicarlo en diversas áreas de la vida material o cultural de la sociedad que forman el proceso modernizador.

## La urbanización

Uno de los rasgos fundamentales de la modernización es la transformación de la sociedad rural en urbana; en Venezuela esto ocurre de manera acelerada después de los años treinta y ya a partir de los años cincuenta, la población que vive en las ciudades supera a la que mora en el campo. Este creciente número de pobladores urbanos necesitaba de viviendas y servicios que la ciudad debía ofrecer para esos nuevos contingentes humanos. Las migraciones europeas contribuyeron a construir el medio ambiente urbano que se requería para albergar esa nueva población de las ciudades. Su aporte fue significativo por dos razones: en primer lugar porque la fuerza de trabajo calificada que integró la industria de la construcción la conformaban trabajadores que recién llegaban al país. Las ideas novedosas de un arquitecto como C. R. Villanueva se hicieron realidad por la existencia en el país de una mano de obra con experiencia constructiva que provenía de Cataluña o del País Vasco. La construcción del hotel Humboldt en la cima del cerro El Ávila fue posible por el apoyo de mano de obra migrante de Italia que tenía una experiencia que no podía haber existido en el país, pues nunca antes se habían construido edificaciones de ese tipo. Se calcula que más de la mitad de las construcciones realizadas en los años cincuenta estuvieron en manos de contratistas italianos (Vannini, 1998).

Por otro lado, la experiencia de vida urbana les permitía entender y fomentar la vida de ciudad. Algunos inmigrantes venían de pequeños pueblos, pero muchos provenían de ciudades con una larga historia y esa «urbanidad» les daba ventajas para adaptarse y aportar al modo de vida de las ciudades que se estaban construyendo en el país (Hurtado, 2004). Es interesante cómo los inmigrantes europeos llegaron a pensiones y luego fueron a vivir a edificios, y muy pocos pasaron a formar parte de los barrios y el sector informal urbano. Los migrantes europeos podían compartir o hacer negocios con los habitantes de los barrios, pero preferían vivir casi hacinados en un minúsculo apartamento, antes que construirse un amplio rancho. Su experiencia previa de vida en la ciudad, los llevaba a hacer ciudad.

## Industrialización

Un segundo rasgo del proceso de modernización es la industrialización. Esta industrialización en Venezuela fue tardía y muy particular, pues a diferencia de los países del Cono Sur, no se produjo en los años treinta, ni tenía como propósito ahorrar divisas, más bien ocurrió en los años cincuenta y sesenta con la finalidad de gastar los dólares que por la venta de petróleo llegaban al país. Dicha industrialización tuvo por una parte un proceso espontáneo, por el cual talleres artesanales se convirtieron en fábricas e industrias, como ocurrió con la industria del calzado, compuesta en su inmensa mayoría por italianos. Y tuvo también un proceso fomentado y dirigido por el Estado, que otorgaba créditos y decretaba prohibiciones de importación de los productos a ser sustituidos. Pero para poder iniciar esas empresas se requería de un conocimiento, unas capacidades técnicas y administrativas que las tenían los inmigrantes, quienes, además, venían con ambiciones y deseos de construirse un futuro propio. Por eso, muchos de los proyectos exitosos de industrialización y que permanecieron en el tiempo, los levantaron inmigrantes judíos, alemanes, centroeuropeos, españoles e italianos.

### Las relaciones de trabajo capitalistas

Esas industrias significaban unas relaciones de trabajo capitalistas, un manejo de las nuevas formas de división del trabajo y un sentido del tiempo diferente. Implicaba una aceptación de la tarea fragmentada y pequeña y la pérdida de la visión conjunta del proceso de producción total. Implicaba, también, un sentido riguroso de cumplimiento del horario de trabajo y un deseo de maximizar la rentabilidad económica del tiempo de trabajo propio o ajeno. Esas concepciones no existían en la sociedad rural y precapitalista que era Venezuela, por lo tanto, eran innovaciones importantes que les daban ventajas a los inmigrantes, aunque, también, los colocaban en conflicto con los nativos, quienes manejaban concepciones culturales diferentes.

El proceso social de la división del trabajo comportaba una especialización en oficios específicos y una profesionalización que no implicaba el poseer un título universitario, sino el saber desempeñar tareas de una manera apropiada y autónoma. Los mecánicos fueron un ejemplo de esto, algunos habían trabajado como tales durante la guerra, otros aprendieron el oficio y leyeron los manuales, y esa es la razón por la cual los talleres mecánicos estuvieron por mucho tiempo en manos de inmigrantes europeos y de sus hijos. Estos rasgos los trajeron o los desarrollaron los inmigrantes, ellos no solo sabían hacer una tarea, sino también dirigir a otros en un proceso de trabajo complejo como llevar la contabilidad y elaborar los cálculos adecuadamente, para poder obtener ganancias satisfactorias. Un inmigrante que entrevistamos en los años setenta, al saludarnos, nos dio su tarjeta de presentación donde estaba escrito su nombre y debajo se leía la palabra «profesional». Con esa curiosa descripción y buscando entrar en confianza, le pregunté amablemente en qué disciplina había estudiado o se había graduado, queriendo saber en qué era profesional. Parcamente y muy seguro me respondió que en nada, que él no había asistido nunca a la universidad; él orgullosamente era un «profesional» en sus actividades y negocios, y al explicarse detalló que profesional se refería a que él sabía hacer el oficio y tenía un cumplimiento riguroso de los compromisos que contraía, por eso era un profesional en lo que hacía.

**Secularización**

El proceso de separación entre la Iglesia y el Estado, y la asunción de la religión como un asunto privado diferente del dominio de lo «público», es un proceso social muy largo y que aún no termina. Este proceso, que permite interpretar la vida y el universo, pero, sobre todo, regular la vida social sin la intervención de los representantes de Dios, es propio de la modernización y del modo de vida del Occidente político.

Las migraciones europeas del siglo XX contribuyeron de una manera importante al proceso de secularización, pues por un lado introdujeron la pluralidad religiosa con la llegada de judíos y musulmanes, lo cual permitió una manera plural, no única, de ver la religiosidad. Y por el otro, los cristianos se encontraron con la experiencia protestante y con el catolicismo del norte de Europa más privado, más íntimo, y con la creencia en la salvación del alma por el buen ejercicio de la vida laboral.

Adicionalmente, tuvieron una presencia importante los grupos no religiosos, como los republicanos españoles o los ateos centroeuropeos, quienes hicieron fuerza, junto con los movimientos políticos nacionales, para hacer del Estado una instancia propiamente civil.

Paralelamente a esto, se debe destacar el enorme impacto que tuvo la educación privada religiosa. Entre otros, los grupos católicos, salesianos, jesuitas, hermanos de La Salle, agustinos, hermanas del Tarbes, claretianos, estuvieron constituidos por europeos (Ramírez Ribes, 2004). Lo mismo puede decirse de los judíos, con el colegio Moral y Luces, que lo funda la comunidad *ashkenazi*, pero que luego incorpora a los sefarditas (Gamus, 2004). Estas instituciones educativas religiosas se integran bien en el proceso de laicización nacional, pues este no significó la desaparición de lo religioso, sino su confinamiento respetuoso al mundo privado.

### La movilidad social y la clase media urbana

Los cambios que genera la modernización se ven acompañados por la formación de una nueva estructura de clases sociales que se caracteriza por una ruptura con las rigideces del pasado y una altísima movilidad social que envuelve, al mismo tiempo, el surgimiento de un poderoso sector de clase media en las ciudades. Tanto el gomecismo, con su ambición de concentrar todo el poder y su voluntad de eliminar a sus reales o potenciales enemigos políticos, por un lado, como la economía petrolera por el otro, acabaron con la estructura de poder de la sociedad agraria y latifundista, y permitieron la formación de un nuevo empresariado, unos nuevos ricos y una novedosa clase media. Ese proceso implicó en Venezuela una altísima movilidad social colectiva, pues los campesinos, venidos a las ciudades, y los habitantes urbanos previos, vivieron un período de mejoría social notable en sus ingresos, calidad de vida urbana y educación. El ingreso petrolero le permitió al gobierno la realización de obras públicas, pero también el empleo de una gran masa de funcionarios que integraron el aparato del Estado para ofrecer protección, educación y servicios públicos a la sociedad.

En esta dinámica se inserta la migración europea, pues aprovecha las condiciones de movilidad social y, al mismo tiempo, las potencia. Los inmigrantes tenían una voluntad y una ambición que los lanzaba al esfuerzo, a la acumulación de capital y a la movilidad social ascendente. Las historias de la gran mayoría de los migrantes de esa época son la repetición de una saga de hombres y mujeres que arribaron al puerto de La Guaira con una maleta llena de ilusiones, que se emplearon como trabajadores manuales y en una generación fueron progresando hasta llegar a construir modestas o grandes fortunas. Ese proceso de movilidad social involucró a nativos e inmigrantes y permitió la formación de lo que ha constituido la clase media venezolana.

Algo parecido ocurrió en el campo, donde se inició una clase media rural. Salvo en la región andina, donde existía la mediana propiedad, en el resto del país las clases sociales estaban formadas por los grandes propietarios y por los peones o campesinos, quienes trabajaban en las condiciones semifeudales de la medianería.

La llegada de los inmigrantes permitió crear una tipología de fincas agrícolas, de mediano tamaño, con mediana tecnología y productividad. Estas fincas, que no eran ni una hacienda ni un conuco, obligaban la presencia y el trabajo directo del dueño en la parcela, y daban ganancias suficientes como para tener una vida de clase media en el campo. Por el tipo de trabajo manual que requería y el modesto modo de vida que podían tener sus propietarios, no era apetecible al estatus que aspiraban alcanzar los venezolanos que querían ser «hacendados». Ni tampoco era factible para los campesinos o peones, que no poseían las destrezas económicas necesarias para un proyecto de esta naturaleza.

### El nuevo mestizaje y los nuevos blancos

El proceso de mestizaje en Venezuela es fundacional, y según diversas apreciaciones, el nuestro es uno de los países de América Latina con mayor integración racial y menor discriminación (Wright, 1993). La noción del mestizaje se constituyó en una idea central en la cultura racial venezolana. En la Venezuela que ingresaba en la modernización nadie aguantaba los tres golpes del color de piel y afirmar, como había escrito Mijares, que era ¡blanco, blanco, blanco! En la Venezuela anterior a las migraciones europeas de mitad del siglo XX, ni las personas más encopetadas podían presumir pureza de sangre, ya que se sabía que el mestizaje había sido muy amplio y por eso en toda familia había alguna «negrita» o hasta un «salto atrás». Por eso el mestizaje fue un valor positivo y se convirtió en un orgullo social el tener un color de piel «café con leche» (Briceño-León, 2005).

La llegada de los inmigrantes europeos, a partir de los años cuarenta, produjo dos fenómenos sociales paralelos. Por un lado permitió el surgimiento de un nuevo mestizaje: los matrimonios entre los inmigrantes y las criollas fueron muy frecuentes, y luego también de sus hijas con los criollos. En consecuencia se recompuso el mestizaje y surgieron unos nuevos y hermosos tipos humanos producto de tal diversidad.

Pero, por otro lado, surgió un grupo social novedoso constituido por los inmigrantes europeos que bien llegaron casados al país, se casaron en Venezuela con otros inmigrantes, o forzados por sus tradiciones se fueron a buscar pareja en sus tierras de origen en España, Portugal o el Líbano. Este grupo social o sus hijos, son quienes pueden argumentar que sí son blancos y que resisten los tres golpes. Estos grupos, a su vez, estuvieron menos expuestos a la ideología del mestizaje y pueden, incluso, ser más resistentes al mestizaje por razones culturales o religiosas.

El panorama del nuevo mestizaje ofrece una composición distinta entre las ciudades grandes y el resto del país. Cuando hemos preguntado en nuestras encuestas sobre la autodefinición de su color de piel, hay más personas que se consideran blancas en Caracas y en las ciudades grandes que en el promedio del país (Briceño-León *et al.*, 2005). Esta realidad, que tiene un origen antiguo y colonial, se vio acentuada con las migraciones europeas que se concentraron en las ciudades.

### La cultura de la riqueza

Finalmente, en el proceso de modernización se produce un cambio fundamental en las orientaciones del trabajo y el sentido de la riqueza, y este proceso en Venezuela vino asociado con la llegada de los inmigrantes europeos. Las razones eran dobles, por un lado provenían de un patrón cultural distinto, donde la acumulación de capital era un valor y una práctica; por el otro, como inmigrantes, traían el empeño y la ambición de hacer riqueza en América. Ambos factores contribuyeron a que fueran un grupo exitoso en lo individual, pues sabían aprovechar las oportunidades económicas del país.

La cultura tradicional de la riqueza en Venezuela había estado basada en el igualitarismo y la redistribución. El reparto de la riqueza adquirida entre familiares y amigos, buscando en la reciprocidad recibir reconocimiento, cariño, aprecio, estatus, ha sido muy importante como valor y práctica en distintos sectores sociales de Venezuela. Esta dinámica premoderna de reparto era contraria al proceso de acumulación requerido por el capitalismo y expresado en el ciclo ahorro-inversión-ganancia-ahorro, pues, si se reparte en cuantía, no es posible acumular. El proceso de industrialización y modernización requiere de ciertas condiciones culturales que chocan con esa tradición de igualitarismo y reparto. Las historias de los miles de inmigrantes que llegaron sin fortuna, iniciándose como obreros o como vendedores a crédito, que iban de casa en casa cobrando las cuotas, y luego pudieron acumular cantidades importantes de dinero e invertirlo en empresas, muestran las diferencias culturales que había entre criollos y extranjeros. Diferencias que fomentaron no pocos conflictos, por seguir reglas de intercambio comunes, por los roces y celos que produce el éxito de unos y no de otros. También, hay que decirlo, en ese proceso muchos venezolanos aprendieron dicha cultura de la acumulación y la riqueza y comenzaron a utilizarla para construir sus propios negocios y empresas. La migración europea fomentó un proceso de transculturización que propició nuevos y mestizos valores sobre el trabajo manual y productivo y la ambición de riqueza (Briceño-León, 1996).

## La modernización y las migraciones

El proceso de modernización en Venezuela se ha visto mediado por las singularidades que introduce la renta petrolera en el funcionamiento de la sociedad. El ingreso petrolero ha sido el gran modernizador de Venezuela, pero, al mismo tiempo, su límite y su freno. Por eso, las contribuciones que han podido dar los inmigrantes al proceso de modernización se han visto mediadas por esa singular presencia del petróleo. Muchos inmigrantes supieron adaptarse bien al modelo rentista del país, algunos para realizar con esfuerzo bien ganado la acumulación originaria de capital, otros para usar las mañas en los negociados de la corrupción, otros para hacerse ellos también parásitos rentistas. Algunos de los inmigrantes no lograron nunca entender el país, ni acostumbrarse a su dinámica de los negocios, y por lo tanto fracasaron o se fueron a otros países.

El proceso de modernización no logró sin embargo arrancar completamente, no logró despojarse plenamente ni del pasado premoderno ni del pesado fardo del rentismo petrolero. La modernización avanzó muy rápido y luego ha quedado inconclusa, pues a pesar de los grandes cambios que se han dado en el país y los logros alcanzados en áreas como los servicios y el consumo de masas, las transformaciones sustanciales de la modernidad en la producción y en la sostenibilidad de un futuro que no dependa del ingreso petrolero han sido muy escasas. Por eso tenemos una modernidad de oropel, frágil y no sustentable.

La modernidad se volvió un bien importado y las ínfulas del nuevorriquismo acentuaron el oropel en esas fiestas conocidas como el «tá barato», la «Gran Venezuela» o el «Socialismo del Siglo XXI», que condujeron al país a la crisis que se desató primero a partir de 1983, y luego después del año 2015, con una ideología y color político distinto, y un daño social mucho mayor.

A partir de los años ochenta se inició un proceso emigratorio inédito en Venezuela. A partir de ese momento se produce el retorno de muchos inmigrantes europeos, primero por la caída de las expectativas económicas, luego por la violencia e inseguridad personal, y finalmente por los ataques a la economía privada, la exclusión y la segregación racial, y la intolerancia política de la autollamada revolución bolivariana. Durante el inicio del siglo XXI, miembros de la segunda, tercera y hasta cuarta generación de inmigrantes europeos, han hecho largas colas en sus consulados para recuperar la nacionalidad y salir del país buscando mejores destinos en la nueva Europa reconstruida, unida y próspera, o en el norte de América. En muchos países y ciudades del mundo ya se reporta la existencia de una amplia comunidad de venezolanos que salieron del país, muchos de ellos descendientes de los migrantes europeos.

*  *  *

La crisis que atraviesa Venezuela en el cambio de siglo fue una crisis de modernidad. A la modernidad estancada se le aplicó una propuesta política premoderna y rentista, se le ofreció como medicina una dosis mayor de la misma enfermedad que la aquejaba. El proyecto antimoderno del gobierno de Chávez necesitaba, en su afán de consolidarse en el poder, contrarrestar la influencia modernizadora de la migración europea.

Esa fuerza modernizadora que había trastocado la estructura social, impulsado la economía y modificado la relación entre las clases, también había sembrado un espíritu racional e individualista y promovido la vida de las ciudades. Ese proceso, sin embargo, no hizo de Venezuela una copia del proceso social transitado por los países europeos, Francia, Alemania e Italia primero, España y Portugal después. En Venezuela fue más rápido y más inducido por el Estado, pero también más frágil, con unos logros poco sustentables. Pero el país que surgió medio siglo después de las migraciones, el petróleo y la democracia, mostraba una modernidad que no existía antes y que tampoco respondía a los modelos conocidos; era híbrida, inconsistente, variada, indómita. Es la modernidad mestiza que moldearon las migraciones.

### Referencias

BERGLUND, S. y H. Hernández Calimán. *Los de afuera: un estudio analítico del proceso migratorio en Venezuela, 1936-1985.* Caracas, Cepam, 1985.

BOLÍVAR CHOLLET, M. «Las migraciones entre Europa y Venezuela: de la Europa mediterránea hacia Venezuela», *Las inmigraciones a Venezuela en el siglo XX*. Caracas, Fundación Francisco Herrera Luque, 2004, pp. 217-224.

——————. *Sociopolítica y censos de población en Venezuela. Del censo «Guzmán Blanco» al censo «Bolivariano»*. Caracas, Academia Nacional de la Historia, 2008.

BOUDON, R. et F. Bourricaud. «Modernization», *Dictionaire Critique de la Sociologie*. Paris, Press Universitaires de France, 1990, pp. 396-404.

BRICEÑO-LEÓN, R. «El orgullo café con leche». En E. Viloria, *El mestizaje americano*. Caracas, Universidad Metropolitana, 2005, pp. 17-21.

——————. *Los efectos perversos del petróleo: renta petrolera y cambio social*. Fondo Editorial Acta Científica Venezolana / Consorcio de Ediciones Capriles, 1991.

——————. «La ambición de riqueza», *Revista Venezolana de Economía y Ciencias Sociales* (Caracas), N.º 1, ene.-mar., 1996, pp. 60-68.

BRICEÑO-LEÓN, R., A. Camardiel, O. Ávila y V. Zubillaga. «Los grupos de raza subjetiva en Venezuela». En O. Hernández (ed.), *Cambio demográfico y desigualdad social en Venezuela al inicio del tercer milenio. II Encuentro Nacional de Demógrafos y estudiosos de la población*. Caracas, AV, 2005.

CARDOSO, F. H. *Cuestiones de sociología del desarrollo en América Latina*. Santiago de Chile, Editorial Universitaria, 1968.

DEUTSCH, K. W. «Social Mobilization and Political Development», *American Political Science Review*, 55, septiembre 1961, pp. 494-495.

GABALDÓN, A. «Significado económico de la erradicación de la malaria», *Una política sanitaria*. Caracas, MSAS, 1965, pp. 325-335.

GAMUS, P. «La comunidad judía en Venezuela: distintas culturas, una sola fe», *Las inmigraciones a Venezuela en el siglo XX*. Caracas, Fundación Francisco Herrera Luque, 2004, pp. 129-138.

GERMANI, G. *Sociología de la modernización*. Buenos Aires, Editorial Paidós, 1971.

GIDDENS, A. *The Consequences of Modernity*. Stanford, Stanford University Press, 1990.

HOBSBAWM, E. *The Age of Extremes: The Short Twentieth Century, 1914-1991*. New York, Vintage Books, 1996.

HURTADO, S. «La época de la emigración y el aprendizaje social venezolano», *Las inmigraciones a Venezuela en el siglo XX*, Caracas, Fundación Francisco Herrera Luque, 2004, pp. 225-239.

MARTINELLI, A. *La modernizzazione*. Laterza, Editori Laterza, 1998.

RAMÍREZ RIBES, M. «La huella familiar de la inmigración española en Venezuela durante el siglo XX», *Las inmigraciones a Venezuela en el siglo XX*, Caracas, Fundación Francisco Herrera Luque, 2004, pp. 65-75.

REY GONZÁLEZ, J. C. *Huellas de la inmigración en Venezuela*. Caracas, Fundación Empresas Polar, 2011.

SEQUERA TAMAYO, I. y R. J. Crazut (comps.). *La inmigración en Venezuela*. Caracas, Academia Nacional de Ciencias Económicas, 1992.

VANNINI, M. *Italia y los italianos en la historia y en la cultura de Venezuela*. 3ª ed., Caracas, Universidad Central de Venezuela-Ediciones de la Biblioteca, 1998.

WHITEHEAD, L. *Latin America. A New Interpretation*. New York, Palgrave Macmillan, 2006.

WRIGHT, W. *«Café con leche»: Race, Class and National Image in Venezuela*. Austin, University of Texas Press, 1993.

# Raza y racismo

En la ociosidad del recreo de la tarde calurosa, los adolescentes del liceo intercambiaban chistes para superar la modorra. *«¿Qué es un negro vestido con bata blanca?»* –interrumpió uno de los muchachos dirigiéndose al grupo–. *«Es un chichero...»*. Hubo sonrisas pícaras o exageradas. *«¿Y qué es un blanco con bata blanca?»* –prosiguió otro–. La pregunta se sostuvo en el aire por unos segundos. *«Es un médico...»*. Las risas fáciles saltaron; algún liceísta soltó la grosería de moda, y todos regresaron perezosos al salón de clases.

El chiste racista se ha repetido por años y buena parte de los venezolanos lo han escuchado en alguna de sus variaciones. Unas versiones se refieren a oficios, otras denotan los estigmas, unas son más soeces que otras, pero todas muestran la relación que hay entre raza, clase y racismo en la sociedad venezolana.

## Clase y raza en la estructura social

En Venezuela, como en muchas otros países de América Latina, se produce una asimilación entre la estructura de clases sociales y la distribución poblacional de los grupos étnicos que tiende a mostrar una coincidencia entre clase y raza: los ricos tienden a ser blancos y los oscuros de piel, pobres. Pero los blancos no son todos ricos, ni tampoco todos los mestizos o negros son pobres.

Esta identificación clase-raza tiene muchas evidencias, como las que señala Harris (1973), quien vincula esa relación con la organización de la producción de las plantaciones con mano de obra esclava y la producción de hacienda con la mano de obra indígena y la herencia de la montaña. Pero también tiene muchas limitaciones; en Venezuela hay tres características de la sociedad que la han diferenciado de la de otros países de la región. La primera es que el porcentaje de la población que se considera indígena es muy pequeño con relación al conjunto de la sociedad. La presencia de la población indígena en otros países como México, Guatemala, Perú, Ecuador o Bolivia es mucho mayor y tiene mucha más relevancia cultural que en Venezuela, donde era poca y fue asimilada o relegada a las zonas selváticas lejanas. La segunda es la poca cantidad de esclavos negros que fueron vendidos en el país, pues la provincia colonial no tenía ni grandes recursos que explotar ni riquezas para comprar los esclavos. La tercera es la muy amplia y generalizada movilidad territorial y social que se dio durante el siglo XX, la cual modificó la estructura de clases de una manera significativa, y facilitó aún más el proceso de mestizaje que desde siglos antes se venía dando.

Sin embargo, la estructura social venezolana conserva algo de su carga racial originaria. La permanencia de la relación clase-raza en Venezuela podemos atribuirla a dos razones como son la inercia de las desigualdades heredadas del pasado, y la existencia de algunos patrones culturales o estereotipos que han dificultado y hasta obstaculizado la movilidad social de las personas.

El primer componente, la inercia social del pasado, es un componente de clase y puede atribuirse a las desigualdades de origen económico y cultural que conforman el capital material y simbólico acumulado en la familia. Aun en las condiciones óptimas de igualdad de oportunidades, ese capital cultural, como dirían Bourdieu y Passeron (1964) le facilita el ascenso social a unos mientras que limita la mejoría social de otros.

El segundo puede vincularse con la raza, con el color de la piel, y puede además ser interpretado como un prejuicio racista que hace que, en igualdad de condiciones, se favorezca o privilegie a las personas de un color de piel sobre otro. Este factor propiamente racial, es lo que sostiene Fernandes (2008) ha impedido en Brasil la integración del negro a la estructura de clases, pues aunque pueda mejorar en sus condiciones económicas, el «*cor*» de piel continúa operando como marca racial y símbolo de posición social. Esta forma de racismo existe, y tiene un rol en la conformación o permanencia de la estructura social, aunque, como argumentaremos más adelante, tiene un impacto muy limitado, por su carácter vergonzante en Venezuela (Briceño-León, 1992).

## Los cambios en la estructura clase-raza por la modernización petrolera

La estructura social venezolana cambió de una manera importante a partir de los años treinta del siglo XX como consecuencia de la actividad petrolera. La exploración en búsqueda de yacimientos demandaba gran cantidad de mano de obra y provocó fuertes migraciones internas. Al mismo tiempo promovió amplios aunque desiguales mecanismos de distribución del ingreso petrolero entre las distintas clases sociales. Esta gran transformación, si bien no altera completamente los patrones de la relación clase-raza heredados desde la Colonia, sí logra modificarlos de una manera sustancial porque facilita la integración y el mestizaje. Tres elementos son importantes a destacar:

*La movilidad territorial* que provocaba el empleo de la industria petrolera o de la construcción implicó el traslado de grandes contingentes de población con colores de piel diferentes de una zona hacia otra. Los agricultores andinos y blancos se mudaron desde las montañas a trabajar en tierra firme en los campamentos de los alrededores del lago de Maracaibo; los pescadores mulatos de Margarita o de Sucre llegaron a trabajar en el agua manejando las lanchas que recorrían el lago. Los peones negros de las haciendas de cacao de Barlovento se fueron a las áreas de exploración de petróleo en Monagas. Esa gran movilidad territorial facilitó el intercambio social y el nuevo mestizaje.

*La movilidad social* acompañó a la movilidad territorial. Los agricultores que vivían del cultivo de su pequeña parcela o conuco, los jornaleros que cobraban con fichas, los pequeños comerciantes que disponían de un mercado reducido y sin recursos para adquirir sus productos, vieron un cambio relevante en sus ingresos con las nuevas ocupaciones. Ese rápido ascenso social de mestizos, negros e indígenas, quienes desde ese momento tuvieron acceso a mejores y más diversos empleos, permitió renovar sus condiciones de salud y de educación, tanto la propia de los migrantes, quienes recibían entrenamiento para poder acoplarse en el cumplimiento de nuevas tareas, como la de sus hijos.

*La inmigración internacional* tuvo también su impacto en la relación clase-raza, pues en un primer momento llegaron trabajadores calificados de las islas del Caribe anglosajón, los cuales eran mayoritariamente negros u oscuros de piel, por ser originarios de la India. Estos migrantes hablaban inglés, tenían una preparación técnica de obrero calificado y una disciplina del trabajo, lo que los llevó a ocupar posiciones altas en la jerarquía laboral de la industria petrolera, pues eran los supervisores o capataces que servían de mediación entre los profesionales británicos, holandeses o estadounidenses y la mano de obra venezolana. A partir de la Segunda Guerra Mundial, se produjo otro proceso inmigratorio que atrajo importantes contingentes de población blanca que venía de Europa a emplearse como trabajadores en el campo y en la industria de la construcción. La sorpresa que implicaba en la percepción de la sociedad tradicional el tener a trabajadores negros en altas posiciones sociales, y a blancos españoles o italianos en oficios y posiciones sociales bajas, trastornó la representación de la clase-raza en la estructura social. Adicionalmente, esas migraciones representaron un incremento de la población blanca en las zonas urbanas del país, e introdujo un quiebre en la ideología del mestizaje como factor de unidad nacional que había dominado el pensamiento desde el fin de la esclavitud.

Estos tres factores derribaron las fronteras entre las clases sociales y, consecuentemente, debilitaron las barreras que podían existir entre los grupos étnicos y que podían haber sido una fuente de exclusión o racismo.

### La raza como construcción cultural contemporánea

La construcción de las razas en Venezuela tiene entonces un relativo asidero físico humano, pues existen visibles diferencias en el color de la piel, pero es realmente una mutante construcción cultural contemporánea. La calificación de indio, negro o blanco, salvo pocas excepciones, son conceptos polisémicos que pueden referirse a realidades antropomórficas muy distintas. A la misma persona que en el llano le dicen «catire», que sería un blanco de cabello castaño, no sería nunca un «catire» en los Andes ni en Caracas. Y a la hija que apodan «negrita» en una familia andina, nunca sería llamada como tal en el oriente del país.

Y justamente por ser en esencia una construcción cultural contemporánea, es poco fructífero intentar fundar su existencia en sus orígenes biológicos o averiguarlo a través de su medición física. Nuestra opinión ha sido que resulta más acertado científicamente y mucho más útil políticamente, construir las diferencias étnicas con la manera subjetiva de clasificarse que tienen los individuos de acuerdo a su color de piel, es decir, identificar la construcción cultural vigente en esa sociedad a partir de la autoclasificación.

Ese fue el camino que hemos recorrido en nuestras investigaciones desde los años ochenta del siglo pasado, cuando comenzamos de manera sistemática y con estudios de campo a explorar el tema. El tema de la raza o color de piel ha sido muy poco estudiado y hasta riesgoso desde el punto de vista de la corrección política. Por mucho tiempo, pretender estudiar el tema del color de piel o de la raza podía ser interpretado como racismo. La postura que ha dominado en la sociedad venezolana ha sido la de eludir el asunto, mirar hacia otro lado, pretender ignorarlo en los espacios públicos, pese a que siempre afloraba en los espacios privados.

La construcción que he podido elaborar se funda en varios estudios y en particular en dos que realizamos en el Laboratorio de Ciencias Sociales (Lacso), uno en 1996, con una encuesta probabilística en el Área Metropolitana de Caracas, y otro en el año 2004 con una representación nacional. Después del año 2004 repetimos la pregunta en muy diversos estudios y hasta el año 2015 hemos podido constatar su confiabilidad.

La construcción teórica es un gradiente de la pigmentación de la piel que mide el amplio espectro que va del blanco al negro. Ese gradiente del color de piel procura reproducir y operacionalizar la metáfora racial del café con leche venezolano. En la bebida como en el país, la leche y el café pueden estar solos, pero también pueden mezclarse formas y proporciones que al pedirlo en las cafeterías llamamos tetero, con leche, marrón claro, marrón oscuro... y de todo eso hay en la sociedad. Los cuatro grupos del gradiente café con leche que les proponemos a los entrevistados para autoubicarse son: blanco, mestizo o trigueño, mulato o moreno, y negro.

Luego, hemos agregado a la clasificación el grupo de los indígenas, pues aunque en el mestizaje algunos de ellos pudieran ubicarse en la clasificación anterior, la definición de indígena representa unos rasgos culturales mucho más precisos en quienes así se identifican, y no solo aluden a un determinado tipo de color de la piel. Las expresiones mestizo y mulato originalmente se referían al cruce de blanco e india y de blanco y negra respectivamente, pero en el gradiente que desarrollamos no se intenta recuperar ese aspecto de origen sino a lo que en la cultura permaneció: su resultado como un color de piel más claro en el mestizo y más oscuro en el mulato.

Estos gradientes que hemos establecido son una adecuación contemporánea a unas formas de agrupación de los grupos étnicos y colores de piel que han estado presentes en la tradición histórica, y que han formulado autores extranjeros o venezolanos, los cuales, con las denominaciones propias de cada época, mostraban esas mismas diferencias.

En su descripción de Venezuela, A. Humboldt se refiere a la población de Caracas como una urbe habitada por los «blancos» y los «pardos libres», de quienes afirma que duplicaban en tamaño a los blancos. Luego añade «los indígenas cobrizos» y los «negros libres». Algunos años después, en otro texto, clasificó a los pobladores en *blancos nacidos en Europa, blancos hispanoamericanos, castas mixtas o gente de color, esclavos negros e indios puros de raza* (Humboldt, 1811).

Otra clasificación relevante fue la realizada por A. Codazzi, en su *Atlas físico y político de la República de Venezuela*, de 1839. En ese texto Codazzi describía los grupos étnicos llamándolos *indios independientes, indios civilizados, indios sometidos, negros esclavos, blancos hispanoamericanos y extranjeros*, y por último a los *individuos de razas mixtas*, en cuya categoría coloca casi la mitad de la población (414 000 de 945 000) de Venezuela.

Unos años más tarde, Rafael María Baralt escribió en 1850 un texto donde se dedica a describir la población venezolana de la Colonia y hasta los años previos a la Independencia, y afirma que «*era tan heterogénea como sus leyes. Hallábase* (sic) *dividida en clases distintas... había españoles, criollos, gentes de color libres, esclavos e indios*» (Baralt, 1850: 47).

Como puede observarse, Humboldt, Codazzi y Baralt se refieren a elementos diversos de la clasificación social, la nacionalidad, la libertad o el sometimiento del individuo y la raza. En cuanto a los grupos étnicos, en el aspecto racial muestran cuatro grupos: tres «puros», los blancos, negros e indígenas, y un cuarto grupo donde hay una mezcla que llaman de distintos modos y califican como «pardos», «de color» o «razas mixtas». En nuestro caso, ese cuarto grupo lo hemos subdividido en dos, los mestizos y los mulatos, y por eso llegamos a cinco grupos.

En el año 1996 hicimos la primera aplicación en campo de esa clasificación en el Área Metropolitana de Caracas. El estudio consistía en una entrevista en la cual se presentaban las cinco categorías propuestas y el entrevistado debía escoger una de ellas, que era la que él o ella consideraban como la que mejor representaba su propio color de piel. Adicionalmente, como era la primera vez que la usábamos y para tener seguridad de sus bondades, aplicamos una pregunta de control. En este caso la pregunta debía ser respondida por cada entrevistador antes de formular la pregunta al entrevistado. En este ejercicio participaron como entrevistadores un grupo de estudiantes de sociología de la Universidad Central de Venezuela. A ese grupo se le dio un entrenamiento y se realizaron ejercicios buscando homogeneizar los criterios sobre lo que significaba cada una de esas categorías de clasificación del color de piel. Los resultados de este ejercicio, que pueden verse en el Cuadro 1, muestran bastante coincidencia entre el color de piel subjetivo escogido por cada entrevistado y el color de piel atribuido por los entrevistadores. En el caso de la población blanca encontramos una muy leve diferencia; hubo un poco menos de blancos en los entrevistadores, lo cual hace posible conjeturar que hay un mecanismo subjetivo de blanqueamiento en algunos entrevistados.

## Cuadro 1
### Caracterización de grupos de raza subjetiva y atribuida
### Área Metropolitana de Caracas (1997)

|  | Subjetiva* | Atribución | Diferencia |
|---|---|---|---|
| Blanco | 44,9% | 43,5% | -1,4% |
| Mestizo o trigueño | 35 | 36 | +1 |
| Mulato o moreno | 17,4 | 18 | +0,6 |
| Negro | 1,9 | 2,1 | +0,3 |
| Indígena | 0,5 | 0,3 | -0,2 |

* Los totales no suman 100 pues hay un grupo de personas que no respondió.

**Fuente:** Lacso. *Encuesta de condiciones sociales*, 1997.

En las dos décadas siguientes hemos repetido la pregunta usando la misma escala. Los resultados de algunos de esos estudios se encuentran en el Cuadro 2, y aunque hay variaciones en los distintos años de aplicación del instrumento, hay también una regularidad en la magnitud de los grupos. En general se puede decir que hay un tercio de la población venezolana que se considera blanca, y que hay dos tercios que se consideran «café con leche». Entre ellos, un tercio ve su color de piel más clara y otro tercio la considera más oscura. La población que se define como negra está alrededor del 5%. La magnitud de esos cuatro grupos nos parece adecuada como cálculo de tamaño, lo cual no es lo mismo en el caso de la población indígena.

La población indígena está subrepresentada en nuestros estudios, pues las muestras que usamos son básicamente urbanas y la población indígena está ubicada en zonas rurales y requiere de un tratamiento especial, por eso es que, paralelo a los censos nacionales, la oficina nacional de estadística ha realizado los censos indígenas.

En el caso de la población negra hay algunas diferencias de magnitudes con otros cálculos oficiales, los cuales llegan incluso a doblar el porcentaje de nuestras investigaciones, colocando en cerca del 10% esa población. La diferencia esencial radica en que esos estudios han usado la categoría de «afrodescendientes», no la de negra. Afrodescendientes es un término nuevo en el lenguaje de Venezuela, una copia de lo usado en la corrección política de los Estados Unidos, y ha tenido un uso con una fuerte connotación y propósitos políticos durante el gobierno de H. Chávez. Pero lo esencial es que es un término más impreciso, pues no se refiere en específico al color de la piel sino a una dimensión histórica y cultural que incluye claramente a los negros, pero que también puede legítimamente incluir a algunos mestizos que deben tener población originaria de África entre sus ascendientes. Igualmente puede incluir a un número indefinido de aquellas personas que en nuestros estudios se consideran a sí mismas como mulatos o morenos.

**Cuadro 2**
**Caracterización de grupos de raza subjetiva**
**Muestras nacionales 2004-2015**
(Porcentajes)

| | 2004* | 2010* | 2013* | 2015a* | 2015b* |
|---|---|---|---|---|---|
| Blanco | 25,3 | 35,4 | 38,8 | 35,0 | 36,9 |
| Mestizo o trigueño | 29,8 | 25,9 | 29,2 | 25,7 | 22,2 |
| Mulato o moreno | 36,3 | 33,2 | 23,5 | 35,4 | 33,5 |
| Negro | 4,8 | 4,7 | 6,7 | 2,7 | 5,5 |
| Indígena | 2,0 | 0,5 | 1,3 | 0,3 | 0,9 |

* Los totales pueden no sumar 100 pues hay un grupo de personas que no respondió.

**Fuente:** Lacso. *Encuesta de condiciones sociales*, 2004, 2010, 2013 y 2015.

## Características sociales de los grupos de color

En el año 2004 buscamos establecer algunas asociaciones de las categorías de color de piel con otros rasgos sociales; para ello aplicamos un Análisis Factorial de Correspondencias Múltiples, y nos encontramos con algunas asociaciones que muestran el víncu-lo existente entre el color de piel subjetivo con la estructura social. Los resultados de este tipo de análisis también muestran una aso-ciación positiva y negativa; destacan aquellos rasgos sociales que tienden a estar presentes en las personas de cada grupo de color de piel, así como otros rasgos que son significativos por estar ausen-tes, pues en el análisis social, la ausencia puede ser a veces tan o más significativa que la presencia.

En ese análisis incluimos las variables sociales que había-mos obtenido en el mismo cuestionario: la educación, expresada como el nivel de estudios alcanzado; el empleo, si estaba emplea-do o desempleado; su condición de trabajo, si había sido patrón o solo empleado; su estatus en el empleo, si en su trabajo había supervisado a otras personas o si había sido supervisado por otros; la religión que profesaba y su regularidad de asistencia al culto. Finalmente, se buscaba la asociación con la clase social subjetiva, con una pregunta donde la persona ubicaba la clase social a la cual creía que pertenecía en una escala que iba del uno al diez, donde uno representaba al grupo más rico y diez al grupo más pobre. Los resultados fueron los siguientes:

Los que se describieron como *blancos* tuvieron una asocia-ción positiva con haber realizado estudios universitarios o técnicos superiores y se ubicaron a sí mismos como formando parte de la clase media, pues escogieron los lugares cuatro al siete, de la escala rico-pobre de diez puntos. Y se encontró también una asociación positiva con profesar la religión católica. Hubo además una aso-ciación negativa con no haber tenido nunca empleados, ni haber supervisado a otras personas, es decir, que en el conjunto de la población entrevistada, las personas que no habían tenido nun-ca empleados o supervisado a otros trabajadores tendieron a ser de cualquier otro color de piel, pero no blancos. En resumen en los blancos destacaba que eran clase media, con estudios superiores técnicos o universitarios y además católicos, y era raro encontrar ente ellos a las personas que no habían sido patrones ni tenido cargos de supervisión.

Los *mestizos* tuvieron igualmente una asociación positiva con haber realizado estudios técnicos superiores o universitarios. Compartían ese rasgo con los blancos, pero ninguna otra característica. Se encontró una asociación negativa de este grupo con la ausencia de práctica religiosa, pues los que dijeron que nunca asistían a un culto religioso no eran mestizos, como tampoco los que afirmaron que solo habían estudiado educación primaria. Entonces los mestizos tienen una gran diversidad de rasgos entre ellos, estaban en todas las clases subjetivas y en todas las religiones. Por eso solo se les pudo caracterizar por la educación como personas que habían logrado tener estudios superiores y no como las que solo habían alcanzado educación primaria. Y en la religión no por el tipo de creencia sino porque sí tendían a asistir al culto religioso.

Los *mulatos*, por el contrario, mostraron en forma de espejo invertido algunos de los rasgos destacados en blancos y mestizos. Los mulatos resultaron asociados positivamente con aquellos que solo habían alcanzado la educación primaria o básica y con nunca haber tenido empleados. Los que declararon estar desempleados eran mulatos, y en cuanto a la clase social subjetiva pertenecen a los estratos sociales más bajos de la escala, pues se ubicaron a sí mismos en las clases ocho, nueve y diez. Negativamente se asociaron con haber realizado estudios superiores, pues como ya referimos ese rasgo lo tenían los blancos y mestizos. Los mulatos eran entonces, personas con educación primaria, que se desempeñaban como empleados (no como patrones o supervisores) y forman parte de los sectores más pobres de la sociedad.

Los *negros* no tuvieron asociaciones positivas con ningún rasgo social estudiado; esto lo que muestra es una diversidad social entre ellos, tienen estudios superiores o básicos, se desempeñan como empleados o patrones, ubicándose en cualquiera de las clases sociales. Esto parece apuntalar la tesis de Pollak Eltz (1991: 9) de que en Venezuela el «negro es visible, pero no forma un grupo social o racial distinto». El único rasgo significativo fue la asociación negativa entre la población negra y las religiones cristianas no católicas, lo cual parece indicar que los predicadores protestantes no han logrado incidir en los negros, pero sí han sido exitosos en todos los otros grupos de color de piel.

## Las diferencias regionales

Aunque se pueden observar algunas diferencias en la distribución de los grupos de color de piel en el oriente, el Zulia o en los Andes, la distribución mayoritaria tiende a ser bastante homogénea. La interpretación que podemos hacer de esas diferencias regionales se vincula a dos factores, uno histórico y objetivo y otro de tipo subjetivo.

La herencia histórica, la forma cómo se dio la ocupación territorial por las poblaciones indígenas, la conquista española y las migraciones posteriores, ha determinado la composición étnica de las regiones. Estas dinámicas de implantación territorial lograron que en algunas zonas del país se concentraran más grupos de color de piel que en otras, tal como ocurre con la alta presencia de población negra en la zona de Barlovento, que estuvo vinculada a la incorporación de esclavos a las haciendas de cacao de la zona; o de los blancos en los estados andinos, quienes predominan en las montañas, aunque no en la parte llana y cercana al lago de Maracaibo de esos estados, donde hay una mayor mezcla racial y cultural, pues allí se ubicaron cimarroneras de negros esclavos huidos de otras zonas del país. En las montañas de Trujillo se venera a la Virgen de la Paz blanca, y en los llanos vecinos al lago se le canta y baila al san Benito negro.

El segundo factor aunque es subjetivo, su construcción depende de la situación objetiva antes descrita. La clasificación subjetiva de su propio color de piel está condicionada por la mayoría dominante de grupos de color de piel de esa región, tienen un sesgo producto del entorno racial donde se ubica la persona. Es decir, un mestizo «café con leche» en la zona de Barlovento, que es ampliamente negra, sería socialmente considerado blanco, mientras que la misma persona en las montañas andinas, mayoritariamente blancas, sería considerado negro. Esa valoración social dominante determina también la clasificación subjetiva que hace la propia persona de sí misma, pues el nivel de blancura o de negrura es siempre relacional, y se hace tomando en cuenta el contexto en el cual vive esa persona, y no con un modelo abstracto o universal de color de piel.

Es con esos criterios que podemos interpretar adecuadamente los resultados de un estudio que hicimos en el año 2015 sobre el color de piel en siete regiones del país, cuyos resultados estadísticos se encuentran en el Cuadro 3. Algunos datos llaman la atención y merecen ser analizados.

Lo primero que se puede destacar es la mayor presencia de población indígena en la región zuliana, con un 3,5 %, cuando en el resto de las regiones es menor al 1 %. Esa mayor autoclasificación se explica por la presencia de la población Wayuu o Guajira en la zona limítrofe entre Venezuela y Colombia. Los Wayuu son el grupo indígena mayoritario en el país; de acuerdo al censo de 2011 se podía estimar para el año del estudio una población de 430 000 personas que además tiene gran presencia urbana, lo cual la diferencia de los otros grupos indígenas ubicados en Amazonas, Apure, Bolívar o Monagas, que son muchos menos y además están ubicados en zonas rurales y aisladas. Por los datos censales, se calcula que pueden representar alrededor del 10 % de la población del Zulia. En esta investigación el porcentaje de autoclasificados como tales es menor, pero hay que recordar que nuestros estudios llegan a las zonas urbanas y buena parte de esta población habita en las zonas semidesérticas de la frontera.

El segundo es que el mayor porcentaje de negros se encuentra en las regiones centrooccidental y Guayana, lo cual se relaciona con la presencia esclavista en el centro del país y con la inmigración que hubo desde las islas del Caribe y Guyana hacia las minas.

El tercero es que en la región zuliana se encuentra el menor porcentaje de personas que se declaran negras del país, con cuatro puntos porcentuales menos que la media nacional. Lo mismo ocurre con los mestizos o trigueños, quienes tienen ocho puntos porcentuales menos que la media nacional, el menor porcentaje de todas las regiones. Cuando se observan las cifras de los que se catalogan como blancos no hay diferencia, pues son similares a las del resto del país. La diferencia está con el grupo que se califica como moreno o mulato, que en el Zulia es el más alto de todo el estudio, un 45 % que se ubicó en esta categoría. La explicación de esta situación nos parece que radica en cómo se interpreta el gradiente del color de piel en la cultura local, que tiende a ser más sintético, pues este grupo resume las diversas tonalidades del mestizaje. Una persona oscura de piel, que en otra zona se le puede considerar negra, en el Zulia la llaman morena; y otra persona de tez más clara, que en otra zona se llamaría a sí misma trigueña, allí la considerarían morena o mulata.

Un proceso similar, pero con los blancos, ocurre en la región oriental. Allí encontramos el mayor grupo que se declaró como blanco en todas las regiones. Con un 44 %, los blancos en oriente están siete puntos por encima de la media nacional, y sería la región con más blancos en el país. Paralelamente los morenos o mulatos fueron menos, con un 23 %; tenían diez puntos porcentuales menos que la media nacional. Lo que parece razonable deducir es que hay un blanqueamiento en la autoclasificación en los habitantes de la región oriental, pues no tenemos evidencias de que la composición racial de esa zona sea muy distinta de la nacional. Quizá los que se llaman mestizos en el centro del país, en el oriente son considerados blancos.

## Cuadro 3
### Grupos de color de piel subjetivo por regiones
### Venezuela 2015 (N = 3491)

| | Región | | | | | | | Total nacional |
|---|---|---|---|---|---|---|---|---|
| | Capital | Centro-occidental | Zuliana | Andina | Llanos | Oriental | Guayana | |
| Blancos | 38,1% | 32,7% | 35,0% | 37,1% | 38,5% | 44,2% | 36,1% | 36,9% |
| Mestizos o trigueños | 18,1% | 25,9% | 14,0% | 23,1% | 17,8% | 27,9% | 29,5% | 22,2% |
| Mulatos o morenos | 34,8% | 31,9% | 45,1% | 35,7% | 36,5% | 23,4% | 26,8% | 33,5% |
| Negros | 6,8% | 8,0% | 1,4% | 3,2% | 4,9% | 3,3% | 7,7% | 5,5% |
| Indígenas | 0,8% | 0,2% | 3,5% | 0,6% | 0,3% | 1,0% | 0% | 0,9% |
| Total | 100% | 100% | 100% | 100% | 100% | 100% | 100% | 100% |

Fuente: Lacso. *Encuesta de condiciones sociales*, 2015.

## Los dos grupos centrales

Lo que uno puede concluir es que hay entonces dos grupos importantes que marcan la estructura social en referencia al color de piel. Por un lado están los blancos, clase media, católicos, con estudios superiores. Por el otro los mulatos, clase baja, con estudios de primaria, trabajadores o desempleados. Estos dos grupos son los que definen y jalonean la división social. Los otros grupos son menos precisos: los mestizos parecen haber aprovechado más las oportunidades de la educación y eso les ha dado una posición social distinta, por eso pueden estar en todos los estratos sociales; lo mismo ocurre con los negros.

Una evidencia clara de las tendencias entre esos dos grupos la podemos observar en el más alto nivel educativo alcanzado por las personas que los constituyen. Como puede observarse en el Cuadro 4, hay un gradiente creciente en el nivel educativo de los blancos y un gradiente decreciente en la educación de los morenos. A medida que se requieren más años de estudio aumenta la proporción de blancos en ese nivel de educación y disminuye la presencia de los mulatos.

**Cuadro 4**
**Diferencias en el más alto nivel educativo alcanzado entre blancos y morenos o mulatos subjetivos**
**Venezuela 2015 (N = 3491)**

|  | Sin educación formal | Primaria | Secundaria | Técnica | Universitaria | **Total** |
|---|---|---|---|---|---|---|
| Blanco | 32,1% | 33,5% | 37,2% | 36,6% | 40,2% | 36,9% |
| Moreno o mulato | 38,5% | 37,1% | 33,8% | 31,5% | 30,1% | 33,5% |

**Fuente:** Lacso. *Encuesta de condiciones sociales*, 2015.

Pero la presencia de *negros* en todos los grupos sociales se debe también a la relatividad de la autoclasificación, ya no por la región geográfica ubicada, sino por el estrato social de ingresos y modo de vida de la persona, pues un individuo de clase media alta, algo oscuro de piel, se autoclasifica a sí mismo como negro dentro de su medio social que es predominantemente blanco. Y es probable también que uno similar en su pigmentación de piel, se consideraría mestizo si estuviese en la clase social de menores ingresos donde predominan los morenos.

Los *indígenas* tienen una diversidad importante, pues el grupo étnico mayoritario, que son los Wayuu, cuenta con una gran heterogeneidad social. Los hay tanto campesinos o empleados pobres como exitosos profesionales universitarios o empresarios. Los restantes grupos indígenas, que son muchos y de una gran variedad y riqueza cultural, pero reducidos en tamaño poblacional, mantienen su existencia en regiones remotas y aisladas o se ubican entre los más pobres y marginados de la ciudad. Estos grupos indígenas se encuentran en lo más bajo de la estructura social, tanto por sus condiciones de vida y pobreza, como por el vínculo con los otros grupos sociales. Es muy revelador que cuando un campesino pobre del llano venezolano quiere protestar por el trato agresivo u ofensivo que ha recibido de otras personas, puede expresarles su molestia y reclamo diciendo: «*a mí no me traten así, que yo no soy indio...*».

## Mezcla y pureza

La singularidad de la construcción cultural de la idea de raza en Venezuela está determinada por una valoración cultural que privilegia la *mezcla* sobre la *pureza* racial. Hay algunas sociedades que privilegian la pureza y hay otras que exaltan como un valor la mixtura. En la España medieval, posterior a la reconquista de Andalucía por los Reyes Católicos, o en los Estados Unidos de América hasta tiempos más recientes, se privilegiaba la pureza. Wright (1993) sostiene en su libro sobre raza que en muchos estados de Norteamérica una gota de sangre negra rompía la pureza de la sangre, la ensuciaba y por lo tanto la persona dejaba de ser blanca. Algo similar ha ocurrido en zonas urbanas de Argentina, donde un pequeño rasgo no caucásico en el cuerpo, o tener el cabello de un tinte un poco oscuro ya hacía calificar a ese individuo de «morocho», pues dejaba de ser blanco. En Venezuela el proceso dominante es el contrario: una gota de sangre blanca hace que la persona ya no sea considerada negra.

Los estudios históricos llevados a cabo por la antropología o la sociología han mostrado que las sociedades pueden funcionar con criterios de pureza, orden o limpieza (Hanson, 1993). En algunas sociedades el concepto de pureza tiene gran fuerza y esto se aplica tanto a los objetos, los animales o las personas. M. Douglas (1966), en su libro sobre la pureza y el peligro, sostiene que más allá de los aspectos de salud o sanitarios que puedan tener las normas de prohibición de algunas comidas, como el cerdo entre judíos y musulmanes, su propósito central ha sido el establecimiento de límites en la sociedad, de barreras que permiten construir una identidad que pueda representar un orden social deseado. Es el mismo papel que atribuye Lévi-Strauss (1969) al incesto como el modo de instaurar lo prohibido en la sociedad. En Venezuela ese propósito de construcción de orden social no se buscó a través de la pureza sino del mestizaje.

Por esta razón el mestizaje se convirtió en un valor destacado en la cultura, no era algo denigrante, sino por el contrario, valioso, propio de nuestra identidad como pueblo y nación. En su discurso ante el Congreso de Angostura, S. Bolívar escribió refiriéndose a la población de la Gran Colombia: «*es imposible asignar con propiedad a qué familia humana pertenecemos. La mayor parte del indígena se ha aniquilado, el Europeo se ha mezclado con el Americano y con el Africano, y éste se ha mezclado con el Indio y con el Europeo*» (1819, III: 682), y esta presentación del mestizaje la elabora de una manera positiva, para justificar la singularidad de las leyes y gobiernos que debían tener estas tierras como distintas a las de Europa. En su discurso, Bolívar usa la metáfora del mestizaje de la piel, para promocionar el mestizaje de las instituciones.

El mestizaje ha sido entonces un valor que ha hecho que las fronteras entre los grupos de color de piel distinta se diluyan de manera real o subjetiva, y ha hecho que el comportamiento individual y las relaciones interraciales sean radicalmente diferentes.

Aunque la idea de pureza de sangre fue muy importante durante la época colonial y conllevó a que cuando había dudas sobre la integridad racial se iniciaran complicados «juicios sobre limpieza de sangre», su contenido no era exclusivamente racial. Las personas debían probar una «pureza» social que iba más allá de la sangre (Martínez, 2008). Esto fue así porque en su origen estaba el enfrentamiento cultural, religioso y económico que en España se había dado con posterioridad a la destrucción del Sultanato de Granada, y la expulsión de los musulmanes y los judíos en el siglo XV. Y posteriormente, en la expresa voluntad de las Leyes de Indias que establecía que ni moros ni judíos podían participar del poblamiento de América.

Las «impurezas» que durante la época colonial se debían mostrar como inexistentes no eran exclusivamente raciales, sino también de casta, religión y condición social. Así que en el juicio no solo debía demostrarse que no se tenía sangre negra, sino tampoco de «moros o judíos», o que ninguno de sus antepasados había ejercido oficios «viles ni mecánicos», ni habían sido penados por un tribunal o la Inquisición (Gil Fortoul, 1: 109). Se trataba de impurezas de raza y de clase.

Esa valoración cultural de la pureza se trastocó en Venezuela y se sustituyó por el valor del mestizaje, y con ese cambio, la integridad del color de piel dejó de ser un obstáculo importante en la ubicación y movilidad social. Como sugiere M. Douglas (1966), la superación de algunos temores de contaminación se logra a través de ritos y de la conformación de una nueva entidad cultural, y eso fue lo que ocurrió en Venezuela con la ideología positiva del mestizaje.

Aunque es cierto que ese mestizaje no fue completamente exitoso, su exaltación ideológica ha permitido poner el énfasis en lo que une a los grupos sociales que tienen color de piel diferente más que en aquellos aspectos que los separan.

### El umbral del color y la discriminación racial

Pese a que en Venezuela como en el resto de América Latina se produce una asociación entre los estratos sociales y el color de piel, no es tampoco posible afirmar, por ejemplo, de manera simple y unívoca que los blancos son ricos y los mulatos o negros son pobres. En el Cuadro 5 se presenta la composición racial de los cinco estratos sociales usados regularmente en los estudios de encuesta en Venezuela para fines analíticos y de muestreo, que aquí han sido comprimidos en tres estratos para facilitar su lectura.

**Cuadro 5**
**Grupos de color de piel subjetivos por estrato social**
**Venezuela 2015 (N = 3491)**

|  | Clase alta y media ABC | Clase media y pobre D | Clase pobre extrema E |  |
|---|---|---|---|---|
| Blanco | 38,1% | 37,0% | 34,0% | 37,0% |
| Mestizo o trigueño | 20,7% | 21,8% | 28,3% | 22,2% |
| Moreno o mulato | 35,5% | 33,3% | 30,2% | 33,5% |
| Negro | 4,8% | 5,7% | 5,1% | 5,5% |
| Indígena | 0,7% | 0,8% | 2,2% | 0,9% |

**Fuente:** Lacso. *Estudio de condiciones sociales*, septiembre de 2015.

Como puede observarse no hay diferencias significativas, salvo en el caso de los indígenas, que se encuentran mucho más entre los pobres extremos. De resto existen dos diferencias interesantes, y es que hay dos gradientes, uno entre los blancos, donde se tienen 4% más de blancos en el estrato alto que en el de pobreza extrema; y otro entre los mestizos o trigueños, donde hay un 8% más de este color de piel en la pobreza extrema que en el estrato alto. Pero, no hay diferencias entre los morenos o mulatos, ni entre los negros. Estas diferencias pueden ser atribuibles a las condiciones económicas precarias o la carencia de herencia cultural, más que a una limitación en la movilidad social o discriminación debida a su color de piel.

Cuando uno observa la composición racial de los oficiales de las Fuerzas Armadas en Venezuela, uno puede encontrar un gradiente de color de piel entre los distintos componentes. Donde hay un mayor grupo de personas de piel oscura, negros, mulatos y mestizos, es en la Guardia Nacional. Luego, en el Ejército, hay mayor variedad con predominancia de mestizos y blancos. En la Armada y en la Marina, la situación cambia y se hace mayoritario el grupo de blancos. Y en la Aviación, la composición es esencialmente de personas de color de piel clara. Por supuesto, esto no significa que no haya blancos en la Guardia Nacional, ni mulatos en la Aviación, solo que son minoría en ambos casos.

¿Cuánto podemos suponer que influye en esta selección social de la oficialidad de los componentes tradicionales de las Fuerzas Armadas el color de piel de los individuos, y cuánto pudiera haber influido la situación socioeconómica de la familia? Alguien pudiera pensar que se trata de una herencia de las muy antiguas disposiciones de la Corona española que reservaban el ejército a los blancos y a los pardos solo les permitían integrar las milicias (Sosa Cárdenas, 2010), pero lo cierto es que sin disposiciones formales el nivel de educación y destrezas que se ha requerido para ingresar a la escuela de la Guardia Nacional, no es similar al que se ha demandado para ingresar en la academia de la aviación militar. La pregunta sociológica es si el color de piel de los individuos es entonces una causa que determina el proceso de selección en una u otra rama de las Fuerzas Armadas; o si esa selección, diferenciada, es una consecuencia de procesos de selección social previos que se ha dado por los distintos niveles de calidad de la educación a los cuales han tenido acceso los jóvenes candidatos a la carrera militar, como resultado de su variada capacidad de financiar una buena educación o de la capacidad de la familia para ofrecer apoyo en los estudios y destrezas sociales, desde el modo de hablar hasta los modales para comer, ese capital cultural que, según la expresión de Bourdieu (1964), se adquiere sutilmente en las conversaciones familiares alrededor de la mesa.

En los procesos de selección social hay saberes técnicos, hay destrezas sociales de urbanidad y cortesía, hay redes sociales y hay color de piel. Todos esos factores existen y pesan. Ahora bien, de una manera muy sutil, en el ejercicio de determinados roles u oficios hay algunas barreras, que determinados color de piel no pueden traspasar; son unos «umbrales», como los denominó Castillo, a partir de los cuales «se hace prácticamente imposible el llamado ascenso social» (1982: 57). Un determinado color de la piel permite superar y en otros impide superar. Son muy tenues, no pueden ser calificados de racistas, pero no por ello menos eficientes. Ese es el caso de la selección de las presentadoras de televisión o de las modelos; de los apoyos familiares para las alianzas matrimoniales «interraciales», que pueden aceptar más fácilmente a una «amante» de color de piel oscura que a una esposa; y, en cierta medida, de lo sucedido con los oficiales de algunas ramas de las Fuerzas Armadas.

Ese umbral del color actúa de una manera solapada y no es igual en todas partes del país. Como dice Castillo (1982), es más estrecho o bajo en la región andina y más laxo, amplio, abierto o alto en los estados del noroccidente o del oriente del país, quizá por la historia de esas mismas diferencias que existen en la autodefinición en la composición regional que hemos referido previamente. El umbral reproduce una situación social que, de hecho, no es novedosa, al contrario, se opone a la novedad. Y ese cerramiento social nunca es defendido públicamente. Si uno le pregunta a cualquiera de los actores intervinientes en los casos antes citados, sobre el proceso de restricción del acceso a la pantalla de televisión, a las pasarelas del modelaje, al matrimonio de una hija o a la academia militar, ninguno aceptaría que hay un componente racial en su decisión. Tanto los gerentes de programación, los responsables de la agencia de modelaje, o los futuros suegros, lo negarían tajantemente. Y esto es así porque en Venezuela, con el patrón social y la mentalidad igualitaria dominante, cualquier comportamiento o actitud que sea o parezca racista, recibiría de inmediato una condena.

En un estudio del International Social Survey Program (ISSP) en el cual participamos en el año 2011 y que incluyó a cuarenta países, hicimos una encuesta con una muestra de representación nacional y allí preguntábamos a los entrevistados sobre cuán importante consideraban ellos que era el factor «raza» para tener éxito en la vida. No se especificaba si la raza era un factor negativo, de obstrucción, o un factor positivo, de ventaja; cualquiera de las dos posibilidades servía, pues era un factor relevante. Se preguntaba usando una escala del uno al ocho, donde en uno la raza era un factor «esencial» y en ocho se ubicaba «nada importante». Los resultados obtenidos los sumamos y se calculó una media de las opiniones de cada país, y también se calculó el promedio de las cerca de cincuenta mil encuestas hechas alrededor del mundo. Los resultados están en el Cuadro 6 y muestran que el promedio de los cuarenta países fue de 3,85 puntos. Las cifras más bajas significan mucha importancia para triunfar en la vida y no es de extrañar que sea Suráfrica, el país que vivió durante muchos años una situación de exclusión racial con el *apartheid*, donde el factor raza se ha considerado como de mayor relevancia para triunfar en la vida. Las cifras más altas representan menos importancia otorgada al factor raza dentro de las posibilidades para mejorar en la vida. Y allí aparece Venezuela, que junto con Japón, Nueva Zelanda y Argentina, es uno de los países donde los entrevistados contestaron que la raza o el color de piel no representaban un fardo, una desventaja para la superación y el éxito personal.

**Cuadro 6**
**Importancia atribuida a la raza, color de piel o grupo étnico**
**como factor para poder triunfar en la vida**
**(2011)**

| 1 = Es esencial / 8 = Nada importante | |
|---|---|
| **País** | **Media** |
| Suráfrica | 2,81 |
| China | 3,04 |
| Hungría | 3,12 |
| Filipinas | 3,48 |
| Israel | 3,54 |
| Alemania | 3,64 |
| Suiza | 3,85 |
| **PROMEDIO** | **3,85** |
| España | 3,86 |
| Italia | 3,90 |
| Portugal | 3,91 |
| EE. UU. | 3,95 |
| Turquía | 4,01 |
| Chile | 4,05 |
| Reino Unido | 4,06 |
| Australia | 4,20 |
| **Venezuela** | **4,27** |
| Japón | 4,27 |
| Nueva Zelanda | 4,30 |
| Argentina | 4,38 |

Fuente: ISSP, 2011.

Los resultados del estudio en Venezuela mostraron dos aspectos relevantes, uno general y otro específico que se refiere a los umbrales del color. El primer aspecto contundente es que para la gran mayoría de los venezolanos, el 79 %, es decir cuatro de cada cinco entrevistados opinó que el factor raza, color de piel o grupo étnico tenía poca o ninguna relevancia como mecanismo que favoreciera o que obstruyera sus posibilidades de éxito en la vida. El segundo aspecto es más sutil y puede observarse en las respuestas de algunos estratos sociales específicos, como son el sector clase media alta y el sector de pobreza y que implicaría que hay un grupo que sí considera que es un factor importante para ascender a la clase alta o a la clase media. En el Cuadro 7 se puede observar que el promedio nacional de las personas que afirman que la raza es esencial es el 3%, pero en el sector de clase media alta ese promedio es seis veces superior, el 18%, y el grupo que dice que es muy importante es el 12%, cuando la media nacional es del 5%. El segundo grupo que llama la atención está en las respuestas de la raza como «importante», pues en los pobres fue del 16%, y estuvieron por encima del promedio nacional que sumó el 13%. La hipótesis que tenemos es que el color de piel puede funcionar como una barrera, como un umbral en el ascenso social entre la clase media alta y la clase alta, así como entre la pobreza y la clase media. El sentimiento sería que pueden tener la riqueza o los recursos y habilidades para ascender al otro estrato social, pero el color de piel puede ser un obstáculo. Y eso se puede observar en forma invertida en los estratos sociales más definidos, los grupos Alto, Medio y Bajo, cuyas respuestas afirmando la importancia de la raza están por debajo de la media. Aunque las magnitudes son pequeñas, nos parece importante pues puede permitir entender el sutil umbral de la raza en Venezuela.

**Cuadro 7**
**Importancia de la raza, color de piel o grupo étnico como factor**
**para poder triunfar en la vida por estrato social**
**(2011)**

| | Nivel socioeconómico | | | | | Total |
|---|---|---|---|---|---|---|
| | A Alta | B Med. Alta | C Media | D Pobreza | E Pob. Ext. | |
| Esencial | 0% | 18,2% | 1,6% | 3,3% | 0,4% | 2,9% |
| Muy importante | 0% | 12,1% | 1,6% | 5,6% | 3,9% | 4,8% |
| Importante | 0% | 9,1% | 8,2% | 16,3% | 9,1% | 13,2% |
| Poco importante | 28,6% | 24,2% | 20,5% | 21,7% | 18,1% | 20,8% |
| Nada importante | 71,4% | 36,4% | 68,0% | 53,1% | 68,5% | 58,2% |
| **Total** | **100%** | **100%** | **100%** | **100%** | **100%** | **100%** |

Pearson Chi-Square: 0,000

**Fuente:** Lacso. *Estudio de desigualdad social*, 2011.

## El racismo vergonzante

Cuatro años después, en el año 2015, realizamos un estudio sobre las orientaciones hacia el trabajo de los individuos y en una de las preguntas se les requería a los entrevistados si en algún momento de su vida se habían sentido discriminados. Si la respuesta era afirmativa y habían sufrido algún tipo de discriminación, se le preguntaba cuál había sido, en su opinión, el motivo de esa exclusión.

Los resultados arrojaron que el 84% de los encuestados, en una muestra aleatoria a nivel nacional, señaló que nunca se había sentido discriminado. Solo un 14% reportó haber sido discriminado alguna vez, y los dos motivos principales que reportaron fueron por su posición política y por su edad. La posición política fue un motivo reiterado de discriminación en Venezuela, como resultado de la prohibición de emplear en las oficinas del gobierno o en sus contratistas a personas que habían firmado la solicitud de apoyo a la realización de un referéndum revocatorio contra el presidente Chávez en el año 2004. La lista de los firmantes que debía conservar en privado el organismo electoral fue hecha pública, y se utilizó como una lista negra para impedir el acceso al empleo público o firmar contratos con el gobierno nacional. En el país se le conoció como la «lista Tascón», por el apellido del diputado que se decía la había hecho pública. El segundo factor de discriminación reportado fue la edad, y esto se debe a una tendencia a preferir a los jóvenes sobre los adultos mayores en los empleos, situaciones donde las personas mayores a los 50 años no son ni siquiera consideradas como candidatas para los empleos. Otros motivos que pueden apreciarse en el Cuadro 8 discriminados por responsabilidades familiares se refiere a una práctica de evitar el empleo de mujeres con hijos pequeños. Luego aparecen otros argumentos como el sexo, la discapacidad o la religión y, en penúltimo lugar dentro de los mencionados, se reportó la raza.

**Cuadro 8**
**¿Cuáles fueron las principales razones por las que usted fue discriminado?**
**(2015)**

| Motivo | % |
|---|---|
| Nunca fue discriminado | 83,8 |
| La edad | 3,8 |
| La raza | 0,6 |
| Nacionalidad | 0,2 |
| El sexo | 1,1 |
| La religión | 0,8 |
| Una discapacidad | 1,1 |
| Responsabilidades familiares | 2,3 |
| La posición política | 4,4 |
| No sabe / No responde | 2,0 |
| **Total** | **100** |

Fuente: Lacso. *Estudio de orientaciones de trabajo*, 2015.

Los estudios como este muestran que no hay evidencias relevantes de un comportamiento racista en la sociedad, sin embargo hay una creencia en que algo de racismo existe y que ha estado presente en las relaciones sociales. ¿Cómo se pudiera explicar eso? Nuestra hipótesis es que en Venezuela hay un racismo vergonzante.

El racismo vergonzante es la expresión de una sociedad donde hay prejuicios raciales que no logran traducirse en conductas racistas de las personas. Existen estereotipos, sentimientos o temores, pero no se expresan o lo hacen muy solapadamente, y es así porque hay un patrón dominante de rechazo al racismo.

En una entrevista a profundidad que realicé años atrás, le pregunté a una señora qué opinaba sobre la igualdad racial. Muy tranquila y segura me respondió que todos éramos iguales ante los ojos de Dios, y se extendió en sus explicaciones sobre lo injusto de la discriminación racial. Luego, me confesó, con la mirada caída y un dejo de vergüenza, que ella, con sinceridad, no tenía nada en contra de los negros, pero que les tenía mucho miedo...

Los individuos saben que el prejuicio racial es tan injusto en sus orígenes como incorrecto en sus resultados. Pero no pueden eliminarlo de su interior, por lo tanto lo viven con vergüenza. Que existan esas actitudes racistas es muy malo, que se sienta vergüenza de tenerlas es muy bueno. La vergüenza puede permitir superarlas y, en cualquier caso, limita sus expresiones públicas y restringe su eficiencia social discriminadora.

### Conclusiones

En Venezuela la raza se expresa como un gradiente de color de piel en las personas. Si bien hay algunos grupos de blancos o de negros que pudieran ser identificados como «puros», la mayoría de la sociedad se ubica en el amplio espectro del mestizaje que representa la metáfora del café con leche. Y esta ubicación en el mestizaje no solo es vivida como una realidad, sino apreciada como un orgullo personal y nacional.

Una identificación diferente ocurre con los grupos indígenas, pues su tratamiento no es racial, sino étnico, y no entra en el gradiente del color de piel, sino en una categoría de clasificación distinta, que es social, cultural, lingüística. Esta definición étnica se ha visto facilitada por su aislamiento geográfico que ha permitido tanto el mantenimiento de sus propias tradiciones como su resistencia a la modernidad. De igual modo ese carácter étnico y no racial define la relación que se establece con los otros grupos sociales. Estos grupos indígenas, aunque su color de piel pueda ser cobriza y en algunos casos muy similar a la de los mestizos, para la sociedad no son ni amarillos ni café con leche, son indígenas.

Por eso en los cinco grupos que hemos podido identificar en el país, hay cuatro que conforman el gradiente del blanco al negro y hay un quinto grupo distinto que es el de los indígenas. Esta clasificación del color de la piel está condicionada por tres componentes: el primero es el carácter estrictamente subjetivo de la calificación de su propio color de piel, lo que la hace muy difícil evaluar su justedad más allá de la opinión de los propios individuos. El segundo, es que esa opinión individual está condicionada por el entorno social geográfico de ubicación de la persona. Esto quiere decir que, tanto lo que cada persona opina que es su propio color de piel, como lo que el resto de personas considera que es, dependerá del tono del color de piel predominante en la zona en la cual esa persona habita; en consecuencia, un mismo color de piel podrá ser más oscuro o más claro dependiendo del lugar geográfico. Y en tercer lugar, dependerá también de su clase social, pues la abundancia de dinero puede hacer más blanco a un mestizo, o la pobreza más oscuro a un blanco.

Esto hace que las exclusiones sociales que puedan darse como resultado del color de la piel no sean homogéneas en todo el territorio nacional, ni que puedan ser separadas de la clase social.

En general es posible afirmar que las exclusiones en Venezuela responden más a la clase, es decir al dinero disponible y a los hábitos culturales de distinción, como diría Bourdieu (1979), que al color de piel.

Sin embargo, es posible decir que sí hay algunos umbrales de exclusión sociales que pueden estar construidos sobre la raza, el grupo étnico o el color de piel, pero que estos son más un sentimiento que una norma de conducta. O que, en cualquier caso, su repercusión práctica, su incidencia, está limitada y se expresa solo en la pertenencia o acceso a algunos espacios sociales específicos, y no tiene un impacto más amplio que pueda permitir considerar racista al conjunto de la sociedad.

El carácter restringido que tiene el racismo en el país encuentra su fundamento tanto en una valoración cultural que privilegia el mestizaje, como en el igualitarismo que condena las actitudes discriminatorias. Sin embargo, los sentimientos, los prejuicios y los miedos raciales persisten, tanto como las diferencias sociales que están asociadas con esos colores de piel. Lo singular y positivo es que estos sentimientos no logran traducirse en conductas, pues se les valora negativamente y se tiene una vergüenza individual y social de su existencia. Es malo que existan sentimientos racistas, es bueno que susciten vergüenza.

La modernidad logró reducir el peso de la raza en la sociedad al someterla a la clase. La modernidad en Venezuela ha estado asociada a la gran movilidad social que ocurrió como consecuencia de la explotación y el ingreso petrolero. Esa movilidad social, producto de las nuevas formas de división del trabajo y de las migraciones que impulsó la economía petrolera, redujeron el peso de la raza en la sociedad en tiempos recientes, pero sus orígenes podemos encontrarlos mucho tiempo antes.

La construcción social que sustentaba la real cédula de «Gracias al Sacar», de Carlos IV en 1795, no era feudal sino una deriva moderna y capitalista, que privilegiaba la clase sobre la raza, pues si alguien podía comprar con su dinero una posición social distinta, y por quinientos «reales de vellón» ser «dispensado» de su condición de pardo, o por mil reales acceder a privilegios que habían estado reservados a los blancos, como asistir a la universidad, ejercer cargos públicos o ser llamado «don», el valor de la raza como identidad, prestigio social y fuente de discriminación comenzó a estar deslegitimado. La sociedad se había hecho mestiza y moderna, y desde entonces la riqueza blanquea y la clase sustituyó a la raza. Aunque, *eppur si muove...*

## Referencias

BARALT, R. M. (1850). *Antología*. Caracas, Monte Ávila Editores, 1991.

BOLÍVAR, S. (1819). *Obras completas, tomo III*. Caracas, Editorial Lisama, 1966.

BOLÍVAR, A., M. Bolívar, L. Bisbel, R. Briceño-León, J. Ishibashi, N. Kaplan, E. E. Monsonyi, R. J. Velásquez. «Racism and Discourse in Venezuela. A 'Café con leche' Country», *Racism and Discourse in Latin America*, T. A. van Dijk (ed.). Lamham, Lexington Books, 2009, pp. 291-334.

BOURDIEU, P. et J. C. Passeron. *Les Héritiers. Les étudiants et la culture*. Paris, Éd. Minuit, 1964.

BOURDIEU, P. *La Distinction. Critique sociales du jugement*. Paris, Les éditions de Minuit, 1979.

BRICEÑO-LEÓN, R. *Venezuela, clases sociales e individuos*. Caracas, Fondo Editorial Acta Científica Venezolana / Consorcio de Ediciones Capriles, 1992.

BRICEÑO-LEÓN, R., A. Camardiel, O. Ávila y V. Zubillaga. «Los grupos de raza subjetiva en Venezuela». En Hernández, O. (ed.), *Cambio demográfico y desigualdad social en Venezuela al inicio del tercer milenio. II Encuentro Nacional de Demógrafos y estudiosos de la población*. Caracas, Avepo, 2005.

CASTILLO, I. «El umbral del color», *Revista SIC*, 45 (442), 1982, pp. 56-60.

DOUGLAS, M. *Purity and Danger: An Analysis of the Concepts of Pollution and Taboo.* New York, Routledge, 1966.

FERNANDES, F. *A Integracão do negro na sociedade de clases.* São Paulo, Globo, 2008.

GIL FORTOUL, J. (1907). *Historia constitucional de Venezuela, tomo I.* Caracas, Ministerio de Educación (Obras completas de José Gil Fortoul, II), 1954.

HANSON, K. C. «Blood and Purity in Leviticus and Revelation», *Listening: Journal of Religion and Culture*, 28, 1993, pp. 215-230.

HARRIS, M. *Raza y trabajo en América.* Buenos Aires, Ediciones Siglo Veinte, 1973.

HUMBOLDT, A. *Viaje a las regiones equinocciales del nuevo continente, tomo II.* Caracas, Ediciones del Ministerio de Educación Nacional / Biblioteca Venezolana de Cultura, 1941.

LÉVI-STRAUSS, C. *Antropología estructural.* Buenos Aires, Eudeba, 1969.

MARTÍNEZ, M. E. *Genealogical Fictions: Limpieza de Sangre, Religion and Gender in Colonial Mexico.* Stanford, Stanford University Press, 2008, p. 270.

POLLAK ELTZ, A. *La negritud en Venezuela.* Caracas, Cuadernos Lagoven, 1991.

SOSA CÁRDENAS, M. *Los pardos. Caracas en las postrimerías de la Colonia.* Caracas, Universidad Católica Andrés Bello, 2010.

WRIGHT, W. *«Café con leche»: Race, Class and National Image in Venezuela.* Austin, University of Texas Press, 1993.

# Epílogo
# La sociología mestiza

La sociología de América Latina ha sido un reflejo de su tiempo y de su sociedad, esto es, de las corrientes teóricas dominantes en el pensamiento que la convertían en una práctica académica y profesional, y de los dramas y miserias de un continente pleno de riqueza y de pobreza. Pero unas veces se privilegiaba al tiempo y la sociología respondía más a los requerimientos de la moda académica dominante y, otras veces y en otros lugares, tendía a responder más a los problemas sociales específicos, ignorando o desestimando la teoría social.

Este continuo debate entre responder a su tiempo académico o a su realidad social ha llevado a la sociología de América Latina a vivir entre dilemas teóricos y prácticos. En la sociología se han tenido tensiones permanentes entre la tradición de la filosofía social y una práctica profesional empeñada en hacer ciencia; entre ofrecer un producto que tenga validez universal o, por el contrario, la construcción del objeto científico singular que se diferencie, y a veces se oponga, a cualquier pretensión de universalidad. Unas veces se ha hecho sociología de grandes regiones y largos períodos históricos, macrosociología; y otras veces se ha enfocado en grupos sociales o problemas particulares y se ha trabajado en cortos períodos de tiempo, se ha hecho microsociología. Desde una perspectiva metodológica se ha trabajado de manera deductiva, derivando conclusiones a partir de las teorías generales, o inductiva, a partir de las evidencias, procurando una generalización a partir de lo particular. Y los resultados se han presentado unas veces en forma de ensayo libre y otras con los rigores de la investigación empírica que demandan los *papers* en revistas científicas.

La sociología pura ha pretendido resolver estas tensiones seleccionando una de las posturas y excluyendo la otra, pero la realidad de la práctica de la sociología ha sido más mezclada; muy pocas y estériles han sido las sociologías puras de teoría o métodos. La mayor riqueza de la práctica sociológica debe darse hacia una sociología que no excluya sino que integre, que produzca síntesis y responda a la singularidad de la sociedad, que no tenga temor a ser mestiza.

## Las sociologías latinoamericanas

A finales del siglo XIX existieron a lo largo de América Latina individualidades y grupos que se dedicaron al estudio de la sociología. Durante esos años se crearon cátedras universitarias e institutos, como el Instituto de Ciencias Sociales en Caracas, Venezuela, en 1877, y lo que se cree fue el primer curso de sociología del mundo, en la Universidad de Bogotá, Colombia, en 1882, diez años antes del creado en Chicago, EE. UU., en 1892 (Blanco, 2005). Entre finales de un siglo y comienzos del otro, se crearon cátedras de sociología en casi todas las universidades de las capitales y ciudades importantes, y fue así que la sociología entró como un cuerpo de pensamiento difundido entre la élite intelectual en el siglo XX.

## La sociología de los abogados

En América Latina los inicios de la sociología estuvieron marcados por la actuación de los abogados, quienes se dieron a la tarea de estudiar y promocionar actividades académicas de la sociología. Los abogados se encargaban del pensamiento humanista y de la filosofía una vez que la teología dejó de tener presencia en las universidades.

Era una sociología filosófica y ensayista, se encargaba de los problemas universales e intentaba aportar su valor civilizatorio a la sociedad rural y semifeudal que era América Latina. Sus estudios derivaban de los clásicos de la sociología, en particular de Spencer y su visión de la evolución de la sociedad.

Los abogados fueron quienes se encargaron de formar las cátedras universitarias de sociología en las Facultades de Derecho o de Filosofía y Letras. En 1933 se creó en Sao Paulo, Brasil, la Escuela Libre de Sociología y Política, que se considera fue la primera escuela de sociología de América Latina y en 1939 se fundó en la Universidad Autónoma de México el Instituto de Investigaciones Sociales, constituyéndose en las dos instituciones pioneras de docencia e investigación.

Los abogados, quienes habían actuado en ese tiempo como novelistas, filósofos y políticos, en los inicios del siglo XX comenzaron también a ser los primeros sociólogos. Ellos fueron quienes se encargaron de crear en el año de 1939 las primeras revistas, como *Sociología*, de Sao Paulo, Brasil; la *Revista Interamericana de Sociología*, en Caracas, Venezuela; y la *Revista Mexicana de Sociología*, que todavía continúa publicándose. En este tiempo se inician en varias editoriales las colecciones de libros de sociología, y en 1941 se publicó en México la primera *Historia de la sociología de América Latina*, escrita por A. Poviña (1941), un profesor argentino que había sido actor central en todo el proceso.

Estos abogados estuvieron vinculados al Instituto Internacional de Sociología, que había sido fundado en 1893 y que había sido la asociación que reunía a los estudiosos de la sociología hasta inicios de los años cincuenta, cuando se constituyó la International Sociological Association. De una manera casi paralela, se dio la creación de la Asociación Latinoamericana de Sociología (ALAS), en Zúrich, Suiza, en 1950, teniendo como fundadores el grupo de abogados e intelectuales latinoamericanos, quienes habían establecido en años anteriores las escuelas y asociaciones nacionales, como la Academia Argentina de Sociología, y las Sociedades Brasileña, Mexicana y Venezolana de Sociología, algunas de las cuales se afilian, desde sus inicios, a la Asociación Internacional de Sociología. Los abogados también organizaron los congresos de la ALAS, en Buenos Aires el primero, en 1951, y luego en Río de Janeiro (1953), Quito (1955), Santiago de Chile (1957), Montevideo (1959) y Caracas (1961).

A inicios de los años cuarenta y en medio de la guerra en Europa se creó una colección de libros de sociología y los impresores se toman el trabajo de hacer traducir y publicar el texto central de M. Weber, *Economía y sociedad* (1944), que aún se utiliza en las universidades. El mismo traductor de la obra de Weber, el mexicano José Medina Echeverría, había publicado en ese entonces el libro *Sociología. Teoría y técnica* (1941), de gran difusión y que abrió camino para el estudio de la sociología en una perspectiva diferente a la que había predominado con los abogados.

## La sociología científica y de la modernización

En los años cincuenta y sesenta la promesa del desarrollo se veía cerca y la sociología de América Latina se ocupaba de los estudios de la modernización. Los sociólogos realizaron estudios y publicaron libros sobre la sociedad en transición, en el sentido evolucionista más clásico, pues se asumía que se estaba acercando la sociedad tradicional a la sociedad moderna (Germani, 1961). Esta sociología resultaba comprensible en su momento, pues la región tenía una muy alta tasa de crecimiento económico (5,5%) desde el final de la Segunda Guerra Mundial. Para esos años Argentina era considerado uno de los países más desarrollados de la Tierra, y durante los años cincuenta, el ingreso *per cápita* en Venezuela era mayor que el de cualquiera de los países europeos (Furtado, 1957).

La sociología latinoamericana sufrió un cambio importante en los años cincuenta, pues a partir de allí surgió una nueva práctica que tendió a ser más científica y menos filosófica, a trabajar con datos empíricos y a tener una influencia más norteamericana que europea en sus estudios. Este cambio es el resultado, por un lado, del optimismo que había generado el crecimiento económico y el acelerado proceso de urbanización que hacían prever un cercano futuro de desarrollo y modernidad para la región; y por el otro lado, del desarrollo de los métodos cuantitativos de investigación durante la Segunda Guerra Mundial y la consolidación de la sociología empírica en los Estados Unidos. La conjunción de esos factores impulsó una importante corriente sociológica que postulaba las teorías del desarrollo con una perspectiva modernizadora, donde la sociedad tradicional sería sustituida por la moderna, y que postulaba que la explicación de buena parte de los problemas de la región se debía a una sociedad en transición donde coexistían culturas rurales y urbanas, donde la tradición no se había disipado completamente y lo moderno no se instauraba todavía.

La sociología de la modernización de América Latina se corresponde tanto con el momento de crecimiento y optimismo del capitalismo mundial que Hobsbawm (1995) llamó su «edad de oro» y con el surgimiento de la Guerra Fría, que obligaba a ofrecer una propuesta teórica de crecimiento y desarrollo al modelo soviético.

Pero esta diferencia implicaba también una concepción de la práctica sociológica y dividió a quienes continuaban trabajando en una perspectiva filosófica y quienes deseaban una práctica «profesional». Esa división llevó a que en Argentina se creara en 1959 la Sociedad Argentina de Sociología (que se correspondía a la primera visión de tipo filosófico), y al año siguiente la Asociación de Sociología Argentina, que buscaba defender el carácter «profesional» y diferenciarse de los simples «aficionados». Esta polémica abarcó también la diferenciación entre los que siguieron vinculados al Instituto Internacional de Sociología y que organizaron sus congresos en Ciudad de México (1960), Córdoba, Argentina (1963) y Caracas (1972), y quienes se afiliaron a la International Sociological Association, que representaba a su vez la divergencia entre la tradición europea del IIS y la influencia americana cada vez más presente en la ISA.

## La sociología crítica de la dependencia

Sin embargo, las esperanzas del desarrollo no llegaban y las teorías de la modernización y el crecimiento por etapas no satisfacían muchas inquietudes y dudas, pues el subdesarrollo persistía y la pobreza se reproducía en las zonas urbanas y modernas, en lugar de extinguirse. La urbanización ocurrió, pero no se completó la tan ansiada industrialización. En ese contexto la sociología latinoamericana ofreció uno de sus aportes más importantes como fue la teoría de la dependencia.

Con independencia de los juicios que hoy puedan hacerse sobre su pertinencia o bondades, la teoría de la dependencia tuvo dos grandes virtudes, una, permitió pensar el tiempo histórico de una manera distinta, es decir, entender que desarrollo y subdesarrollo no eran fases distintas de un mismo camino, sino que eran procesos sociales coetáneos, paralelos en el tiempo y que por lo tanto debían explicarse de manera conjunta y recíproca. La segunda fue un esfuerzo por pensar la singularidad de América Latina y rechazar las explicaciones por etapas que se habían dado para el desarrollo desde la teoría de la modernización y también para la teoría marxista, postulada de manera oficial por los partidos comunistas. Este esfuerzo implicaba, a su vez, reformular la teoría sociológica que desde las escuelas de sociología habían estado viendo la realidad latinoamericana con los lentes de Parsons (1966) o de Lenin (1963).

La sociología de la dependencia tuvo dos expresiones importantes, una fue la desarrollada desde la Comisión Económica para

América Latina (Cepal, 1969), y la otra desde la academia, que se vio reforzada por la creación de la Facultad Latinoamericana de Ciencias Sociales (Flacso) en 1957, y que tuvo su máxima expresión en el libro de F.H. Cardoso y E. Faletto (1969), pero de la cual también formaron parte importante los estudios de A. Quijano (1977) en Perú, y E. Torres en Centroamérica (1971). Lo relevante, en ambas concepciones, es que intentaron identificar los obstáculos al crecimiento y al desarrollo tanto a lo interno de la sociedad, como en sus vínculos con el exterior (Cardoso, 1977). La dependencia era externa e interna, existía una adecuación de la organización social y de la cultura que permitía la reproducción de la condición histórica.

La sociología de la dependencia, por su mismo carácter, fue fundamentalmente macrosocial y procuró hacer un balance entre la tradición filosófica y el carácter científico de los estudios, basados en información histórica y análisis de datos secundarios, con un estilo a veces cercano a la ensayística, pero siempre con una vocación fuertemente empírica, basada en evidencias que eran interpretadas –como todas– a la luz de los postulados que estaban proclamando. La corriente del pensamiento que impulsó el «dependentismo» fue de gran originalidad, y permitió resolver los dilemas de una manera novedosa y creativa.

### La sociología marxista

Otros de los que habían trabajado en la teoría de la dependencia avanzaron en una dirección diferente y procuraron formular una sociología propiamente marxista y no solo en su concepción teórica, sino en una práctica profesional, más ligada a la política militante, incluso hasta a la lucha armada, que al pensamiento científico.

La sociología marxista tuvo diversas expresiones y una de ellas fue pautada por las decisiones del Primer Congreso del Partido

Comunista de Cuba en 1975, que asumió de manera sumisa y dogmática el marxismo soviético, y llevó en la práctica a sustituir la sociología por el «materialismo histórico». La variedad que había tenido la sociología en los años sesenta o previos desapareció, y la sociología fue criticada por sus postulados «burgueses» y quedó sometida a la filosofía marxista de la historia.

Una corriente distinta ocurrió por la difusión del llamado «marxismo estructuralista francés», liderizado por L. Althusser y N. Poulantzas, quienes dominaron el panorama intelectual de las ciencias sociales, y que en América Latina tuvo su mayor expresión en un manual simplificado, escrito por la chilena M. Harnecker (1976), que se convirtió en un verdadero *best seller* y pasó a dominar el pensamiento social y a empobrecer la sociología. Lo común en estas corrientes era que la sociología solo podía ser filosofía y marxismo, por lo tanto, no era necesario referirse a ninguna otra tradición teórica, pues todas las demás estaban equivocadas. Ser sociólogo se convirtió en sinónimo de ser marxista.

La sociología marxista representó el regreso a una visión universalista y un abandono de cualquier interés en comprender la singularidad de la región. Funcionaba de una manera deductiva, pues establecía unas verdades de las cuales se derivaban conclusiones y despreciaba cualquier forma de investigación empírica (tales como las encuestas), por considerarla propia del «positivismo», que era –y en muchas partes todavía es– el insulto más común que podía endilgársele a cualquier adversario intelectual.

La sociología marxista abandonó la metodología y las técnicas de la investigación, las cuales fueron sustituidas por la epistemología y los grandes discursos teórico-políticos. Los estudiantes de sociología que se formaron en esta visión tuvieron, en el mejor de los casos, una buena formación filosófica, pero ninguna capacidad de investigación de campo. En consecuencia, los estudios sociológicos eran ensayos o elaboraciones diletantes con muy poca o ninguna evidencia empírica.

## La sociología profesional

La sociología profesional de América Latina representa hoy una diversidad gigantesca donde no hay un dominio ideológico ni de corriente teórica; donde subsisten las tendencias marxistas con estudios sobre el empresariado; donde están los grupos antiglobalizadores y los que quieren encontrar en la sociología una herramienta que permita darle a las sociedades pequeñas un mejor lugar en el proceso globalizador.

En la sociología profesional se muestra un gran pluralismo teórico, metodológico, político y al mismo tiempo una atomización, es decir, hay un poco de todo y si bien en algunos casos hay interacción, la mayoría de las veces lo que se encuentra es dispersión y funcionamiento en grupos separados, con muy poca comunicación entre sí. Hay una búsqueda notable y valiosa de caminos novedosos, de prácticas nuevas, de creatividad ante problemas.

Los cambios provocados por el proceso de globalización adquirieron dimensiones muy dramáticas en América Latina, por las fragilidades de las economías y por los grados de desigualdad social y tecnológica existentes en la región. La sociología contemporánea de América Latina está intentado dar respuesta a esta nueva situación social de manera muy variada y desigual, y si bien es cierto que en muchos casos simplemente se encuentra el mismo vino viejo en las nuevas botellas, como ocurre con alguna sociología marxista de la antiglobalización, en otros casos hay verdadero vino nuevo.

Hay algunas áreas en las cuales se han producido grandes cambios en América Latina y que la sociología ha de asumir como unos retos a los cuales debe dar respuesta científica: la mejoría de las condiciones de vida de muchos sectores, pero con el incremento de la desigualdad; la existencia de una población cada vez más educada, pero que no consigue empleos o tiene los mismos que sus padres; el incremento de la violencia urbana; la disminución de las clases medias; el desencanto de los partidos políticos y el surgimiento de los movimientos sociales con fundamento étnico; el incremento de la informalidad económica, urbana y jurídica. La sociología profesional está en la obligación de dar respuestas a estas y muchas otras situaciones sociales: sería la manera de poder legitimar su pertinencia social en el nuevo siglo, pero en su afán por cumplir esa tarea debe superar los obstáculos del pasado.

## Los mestizajes de la sociología latinoamericana

A pesar de esta rica y variada tradición que hemos podido brevemente referir, la contribución de la sociología para comprender la sociedad latinoamericana ha dejado mucho que desear. La contribución de estudios empíricos o desarrollos teóricos es muy escasa cuando se compara con los recursos humanos y el potencial institucional de la región. ¿Qué ha pasado?

Sostenemos que la manera como gran parte de la sociología de América Latina ha abordado los dilemas ha constituido un freno para la producción creativa y abundante, y para su inserción en la comunidad científica global, pues se han resuelto tomando posición por uno u otro aspecto, en lugar de buscar una síntesis.

## Filosofía y ciencia

Una característica de la sociología de América Latina es que por las diversas influencias a las cuales ha estado sometida, tiene una permanencia de lo que se ha llamado las dos culturas: la cultura humanística o filosófica y la científica (Berlin, 1979; Wallerstein, 1996, 1999). Esto crea muchas dificultades al momento de entender el oficio, pues, en sus extremos, para algunos la sociología sigue siendo una suerte de filosofía social, dedicada a la reflexión teórica desligada de las pequeñeces y restricciones de la vida social específica donde tal reflexión ocurre; mientras que para otros es

una ciencia un tanto tecnificada, desligada de las corrientes episte-
mológicas o filosóficas.

Esta tendencia a ser más filosofía que ciencia se ha mantenido por varias décadas en la sociología de América Latina; buena
parte de las polémicas surgidas en los años cincuenta daban cuenta de esa realidad de dos corrientes en pugna, pero mantenién-
dose como dominante y ganadora la perspectiva filosófica. En la
revisión que L. Costa Pinto (1955) hacía del Cuarto Congreso de
la Asociación Latinoamericana de Sociología, que tuvo lugar en
Santiago de Chile en 1957, ya planteaba claramente ese dilema y
como en la región predomina el viejo patrón filosófico (Blanco,
2005; Scribano, 2005). La experiencia de la sociología marxista
en los años setenta y ochenta regresó a la misma situación de más
filosofía que ciencia.

El peso de la tradición humanística es todavía muy grande en la sociología de América Latina. Inclusive mucha de la forma muy politizada que ha tenido la sociología por la influencia
del marxismo y de los partidos de izquierda mantiene su origen en
la visión filosófica. La práctica sociológica que de allí se deriva es
muy dada a la crítica social o teórica, pero se ocupa muy poco de
los análisis empíricos.

Por otra parte se observa cómo, de manera reciente y sobre
todo entre los jóvenes formados en Estados Unidos, hay una tendencia a seguir el modelo científico de investigación, con investigación empírica y tecnología estadística, pero poca criticidad en el
manejo de sus teorías y fundamentos. Lo cual contrasta con otra
producción llena de teoría y discusión filosófica y política, pero
casi ningún sustento en evidencia empírica.

## Teorías universales y singularidad

La sociología latinoamericana ha estado sometida a la influencia de muchas corrientes teóricas. En Europa uno encuentra que

las sociologías nacionales han sido históricamente fieles a sus tradiciones nacionales, los alemanes estudian a los autores alemanes y los franceses a los escritores franceses. El intercambio entre las sociologías nacionales fue muy poco y lento, pues cada quien se sentía satisfecho con su propia herencia teórica. En América Latina hemos tenido una situación diferente, pues tuvimos la influencia de los alemanes, de los franceses y también de los norteamericanos. De alguna manera, como no nos debíamos a ninguna tradición específica, nos obligábamos con todas. La obra de Max Weber fue primero traducida al español que al francés, y los textos de Pierre Bourdieu se tradujeron al español primero que al inglés, y así podemos repetir la historia de muchos otros autores alemanes o americanos, que se conocieron y estudiaron antes en América Latina que en otras regiones, por el afán de lo nuevo y de lo ajeno.

Y es que esas influencias se multiplicaban en la formación del sociólogo, pero, todas ellas, eran de carácter universal y, muchas veces, profundamente etnocéntricas. Lo que se olvidada era indagar cuánto de esa teoría permitía verdaderamente captar la singularidad de estas sociedades. Las teorías que han intentado explicar lo que hoy conocemos como «sector informal» y que representa más de la mitad de los trabajadores de la región (Cepal, 2000) han pasado por la aplicación de las teorías funcionalistas de la «marginalidad», hasta la aplicación de los conceptos de K. Marx del siglo XIX sobre el «ejército industrial de reserva» (Murmis, 1969), o «superpoblación relativa» (Nun, 1969), pero ninguna lograba dar cuenta satisfactoria de esa realidad, porque surgía de teorías importadas y mal adaptadas (Lander, 2000; Quijano, 1998). Y en esto las posiciones políticas no son muy diferentes, pues desde las teorías de la revolución del marxismo de Althusser y Poulantzas, hasta las interpretaciones parsonianas del consenso, se ha cometido el mismo error de pretender meter una realidad singular y novedosa en el vestido de una teoría vieja e importada, que le queda muy grande o muy chica, muy corta o muy larga. El predominio de las teorías universalistas ha sido un mecanismo de subordinación y colonialismo intelectual generalizado y sin distingo político, que no ha permitido ni estimulado las respuestas innovadoras y mestizas, capaces de dar cuenta de la singularidad de los problemas y las sociedades.

## Sociología deductiva e inductiva

Como consecuencia de lo anterior, gran parte de la investigación que se hace en América Latina es de tipo deductiva. Se tienen unas teorías, se tienen unas afirmaciones de verdad, y se busca ver cómo la realidad se adapta a estas interpretaciones. Ha habido poca sociología que se dedique a la construcción social de la realidad a partir de observaciones empíricas, que desarrolle el pasaje del dato a la construcción teórica, y la poca sociología que ha habido no ha tenido mayor impacto, pues queda aislada y no logra tener significación académica, ya que las dinámicas del poder en las revistas, los congresos o los jurados de las universidades las rechazan, pues no saben bien cómo manejar esas innovaciones.

Es interesante destacar que los avances de las teorías «construccionistas» en la teoría e investigación social no han tenido muchos seguidores; hay pocos casos donde se enseña y refuerza esta orientación que, sin lugar a dudas, es lenta y laboriosa en la obtención de resultados. Una contribución a la perspectiva inductiva ha sido dada por el creciente interés que ha existido en la sociología de América Latina por las técnicas cualitativas de investigación, pues intenta responder a esta necesidad de comprender e interpretar la singularidad a partir de la inducción. Si bien es cierto que los procedimientos inductivos, o construccionistas, no están necesariamente identificados con las técnicas cualitativas, también lo es que esta forma de investigar puede permitir mucho más fácilmente el encuentro de la singularidad y la construcción teórica autóctona.

Es muy interesante ver también el múltiple impacto que han tenido las tesis de K. Popper sobre la inducción en América Latina. Aunque la postura de Popper es abiertamente contra la inducción como mecanismo para construir conocimientos universales, a partir de la suma de observaciones particulares (Popper, 1977), sus teorías sobre la investigación, las conjeturas y el método científico (Popper, 1972) han estimulado mucha de la investigación empírica y del esfuerzo por el rigor y la evidencia en la ciencia en América Latina.

### Ensayística y artículos científicos

Si bien hay notables excepciones en individuos, grupos y universidades, el grueso de la producción vinculada a la sociología en Latinoamérica ha estado dominada por el ensayo como forma narrativa de presentar la obra sociológica. La ensayística, producto de la reflexión personal, más que resultados de investigación empírica, son lo común en América Latina. Esto es comprensible y coherente con los aspectos antes tratados, pues el predominio de lo filosófico y de la deducción hace que los resultados de estudios o las afirmaciones que se hagan sobre la sociedad solo puedan ser discutidos como opiniones, deducciones lógicas o posiciones políticas, y no en términos de su fundamentación empírica o fiabilidad de sus fuentes (Tavares dos Santos y Baumgarten, 2005).

Ciertamente el ensayo puede ser una herramienta de trabajo muy buena para las ciencias sociales (Cataño, 1995), pero se requiere de ciertas condiciones para que no derive en el diletantismo y una de ellas es la necesidad de tener una sustentación en la propia realidad social. Lo bueno del ensayo es que puede permitir de una manera muy libre vincular las observaciones empíricas de la realidad con las teorías, pero debe tener calidad en ambas y, además, ofrecer una buena calidad literaria, lo cual hace que el ensayo sea en la práctica un texto mucho más exigente que el artículo científico.

Esta tensión se ha visto reflejada en las revistas de sociología y las escuelas de ciencias sociales de la región, las cuales por mucho tiempo han estado dominadas por los escritos tipo ensayo. Sin embargo, a partir de los años noventa se observó un cambio importante y un crecimiento de las revistas que empezaron a adoptar un sistema de arbitraje, de tipo *peer-review*, para la aceptación de los artículos a ser publicados y una exigencia de mostrar evidencias que sustentaran las afirmaciones y mostraran explícitamente la metodología que se había utilizado en el estudio que, por lo regular, debía ser de carácter empírico, aunque no necesariamente cuantitativo. Este cambio fue el resultado del incremento de los sociólogos con estudios de maestría y doctorado y de los cambios sociales que despolitizaron buena parte de la actividad académica y tendieron a su profesionalización, y que se vio, además, notablemente impulsado por la presencia de un programa de incentivos a la productividad, que lanzaron los ministerios o consejos de ciencia y tecnología de varios países como México, Brasil, Argentina, Venezuela, por medio de los cuales se les otorga a los investigadores un sobre-salario o premio por su productividad científica, medida esta en artículos publicados en revistas arbitradas.

## La macro y microsociología

Algunos colegas piensan que tenemos demasiada macrosociología en América Latina y que la nueva práctica profesional debería dedicarse mucho más a la microsociología. Esto es parcialmente verdad. Por un lado el problema no radica tanto en que hayamos tenido mucha macrosociología, sino que, pretendiendo ser tal, hemos tenido filosofía, teoricismo o discursos ideológicos. Por el otro, si bien se requiere más microsociología, esta no puede sustituir el pensamiento macro y la comprensión de los procesos sociales que hoy exceden las fronteras nacionales para ser fenómenos globales.

Por varias décadas, una parte importante de la producción sociológica de América Latina estuvo dedicada a estudios macrosociales de comprensión de la sociedad, los libros sobre la modernización primero y sobre la dependencia después, muestran claramente su relevancia, y hay que reconocer que dieron contribuciones muy importantes a la sociología latinoamericana, pero, después de allí, los estudios macrosociales se volvieron estériles y repetitivos, en gran medida porque quedaron atrapados en el pensamiento marxista oficial, se recluyeron en la enseñanza académica sin investigación, y no tuvieron tampoco un contendor teórico que permitiera progresar a través de un debate de importancia.

Los estudios microsociales en cambio han mostrado gran riqueza, variedad y originalidad, pero, aun así, hay necesidad de muchos más estudios puntuales capaces de dar cuenta de los cambios en la familia, de las múltiples formas de la informalidad económica y social, o de las razones situacionales o culturales de la violencia urbana. La sociología latinoamericana requiere de una construcción teórica que sea capaz de dar cuenta de la heterogeneidad y singularidad de la sociedad y de sus modos especiales de inserción en la sociedad global. Pero, requiere también que se dé una conexión entre esos estudios macro y la infinidad de estudios microsociales que deben efectuarse, para poder llegar y sustentar las afirmaciones macrosociales, las cuales, a su vez, le darían un sentido contextual a las microinvestigaciones.

## La sociología mestiza

Lamentable o afortunadamente, no hay una fórmula que permita por sí misma superar las dificultades encontradas. Se trata de un largo proceso en el cual se intenta recuperar, científica y críticamente, la singularidad de unas sociedades que son intrínsecamente mestizas. El mestizaje en América Latina no es solo de la piel, es un mestizaje de culturas y una combinación de tiempos estructurales que deben ser rescatados por la sociología.

Pero hay un riesgo en la sociología contemporánea como es el de caer en la tentación del globocentrismo, del pensar que todos somos iguales y que así como en la academia todos tenemos que hablar inglés, por ser la lengua *franca* de la ciencia, de igual modo todos tenemos que pensar de manera semejante y hacer el mismo tipo de sociología, porque así lo establecen algunos patrones de la ciencia. Si la sociología hiciera eso, se estarían reforzando algunas de las limitaciones antes expuestas, el sociólogo asumirá ser exclusivamente un individuo universal, un ser de su tiempo científico, y se olvidaría que debe ser también alguien de su pueblo histórico. La sociedad latinoamericana tiene muchas singularidades, en su ciudad (Calderón, 2005), en una singular cultura de la ley (Fix-Fierro, Friedman y Pérez Perdomo, 2003), un sentido del trabajo diferente (Garza Toledo, 2011), un sentido de la familia (Jelin, 2000) y de reciprocidad y la igualdad singular (Barbosa, 2006), aspectos que si bien en su esencia pueden tener componentes universales, en la manera de vivirlo, en cómo eso se vuelve norma y vínculo social, es singular y distinto. Por eso la sociología de América Latina necesita dar cuenta de la singularidad.

La sociología mestiza que creemos debemos hacerse en América Latina ha de tener para nosotros tres rasgos centrales que hemos calificado como empírica, ecléctica y comprometida.

La sociología mestiza debe ser empírica y eso no significa que sea empirista. Lo que queremos decir es que debe partir de la realidad de cada sociedad, debe anclarse a la vida real y privilegiar, por encima de las teorías, las construcciones que se hagan a partir de las observaciones realizadas sobre los individuos, los procesos sociales o las instituciones. Hay muchos textos de sociología que desarrollan grandes elaboraciones conceptuales, pero donde uno busca y no encuentra la sociedad; hay teoría social, pero no hay sociedad. La sociología latinoamericana si desea rescatar lo singular de esta parte del mundo debe dedicarse fuertemente a los estudios de terreno que privilegien la inducción y la construcción del objeto social. Esto no significa que no exista un contexto teórico sobre el cual se organicen los datos y se realicen las construcciones; lo que sí significa es que si los datos y la teoría no coinciden, quien está equivocada es la teoría, no la realidad.

En segundo lugar, la sociología mestiza debe ser ecléctica. Ecléctica porque al privilegiar la construcción del objeto social debe ser capaz de tomar los elementos de una u otra tradición teórica, de cualquiera que considere que pueda serle útil. Ecléctica porque no está obligada a guardar ninguna lealtad religiosa o doctrinal a cualquier corriente teórica, y por lo tanto puede rechazar o reutilizar sus componentes de cualquier forma, pues lo esencial no es dar cuenta de la pureza teórica, sino de la riqueza de la realidad social que se estudia. La sociología de América Latina debe asumir una postura pluri-paradigmática, rescatando lo rescatable del marxismo y del funcionalismo, de las teorías del aprendizaje social y del psicoanálisis, así como lo ha hecho en la metodología al combinar las técnicas cualitativas y cuantitativas, el *survey* y las historias de vida.

Y, finalmente, debe estar comprometida con el destino de sus pueblos. La sociología mestiza no puede ser un lujo cultural. No puede ser una sociología, como la llama Lahire (2016), de la excusa. Cuando hay en América Latina millones de personas que viven en la miseria y la violencia, y son oprimidas por patrones y gobiernos, la sociología no puede ser indiferente. Aceptamos que la sociología en sí misma no tiene la responsabilidad de resolver los problemas sociales, para eso existen la política y los políticos, y por eso muchos colegas dejan de ser sociólogos y se convierten en políticos. Pero la sociología sí está en la obligación de hacer que sus saberes tengan un sentido político, es decir, que sean lo más científicos posible y por lo tanto útiles y retadores al momento de tomar las decisiones políticas con fundamentos.

Y tiene además otro sentido político: la sociología ha sido una amenaza para las dictaduras y el autoritarismo. Por eso, las escuelas de sociología fueron clausuradas por las dictaduras de Pinochet en Chile o de Castro en Cuba. Una sociología comprometida no solo tiene que ser útil en el sentido de apoyar y favorecer el desarrollo social, sino que además debe contribuir a la defensa de los derechos humanos y la libertad, y favorecer la defensa y expansión de la democracia. La sociología mestiza tiene el compromiso de contribuir para optimizar la vida social, de hacer de la sociedad algo mejor, pero como no tiene poder político, su obligación ética radica en hacer buena sociología y así poder ofrecer buenas razones sobre cómo lograrlo. Las mismas nobles razones que en los años cincuenta el poeta G. Celaya (1998) esgrimía en sus versos para una poesía comprometida, que «no puede ser sin pecado un adorno», se mantienen vigentes para una sociología mestiza:

> Porque vivimos a golpes, porque apenas si nos dejan
> decir que somos quienes somos,
> nuestros cantares no pueden ser sin pecado un adorno.
> Estamos tocando fondo.
>
> No es una poesía gota a gota pensada.
> No es un bello producto. No es un fruto perfecto.
> Es algo como el aire que respiramos
> Y es el canto que espacia cuanto llevamos dentro.

## Referencias

ALTHUSSER, L. *Pour Marx*. Paris, Maspero, 1965.

BARBOSA, L. *O Jeitinho Brasileiro. O Arte de ser mais igual do os outros*. Rio de Janeiro, Elsevier, 2006.

BERLIN, I. *Against the Current*. Oxford, Oxford University Press, 1979.

BLANCO, A. «La Asociación Latinoamericana de Sociología: una historia de sus primeros congresos», *Sociologías*, ano 7, N.º 14, Jul.-Dez., 2005, pp. 22-49.

CALDERÓN, J. *La ciudad ilegal. Lima del siglo XX.* Lima, Universidad Nacional Mayor de San Marcos, 2005.

CARDOSO, F. H. y E. Faletto. *Dependencia y desarrollo en América Latina.* México, D. F., Siglo XXI, 1969.

CARDOSO, F. H. «Las contradicciones del desarrollo asociado», *Cuadernos de la Sociedad Venezolana de Planificación* (Caracas), N.º 113-115, 1973.

CATAÑO, G. *La artesanía intelectual.* Bogotá, Editores Colombia, 1995.

CELAYA, G. *Poesía urgente.* Buenos Aires, Editorial Losada, 1998.

CEPAL. *Panorama económico de América Latina.* Santiago de Chile, ONU / Cepal, 2000.

_____. *El pensamiento de la Cepal.* Santiago de Chile, Editorial Universitaria, 1969.

COSTA PINTO, L. y J. Carneiro. *As ciencias sociais no Brasil.* Rio de Janeiro, Capes, 1955.

FIX-FIERRO, H. L., M. Friedman y R. Pérez Perdomo. *Culturas jurídicas latinas de Europa y América en tiempos de globalización.* México, Universidad Nacional Autónoma de México, 2003.

FURTADO, C. (1957). «El desarrollo reciente de la economía venezolana», *La economía contemporánea de Venezuela.* H. Valecillos y O. Bello (comps.). Caracas, Banco Central de Venezuela, 1990, pp. 165-206.

GARZA TOLEDO, E. *Trabajo no clásico, organización y acción colectiva.* México, D. F., Plaza y Valdés Editores, 2011.

HARNECKER, M. *Los conceptos elementales del materialismo histórico.* México, Siglo XXI Editores, 1976.

HOBSBAWM, E. *Historia del siglo XX.* Barcelona, España, Crítica, 1995.

JELIN, E. *Pan y afectos. La transformación de la familia.* Buenos Aires, Fondo de Cultura Económica, 2000.

LAHIRE, B. *Pour la Sociologie. Et pur en finir avec une pretendue «culture de l'excuse».* Paris, La Découverte, 2016.

LANDER, E. «Eurocentrismo y colonialismo en el pensamiento social latinoamericano», *Pueblo, época y desarrollo: la sociología de América Latina.* En Roberto Briceño-León y Heinz R. Sonntag (eds.). Caracas, Editorial Nueva Sociedad, 1998, pp. 87-96.

LENIN, V. I. *El imperialismo, fase superior del capitalismo.* Moscú, Editorial Progreso, 1963.

MEDINA ECHEVERRÍA, J. *Sociología. Teoría y técnica.* México, Fondo de Cultura Económica, 1941.

MINAYO, M.C. *O desafio do conhecimiento. Pesquisa qualitativa en saúde.* São Paulo-Rio de Janeiro, Hucitec / Abrasco, 1994.

MURMIS, M. «Tipos de marginalidad y posición en el proceso productivo», *Revista Latinoamericana de Sociología,* N.º 2, 1969, pp. 413-421.

NUN, J. «Superpoblación relativa, ejército industrial de reserva y masa marginal», *Revista Latinoamericana de Sociología,* N.º 2, 1969, pp. 178-236.

PARSONS, T. *El sistema social.* Madrid, Revista de Occidente, 1966.

POPPER, K. *La lógica de la investigación científica.* Madrid, Editorial Tecnos, 1977.

_____. *Conjetures and Refutations. The Growth of Scientific Knowledge.* London, Routledge and Kegan Paul, 1972.

POULANTZAS, N. *Pouvoir Politique et Classes Sociales de l'État capitaliste.* Paris, Maspero, 1968.

POVIÑA, A. *Historia de la sociología en Latinoamérica.* México, Fondo de Cultura Económica, 1941.

QUIJANO, A. *Dependencia, urbanización y cambio social en Latinoamérica.* Lima, Mosca Azul, 1977.

_____. «La colonialidad del poder y la experiencia cultural latinoamericana», *Pueblo, época y desarrollo: la sociología de América Latina*. En Roberto Briceño-León y Heinz R. Sonntag (eds.). Caracas, Editorial Nueva Sociedad, 1998, pp. 27-38.

SCRIBANO, A. «Orígenes de la Asociación Latinoamericana de Sociología. Algunas notas a través de la visión de Alfredo Poviñas», *Sociologías*, ano 7, N.º 14, Jul.-Dez., 2005, pp. 50-61.

TAVARES DOS SANTOS, J. V. e M. Baumgarten. «Contribuições da Sociologia na América Latina a imaginação sociológica», *Sociologías*, ano 7, N.º 14, Jul.-Dez., 2005, pp. 178-243.

TORRES-RIVAS, E. *Interpretación del desarrollo social: procesos y estructuras de una sociedad dependiente*. San José de Costa Rica, Educa, 1971.

WALLERSTEIN, I. «La sociología y el conocimiento útil», *El legado de la sociología, la promesa de la ciencia social*. En R. Briceño-León y H. R. Sonntag (eds.). Caracas, Nueva Sociedad, 1999, pp. 98-100.

_____. *Abrir las ciencias sociales*. México, D.F., Siglo XXI Editores, 1996.

WEBER, M. *Economía y sociedad*. México, Fondo de Cultura Económica, 1944.